Grundlagen für den Entwurf von Braunkohlenbrikettfabriken

und Möglichkeiten zur Verbesserung ihrer Energieerzeugung, Wärmewirtschaft und Leistungsfähigkeit

Von

Dr.-Ing. Otto Schöne
Oberingenieur
und Leiter der Abteilung für Kraft- und Wärmewirtschaft
der Ilse Bergbau A.-G., Grube Ilse N.-L.

Mit 67 Textabbildungen

Berlin
Verlag von Julius Springer
1930

ISBN 978-3-642-90373-1 ISBN 978-3-642-92230-5 (eBook)
DOI 10.1007/978-3-642-92230-5

Softcover reprint of the hardcover 1st edition 1930

Vorwort.

Das vorliegende Buch enthält zu einem Teil die Dissertationsarbeit des Verfassers. Der Grundgedanke für diese Arbeit war, Unterlagen für die Berechnung und den Entwurf von Braunkohlenbrikettfabriken zu geben. Dabei ist im wesentlichen nur die wärmetechnische Seite behandelt worden, weil die Braunkohlenbrikettfabriken zu den größten wärmeverbrauchenden Industriezweigen gehören und daher jede Wärmeersparnis beachtenswerte Vorteile bringt. Um die erforderlichen Berechnungsunterlagen zu schaffen, hat der Verfasser eine große Zahl eigener Versuche und Betriebsaufzeichnungen aus den Brikettfabriken der Ilse Bergbau A.-G., Grube Ilse N.-L., ausgewertet und daraus Schlußfolgerungen gezogen. Besonders eingehend ist das Trocknen und Verpressen der Braunkohle behandelt worden. Die hierbei ermittelten Durchschnittswerte sind Mittelwerte aus einer derart großen Anzahl von Versuchen, daß sie als sehr zuverlässig angesehen werden können.

Es sind dann in einem theoretischen Teil die Hauptgleichungen für die Berechnung von Brikettfabriken entwickelt und ein Zahlenbeispiel eingehend durchgerechnet worden, um die Anwendung dieser Gleichungen zu zeigen.

In mehreren Abschnitten sind Möglichkeiten zur Verbesserung der Wärmewirtschaft und Leistungsfähigkeit von Braunkohlenbrikettfabriken angegeben. Dabei sind nur solche Fälle behandelt, die noch nicht allgemein bekannt sind oder deren Wirtschaftlichkeit noch teilweise umstritten wird. Erwähnt sollen hier nur die Fragen der Isolierung der Röhrentrockner, des Arbeitens mit überhitztem Trockendampf und des Antriebes der Brikettpressen mit Dampfmaschinen oder Elektromotoren werden.

Im Schlußteil hat der Verfasser Brikettfabriken mit Erzeugung von elektrischer Überschußenergie durch Einbau von Hochdruckdampfanlagen eingehend behandelt und den wirtschaftlichsten Dampfdruck festzustellen versucht. Die Ausführungen dürften einen weiteren Schritt zur Klärung dieser Frage, die heute das besondere Interesse aller Fachkreise besitzt, darstellen.

An dieser Stelle möchte der Verfasser den Firmen, die ihn bei der Abfassung des letzten Teiles durch ausführlich durchgerechnete Kostenanschläge und Übermittlung sonstiger Unterlagen unterstützt haben, besonders danken. Es sind dies vor allem die AEG., Berlin, die ihm bei der Durchrechnung des turbinentechnischen Teiles die notwendigen

Unterlagen zugängig gemacht, und die Firma A. Borsig G. m. b. H., Berlin-Tegel, die die Projekte für die Kessel- und Rohrleitungsanlagen durchgearbeitet hat. Für die Berechnung der Kesselspeisepumpen haben die Firmen Gebr. Sulzer, Ludwigshafen, und Klein, Schanzlin, und Becker, Frankenthal, die notwendigen Projekte geliefert.

Schließlich ist noch der Verlagsbuchhandlung Julius Springer zu danken, die in der bekannten vorbildlichen Weise das Buch drucktechnisch durchgebildet hat.

Der Verfasser ist für sachliche Hinweise auf etwaige Irrtümer, die sich vielleicht eingeschlichen haben können, besonders dankbar und bittet diesbezügliche Zuschriften unmittelbar an ihn zu richten.

Grube Ilse, im Mai 1930.

Dr.-Ing. **Otto Schöne.**

Vorbemerkung. Jede in der Arbeit enthaltene Abkürzung hat stets nur die einmal angegebene Bedeutung. Eine Zusammenstellung und Erklärung der Abkürzungen befindet sich auf den Seiten VIII—XII. Die Literaturangaben sind im Text fortlaufend durchgeführt und auf den Seiten 172—175 zusammengestellt.

Inhaltsverzeichnis.

C. Die Ableitung der Hauptgleichungen und Zahlenangaben zur Berechnung von Brikettfabriken.

D. Berechnungsbeispiele.

E. Brikettfabriken mit Überschußenergieerzeugung bei Anwendung von Hochdruckdampf.

Zusammenstellung der Abkürzungen.

Jede der nachstehenden Abkürzungen kommt in der folgenden Arbeit nur in der angegebenen Bedeutung vor.

A jährliche Abschreibungskosten in RM.
B Zahl der aufzustellenden Brikettpressen bei einer Jahresleistung von k_1 t Briketts.
b Barometerstand in mm QS.
c_m mittlere spezifische Wärme der Braunkohle in dem Temperaturgebiet von 0—100° C.
D in der Kesselanlage für die Brikettfabrik zu erzeugende Dampfmenge in kg.
d äußerer Trocknerdurchmesser in m.
D_p Dampfmenge für den Brikettpressenbetrieb bei Herstellung von k_1 t Briketts in kg.
D_s Dampfmenge für den Kesselspeisepumpenbetrieb bei Herstellung von k_1 t Briketts in kg.
D_t Dampfmenge für den Gegendruckturbinenbetrieb der Kraftzentrale bei Herstellung von k_1 t Briketts in kg.
d_t Dampfverbrauch des Kraftzentralen-Turbosatzes bezogen auf die Klemmenleistung des Generators in kg/kWh.
D_{tr} Dampfmenge zur Kohletrocknung für k_1 t Briketts in kg.
d_{tr} Dampfmenge für 1 kg Wasserverdampfung im Trockner in kg.
D_z Dampfmenge zur Zwischenüberhitzung des Arbeitsdampfes in kg.
E bei der Herstellung von k_1 t Briketts an den Generatorklemmen des Kraftzentralen-Turbosatzes im Gegendruckbetrieb erzeugbare Energiemenge in kWh.
E^1 bei der Herstellung von 1 t Briketts im Gegendruckbetrieb an den Generatorklemmen des Kraftzentralen-Turbosatzes erzeugbare elektrische Energiemenge in kWh, abzüglich derjenigen zum Antrieb der Brikettpressen und Kesselspeisepumpen.
E_a^1 bei der Herstellung von 1 t Briketts von der Brikettfabrik abzugebende Energiemenge in kWh.
G wasserfreie Luftmenge in kg, um bei der Temperatur t_t 1 kg Wasser aufzunehmen.
g Gewicht der bei einem Pressenhub hergestellten Briketts in kg.
G_b Gewicht der Brüden, die 1 kg Wasser mit sich führen, in kg.
G_D in v_e m³ Brüden enthaltene Wassermenge in g.
G'_D Wasseraufnahme in g von 1 kg wasserfreier Luft bei der Taupunktstemperatur t_t.
G_{Dl} in v_a m³ Luft enthaltene Wassermenge in g.
G'_{Dl} Wasserdampfmenge, die die Luftmenge G_l beim Trocknereintritt mit sich führt, in kg.
H unterer Heizwert der Rohbraunkohle in kcal/kg.
H_1 unterer Heizwert der Briketts in kcal/kg.
h gesamte manometrische Förderhöhe der Kesselspeisepumpen in m.
H_k Kesselheizfläche für die Herstellung von k_1 t Briketts je Stunde in m².
H_t Trocknerheizfläche in m².
J Gesamtwärmemenge zur Herstellung von k_1 t Briketts in kcal.

i zur Verdampfung von 1 kg Wasser im Trockner theoretisch erforderliche Wärmemenge in kcal.
i_1 Wärmeinhalt von 1 kg Dampf vor dem Einlaßventil der Kraftmaschine in kcal.
i_2 Wärmeinhalt von 1 kg Dampf im adiabatisch erreichten Endzustand bezogen auf den Druck am Austrittsstutzen der Kraftmaschine in kcal.
i' Wärmeinhalt von 1 kg Kondenswasser beim Abfluß aus den Kohletrocknern in kcal.
i'' Wärmeinhalt von 1 kg Dampf vor den Kohletrocknern in kcal.
J_b gesamte die Brikettfabrik verlassende Wärmemenge bei der Herstellung von k_1 t Briketts.
i_e Wärmeersparnis beim isolierten Trockner in kcal je kg Wasserverdampfung.
i_k Wärmemenge zur Erwärmung der wasserfreien Braunkohlenmenge bei 1 kg Wasserverdampfung im Trockner in kcal.
i_l Wärmemenge zur Erwärmung der bei 1 kg Wasserverdampfung durch die Trocknerrohre gehenden wasserfreien Luft in kcal.
i_{lw} Wärmemenge zur Überhitzung des Wasserdampfes in der bei 1 kg Wasserverdampfung durch die Trocknerrohre gehenden Luft in kcal.
i_p Wärmeinhalt von 1 kg im Kesselhaus für den Dampfmaschinenbetrieb erzeugten Dampf in kcal.
i_t Wärmeinhalt von 1 kg im Kesselhaus für den Turbinenbetrieb erzeugten Dampf in kcal.
i'_t ausgenutztes Wärmegefälle einer Gegendruckturbine in kcal.
i_{tr} zur Verdampfung von 1 kg Wasser im Trockner wirklich aufzuwendende Wärmemenge in kcal.
J_{tr} von den Trocknern aufzuwendende Wärmemenge bei der Herstellung von k_1 t Briketts in kcal.
J^1_{tr} von den Trocknern aufzuwendende Wärmemenge bei der Herstellung von 1 t Briketts in kcal.
i_v Wärmeverluste des Trockners bei 1 kg Wasserverdampfung in kcal.
i_w Wärmemenge zur Verdampfung von 1 kg Wasser im Trockner in kcal.
i_{wr} Wärmemenge zur Erwärmung des Restwassers in der Kohle bei 1 kg Wasserverdampfung im Trockner in kcal.
i'_w Wärmeinhalt von 1 kg Trocknerkondenswasser beim Eintritt in die Kessel bzw. Vorwärmer in kcal.
K Gesamtkohlenmenge für die Herstellung von k_1 t Briketts in t.
K_a Anlagekapital in RM.
k Rohbraunkohlenmenge in t.
k_1 Brikettmenge in t.
k'_1 Leistung eines Röhrentrockners an Trockenkohle in t/h.
k_b Kesselbelastung in kg/m² · h.
k_f Feuerkohlenmenge zur Herstellung von k_1 t Briketts in t.
k'_f Feuerkohlenmenge in t zur Herstellung von k_1 t Briketts bei Verwendung der Filterkohle als Feuerkohle.
k''_f Feuerkohlenmenge in t zur Herstellung von k_1 t Briketts bei Verwendung des Brikettgruses und der Bruch- und Abfallbriketts als Feuerkohle.
k'''_f Feuerkohlenmenge in t zur Herstellung von k_1 t Briketts bei Verwendung der Filterkohle, des Brikettgruses und der Abfallbriketts als Feuerkohle.
k_{fe} jährlich ersparte Feuerkohlenmenge beim isolierten Trockner in t.
k_t wasserfreie Braunkohlenmenge bei 1 kg Wasserverdampfung in kg.
k'_t Trockenkohlenmenge bei 1 kg Wasserverdampfung in kg.
L erforderliche Leistung der Antriebsdampfmaschine einer Brikettpresse in PSi.
l Länge des Röhrentrockners in m.

L_e erforderliche Leistung an den Generatorklemmen des Kraftzentralen-Turbosatzes bei Elektromotorenantrieb der Brikettpressen in kW.
N gesamte im Gegendruckbetrieb erzeugte indizierte Energiemenge in kWh.
n minutliche Umdrehungszahl.
n_j Zahl der Abschreibungsjahre.
N_p Kraftbedarf der Brikettpressen für die Herstellung von 1 t Briketts in PSih.
N_{pe} Kraftbedarf der Brikettpressen für die Herstellung von 1 t Briketts an den Generatorklemmen des Kraftzentralen-Turbosatzes in kWh.
N_s theoretischer Kraftbedarf der Kesselspeisepumpe für 1 t Briketts in kWh (siehe Gl 76).
N_{sw} wirklicher Kraftbedarf der Kesselspeisepumpe an der Pumpenkupplung für eine Brikettfabrik von k_1 t Brikettleistung in kWh.
N'_{sw} wie vor, jedoch ab Generatorklemmen des Kraftzentralen-Turbosatzes.
P stündliche Leistung einer Brikettpresse in t.
P'_j jährliche Leistung einer Brikettpresse ohne Stillstandsverluste in t.
P_j jährliche Verkaufsleistung einer Brikettpresse in t.
p absoluter Dampfdruck in kg/cm².
p' Druck des trocken gesättigten Wasserdampfes bei der Taupunktstemperatur t_t der Brüden in mm QS.
p'_l Teildruck des Wasserdampfes in 1 m³ ungesättigter Luft mit dem Wasserdampfgehalt $\gamma'_l g$ in mm QS.
p_{ls} Druck des trocken gesättigten Wasserdampfes von der Temperatur t_l in mm QS.
Q_u stündlicher Wärmeverlust je m² unisolierter Trocknerheizfläche in kcal.
Q_i stündlicher Wärmeverlust je m² isolierter Trocknerheizfläche in kcal.
q Flüssigkeitswärme von 1 kg Speisewasser in kcal.
q_z Flüssigkeitswärme von 1 kg aus dem Zwischenüberhitzer in die Kessel gelangenden Kondenswasser in kcal.
S jährliche Arbeitsstundenzahl.
s Stärke der Isolierung in m.
t Dampftemperatur in ° C.
t_1 Temperatur der den Trocknermantel umgebenden Luft in ° C.
t_a Temperatur der Kohle beim Trockneraustritt in ° C.
t_b Temperatur der Brüden beim Trockneraustritt in ° C.
t_e Temperatur der Kohle beim Trocknereintritt in ° C.
t_i Temperatur der Isolierungsoberfläche in ° C.
t_k mittlere Kohlentemperatur im Trockner in ° C.
t_l Temperatur der Luft beim Trocknereintritt in ° C.
t_t Temperatur des Taupunktes der Brüden in ° C.
V gesamte Wärmeverluste bei der Herstellung von k_1 t Briketts, ausschließlich derjenigen der Dampfkessel und Kohletrockner, in kcal.
v_a Rauminhalt von 1 kg wasserfreier Luft von der Temperatur t_l ° C in m³.
v_b Brüdenvolumen von der Temperatur t_b, das bei der Taupunktstemperatur t_t 1 kg Wasser mit sich führt.
v_d Gesamtdampfverluste von der Kesselanlage bis zu den Kohletrocknern in vH von D.
v'_d Dampfverlust vom Austrittsstutzen sämtlicher Kraftmaschinen bis zum Trocknereintritt in vH von D.
v_{dk} Dampfverlust der Kessel in vH von D.
v_{dp} Dampfverlust bei der Fortleitung des Dampfes von der Kesselanlage bis zu den Brikettpressen in vH von D_p.
v'_{dp} Dampfverlust durch Stopfbüchsen, Ein- und Auslaßventile der Brikettpressendampfmaschinen in vH von D_p.

v_{ds} Dampfverlust bei der Fortleitung des Dampfes von der Kesselanlage bis zu den Kesselspeisepumpen in vH von D_s.
v'_{ds} Dampfverlust durch Stopfbüchsen und Einlaßventile der Kesselspeisepumpenturbinen in vH von D_s.
v_{dt} Dampfverlust bei der Fortleitung des Dampfes von der Kesselanlage bis zu den Turbinen der Kraftzentrale in vH von D_t.
v'_{dt} Dampfverlust durch Stopfbüchsen und Einlaßventile der Kraftzentralenturbine in vH von D_t.
v''_{dt} Dampfverlust an der vorderen Stopfbüchse und den Einlaßventilen vorstehender Turbine in vH von D_t.
v_{dz} Dampfverlust bei der Fortleitung des Dampfes von der Kesselanlage bis zum Zwischenüberhitzer in vH von D_z.
v_e Volumen einer Brüdenmischung in m^3 von 1 kg wasserfreier Luft und einer Wasserdampfmenge entsprechend γ' in g/m^3.
v_f von der Filteranlage zurückgewonnene Kohle in vH von k_1.
v_k Gesamtverluste an Trockenkohle und Briketts in vH von k_1.
v_{kb} Verluste an Brikettgrus, Brikettbruch und Abfallbriketts in vH von k_1.
v_{ks} Verluste an Trocken- und Staubkohle in vH von k_1.
$v_{kü}$ Verluste an Briketts durch Übergewicht in vH von k_1.
v_s Verdampfungsleistung des Trockners in $kg/m^2 \cdot h$ (spezifische Verdampfungsleistung).
v_{tw} Wärmeverluste durch Kondenswasserabkühlung in vH von i'.
v_v Wärmeverlust der Brikettfabrik, ausschließlich derjenigen der Trockner und Dampfkessel, in vH von J.
v_w Kesselwasser- und Kondenswasserverluste in der Brikettfabrik in vH von D.
v_{wk} Kesselwasserverlust in der Brikettfabrik in vH von D.
V_z jährliche Verzinsungskosten in RM.
v_z Stillstandsverluste der Brikettpressen in vH von S.
w Wassergehalt der Rohbraunkohle in vH.
w_1 Wassergehalt der Briketts oder der abgekühlten Brikettierkohle in vH.
w'_1 Wassergehalt der Trockenkohle beim Austritt aus den Trocknern in vH.
w_2 Wassergehalt der von der Filteranlage zurückgewonnenen Kohle in vH.
W bei der Herstellung von k_1 t Briketts aus der Rohbraunkohle zu entfernende Wassermenge in t.
W' bei der Herstellung von k_1 t Briketts von den Trocknern aus der Braunkohle zu verdampfende Wassermenge in den Entstaubungsfällen 1, 2a und 2b in t.
W_f beim Trocknen der von der Filteranlage zurückgewonnenen Kohle zu verdampfende Wassermenge in t.
W'_f bei der Herstellung von k_1 t Briketts von den Trocknern aus der Braunkohle zu verdampfende Wassermenge im Entstaubungsfall 2c.
w_r Restwassermenge in der bei 1 kg Wasserverdampfung entstehenden Trockenkohle von w'_1 vH Wassergehalt in kg.
z Zinsfuß in vH.

γ Gewicht des in 1 m^3 Brüden bei der Temperatur t_b enthaltenen Wasserdampfes in g.
γ' Gewicht des in 1 m^3 Brüden von der Taupunktstemperatur t_t °C enthaltenen Wasserdampfes in g.
γ_b spezifisches Gewicht der Brüden.
γ'_l Gewicht des in 1 m^3 ungesättigter Luft enthaltenen Wasserdampfes in g.
γ_{ls} Gewicht von 1 m^3 trocken gesättigten Wasserdampfes von der Lufttemperatur t_l in g.

durchführen lassen. Wenn man bedenkt, daß die deutsche Brikettindustrie im Jahre 1928 rund 40000000 t Briketts hergestellt hat (4), wozu eine Dampfmenge von etwa 60000000 t erforderlich war, so wird jede Verbesserung, die zur Verringerung oder zur besseren Ausnutzung dieser Dampfmenge führt, neben einem Gewinn für das betreffende Werk auch einen volkswirtschaftlichen Gewinn bedeuten. Was wirklich durch eine Dauerüberwachung der Kraft- und Wärmewirtschaft und durch Verbesserungen auf diesem Gebiet erreicht werden kann, zeigt Abb. 1. Zu dieser Abbildung ist zu bemerken, daß sich die gesteigerte Brikettleistung in den Brikettfabriken A, C und D ohne Vergrößerung der Kesselanlagen erreichen ließ. Bemerkenswert dabei ist die dauernde Verringerung des Abgasverlustes der Kesselanlagen trotz größerer Heizflächenbelastungen und trotzdem bisher keine der Anlagen Speisewasser- oder Luftvorwärmer besitzt. Dies war in erster Linie durch Verbesserungen und durch eine dauernde sorgfältige Überwachung der Speisewasserreinigung erreichbar, wodurch Kesselsteinablagerungen nach und nach so gut wie gänzlich vermieden wurden.

Die geringe Zunahme der Dampf-, Kondenswasser- und Kesselwasserverluste in den letzten Jahren bei den Brikettfabriken B, C und E und die etwas größere Zunahme dieser Verluste bei der Brikettfabrik D ist auf teilweisen Auspuffbetrieb der Kraftzentralen bei Spitzenbelastungen zurückzuführen, weil in diesem Fall die Trockenanlage die Abdampfmenge nicht aufnehmen konnte. Da der Bedarf an elektrischer Energie in diesen Brikettwerken immer noch steigt, wird durch weitere Verbesserung der Kraftwirtschaft, insbesondere durch Steigerung des Kesseldruckes (5), die restlose Energieerzeugung im Gegendruckbetrieb angestrebt.

Die Abhandlung enthält eine Reihe von theoretischen Erörterungen, die für die Betriebsleitungen von Brikettfabriken nicht das Interesse haben werden, wie für Wärme- und sonstige Stellen, die häufig Berechnungen von Brikettfabriken durchzuführen haben. Es wird daher dem Betriebsmann empfohlen, theoretische Ableitungen zu übergehen und nur die sich daran anschließenden Folgerungen und die erörterten Möglichkeiten zur Verbesserung der Wärmewirtschaft und Leistungsfähigkeit von Brikettfabriken zu lesen.

II. Allgemeine Bemerkungen über den Brikettfabrikbetrieb.

Die zur Trocknung der Braunkohle erforderliche Dampfmenge wird heute in den Kesselanlagen der Brikettfabriken als hochgespannter Dampf erzeugt, während man für die Trocknung im allgemeinen Dampf von 2—4 at Überdruck verwendet. Dieser hochgespannte Dampf leistet zunächst in Gegendruckmaschinen und Gegendruckturbinen Arbeit und gelangt dann in die Kohletrockner. Hier gibt er seine Wärme zur

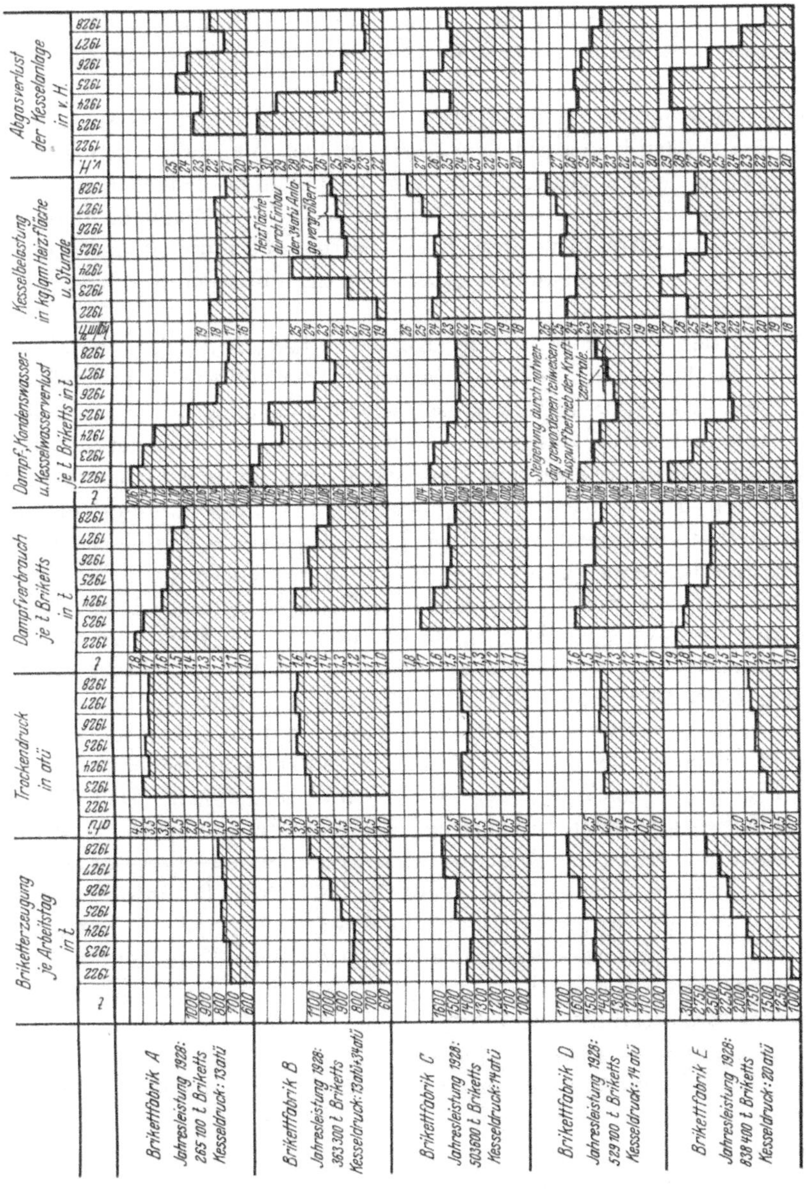

Abb. 1. Zusammenstellung der Jahresdurchschnittswerte von 5 Brikettfabriken.

Trocknung der Kohle ab, indem er kondensiert. Das Kondenswasser fließt unter dem Trockendruck einem Sammelbehälter zu, aus dem es die Kesselspeisepumpen entnehmen und wieder in die Kessel pumpen. Der im Kreislauf entstehende Dampf- und Kondenswasserverlust sowie der Verlust an Kesselwasser muß durch Zusatz von Frischwasser ersetzt werden, das nach Reinigung in den Kondenswasser-Sammelbehälter gepumpt wird. Zu erwähnen ist noch, daß fast alle Kesselanlagen der Brikettfabriken heute noch keine Speisewasser- und Luftvorwärmer besitzen. Das Speisewasser gelangt je nach dem Trockendampfdruck bereits mit Temperaturen von etwa 125—140° C in die Kessel, daher lohnt sich bei den bisher üblichen Kesseldrücken der Einbau von Speisewasser-Vorwärmern wegen des niedrigen Kohlenpreises meistens nicht. Dem Einbau von Luftvorwärmern könnte zwar in bestehenden Brikettfabriken näher getreten werden, jedoch werden die räumlichen Verhältnisse und die Feuerungsbauarten einen derartigen Einbau nur in einzelnen Fällen gestatten.

Das in den Trocknern aus der Kohle verdampfte Wasser vermischt sich mit der durch die Trockner strömenden Luft und wird durch Schlote abgeführt. Dieses Dampfluftgemisch, Brüden genannt, führt einen Teil des getrockneten Kohlenstaubes mit sich fort. Durch Entstaubungsanlagen, die in die Schlote eingebaut sind, wird ein mehr oder weniger großer Teil des Staubes zurückgewonnen. Die Entstaubung erfolgt entweder auf trockenem Wege, wie beispielsweise bei der elektrostatischen Staubniederschlagung, oder aber auf nassem Wege durch Einspritzen von fein zerteiltem Wasser in den Brüdenstrom. Auch im letzten Fall wird bereits vorher ein Teil des Staubes, durch Richtungswechsel des Brüdenstromes, auf trockenem Wege zum Ausfallen gebracht. Der trocken zurückgewonnene Staub wird entweder wieder der Brikettierkohle zugeführt oder als brennfertiger Staub für Kohlenstaubfeuerungen verkauft. Das bei der nassen Entstaubung entstehende Schlammwasser wird entweder weggeleitet oder in Filteranlagen gefiltert. Den in den Filteranlagen gewonnenen feuchten Kohlenstaub leitet man entweder zur erneuten Trocknung den Kohletrocknern zu oder verwendet ihn als Feuerkohle. Es lassen sich demnach folgende Fälle unterscheiden, die als Entstaubungsfälle bezeichnet werden sollen, und zwar:

1. die Brüdenentstaubung erfolgt auf trockenem Wege, und der zurückgewonnene Staub wird

a) der Brikettfabrik zugeführt,

b) teilweise oder ganz verkauft.

2. die Brüdenentstaubung erfolgt auf nassem Wege und das Schlammwasser wird

a) weggeleitet,

b) gefiltert und die Filterkohle als Feuerkohle verwendet,

c) gefiltert und die Filterkohle den Kohletrocknern zur erneuten Trocknung zugeführt.

Außer der Brüdenentstaubung besitzen die meisten Brikettfabriken noch weitere Entstaubungsanlagen, und zwar:

a) Pressenentstaubungen für die Entstaubung der Kohlenzuführungswalzen und des Brikettstempels,

b) Pressenmaulentstaubungen für die Entfernung der aus dem Pressenmaul kommenden staubhaltigen Wasserdämpfe,

c) Innenentstaubungen für die Entstaubung der Kohlentransportschnecken, Trommelsiebe, Nachwalzwerke, Kühlanlagen und anderer staubhaltigen Räume.

Mit der letztgenannten Entstaubung erfolgt gleichzeitig eine Absaugung der nach dem Verlassen der Trockner aus der heißen Trockenkohle entstehenden Wasserdämpfe, die sich sonst niederschlagen und wieder der Trockenkohle zumischen, sowie eine weitere geringe Nachtrocknung der Kohle. Der größte Teil des abgesaugten Staubes wird bei den letztgenannten drei Entstaubungen in Sonderabscheidern trocken, ein geringerer Teil durch Wassereinspritzung naß niedergeschlagen, der Rest geht mit der Absaugeluft ins Freie. Das bei der nassen Staubniederschlagung entstehende Schlammwasser läßt sich gar nicht oder doch sehr schlecht filtern; es wird daher fast stets weggeleitet. Der trocken zurückgewonnene Staub wird der Brikettierkohle zugeführt, manchmal auch verkauft, der aus der Pressenentstaubung anfallende Staub meistens jedoch weggeleitet.

Es müssen dann noch einige einleitende Bemerkungen über die Antriebsart der Brikettpressen und Kesselspeisepumpen gemacht werden, von denen die ersteren entweder durch Dampfmaschinen oder Elektromotoren, die letzteren durch Dampfmaschinen, Dampfturbinen oder Elektromotoren angetrieben werden. Der Dampfmaschinenantrieb der Kesselspeisepumpen wird heute kaum noch ausgeführt, so daß diese Antriebsart nicht mehr zu berücksichtigen ist. Der Antrieb der Brikettpressen durch Elektromotoren, deren Wirtschaftlichkeit ebenfalls noch umstritten wird, soll später daraufhin näher untersucht werden. Je nach der Antriebsart dieser beiden Arbeitsmaschinengattungen lassen sich vier Fälle unterscheiden, die als Antriebsfälle bezeichnet werden sollen, und zwar:

Antriebsfall	Brikettpressenantrieb durch	Kesselspeisepumpenantrieb durch
1	Gegendruckdampfmaschinen	Gegendruckturbinen
2	Gegendruckdampfmaschinen	Elektromotoren
3	Elektromotoren	Gegendruckturbinen
4	Elektromotoren	Elektromotoren

Abb. 2a u. b zeigen das Schaltschema über den Wärmekreislauf in einer Brikettfabrik, deren Brikettpressen und Kesselspeisepumpen durch

A. Das Trocknen der Braunkohle.

IV. Der Wärmebedarf beim Trocknen von Braunkohle.

Die Trocknung der Braunkohle erfolgt in Brikettfabriken in Teller- oder Röhrentrocknern. Im folgenden soll nur die Trocknung in Röhrentrocknern behandelt werden, weil diese heute fast durchweg zum Einbau kommen (Vergleich zwischen Teller- und Röhrentrocknern siehe Franke im Taschenbuch für Berg- und Hüttenleute (8) und Treptow (9)).

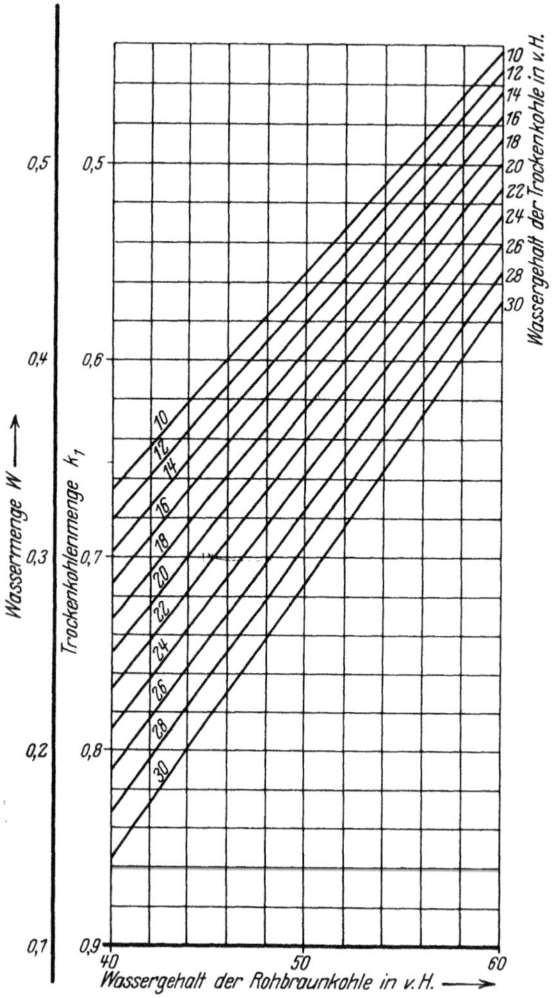

Abb. 4. Wasser- und Trockenkohlenmenge beim Trocknen einer Gewichtseinheit Rohbraunkohle.

a) Vorbemerkungen über die Versuche an Röhrentrocknern.

Um die Verhältnisse beim Trocknen von Braunkohle einwandfrei zu klären, hat Verfasser in den letzten Jahren 115 Versuche an Röhrentrocknern durchgeführt und ausgewertet. Außerdem ist eine größere Zahl von Teilversuchen erfolgt, um bestimmte Punkte einwandfrei festzustellen. Schließlich standen ihm noch die Durchschnittswerte der Jahre 1923—1928 von sieben größeren Brikettfabriken mit einer Tagesleistung von insgesamt etwa 11000 t Briketts als Unterlage zur Verfügung.

Von den 115 Versuchen betrug die Versuchsdauer bei 55 Versuchen 7 Stunden, bei 48 Versuchen 6 Stunden, bei 10 Versuchen 5 Stunden und bei 2 Versuchen 4 Stunden. Die Versuche sind durchgeführt an Trocknern von

2,5 m ⌀, 7 m Länge, 500, 600, 625 und 666 m^2 Heizfläche,
3,0 m ⌀, 7 m „ 710, 940 und 1005 m^2 Heizfläche,
3,0 m ⌀, 8 m „ 1190 m^2 Heizfläche,

mit Trockendrücken von

2,25 ata und Unterdrücken am Trocknerende von 0,9—5,0 mm WS,
2,5 ata und Unterdrücken am Trocknerende von 0,5—5,0 mm WS,
3,25 ata und Unterdrücken am Trocknerende von 1,8—2,5 mm WS,
3,5 ata und Unterdrücken am Trocknerende von 1,2—1,4 mm WS,
4,9 ata und Unterdrücken am Trocknerende von 1,0—6,1 mm WS.

Mit den in der letzten Zeit gebauten Röhrentrocknern von 3,6 m ⌀, 8 m Länge und 1820 m^2 Heizfläche konnten bisher keine Versuche durchgeführt werden, doch werden sich die nachstehenden Ergebnisse auch sinngemäß für diese Trockner verwenden lassen.

Die Versuchsreihen mit verschiedenem Unterdruck am Trocknerende wurden mit der gleichen Trocknergröße ausgeführt, um Vergleichswerte zu erhalten. Bei manchen Trocknern war es leider nicht möglich, den Unterdruck am Trocknerende wesentlich zu verändern.

Mehrere Versuchsreihen sind auch mit verschieden hohen Trockendampftemperaturen durchgeführt worden und wird darüber im Abschnitt VI Näheres gesagt werden.

Die Versuche wurden so genau wie möglich durchgeführt. Es wurde Wert darauf gelegt, Betriebsverhältnisse herbeizuführen. Besondere Sorgfalt ist auf eine gleichmäßige Kohlenzufuhr zum Trockner verwendet worden. Da die Korngrößenzusammensetzung der zur Trocknung gelangenden Kohle einen Einfluß auf die spezifische Verdampfungsleistung der Trockner hat, der bereits bekannt war, aber erst durch die Versuche von Schmitt (10) für gewisse Verhältnisse zahlenmäßig ermittelt wurde, ist weiter Wert darauf gelegt worden, die Versuche mit Kohle von nicht zu weit abweichender Korngrößenzusammensetzung durchzuführen. Dies war um so leichter möglich, als in sämtlichen Brikettfabriken, in denen die Versuche erfolgten, die gleichen Kohlezerkleinerungseinrichtungen vorhanden sind und außerdem die Struktur der in die Brikettfabriken gelangenden Kohle wenig voneinander abweicht. Selbstverständlich sind gewisse Schwankungen in der Korngrößenzusammensetzung nicht zu vermeiden gewesen, aber die Versuche sollten, wie erwähnt wurde, unter Verhältnissen durchgeführt werden, wie sie im Betriebe vorhanden sind, damit die gewonnenen Ergebnisse zur Berechnung von Trocknern und ihrem Wärmebedarf verwendbar sind. Über die angewendete Versuchspraxis werden im Abschnitt IX nähere Ausführungen gemacht.

Die Ergebnisse der Versuche sind in dieser Arbeit zeichnerisch niedergelegt. Diese graphischen Darstellungen erstrecken sich über die Gebiete von 2—5 ata Trockendruck und 0,5—6 mm WS Unterdruck am Trocknerende. Die Linien für gleiche Trockendrücke sind in den Abbildungen mit Abstufungen von 0,5 at eingetragen, um ein gutes Ablesen der Werte zu ermöglichen. Da die Versuche aber nur mit den eingangs erwähnten Trocken- und Unterdrücken durchgeführt werden konnten, sind die Linien anderer Drücke inter- bzw. exterpoliert. Da weiter eine Überhitzung des Trockendampfes ebenfalls einen Einfluß auf den Trockenvorgang hat (siehe Abschnitt VI), sind für die graphischen Darstellungen nur die Versuche berücksichtigt worden, bei denen mit geringen Dampfüberhitzungen (5 bis höchstens 20° C) gearbeitet wurde. Mit gesättigtem Dampf sind keine Versuche durchgeführt, weil dann eine Bestimmung des Dampfsättigungsgrades hätte erfolgen müssen, die sehr schwierig ist.

Sämtliche Ergebnisse beziehen sich auf Röhrentrockner, die mit zwei- bzw. vierteiligen Wendeleisten und mit einer Nachfüllvorrichtung versehen sind. Außerdem handelt es sich durchweg um Trockner, die sich bereits längere Zeit im Betrieb befinden, deren Heizflächen also durch den mehr oder weniger ölhaltigen Abdampf der Brikettpressen verschmutzt sind. Diese Verschmutzung der Trocknerheizflächen durch Öl ist in allen Brikettfabriken vorhanden, die einen Teil oder die Gesamtmenge des Trockendampfes aus Gegendruckdampfmaschinen erhalten.

Schließlich muß noch bemerkt werden, daß alle Trocknerversuche mit Niederlausitzer Braunkohle durchgeführt wurden und daß sich daher die gefundenen Ergebnisse im besonderen auf diese Braunkohle beziehen. Da aber diese Ergebnisse stets auf 1 kg Wasserverdampfung aus der Braunkohle bezogen worden sind, dürften sie, mit geringfügigen Abweichungen, auf die im weiteren Verlauf der Arbeit hingewiesen wird, auch auf die Trocknung anderer Braunkohlenarten verwendbar sein.

b) Zusammensetzung der Wärmemenge zur Verdampfung von 1 kg Wasser aus der Kohle.

Die zum Austreiben von 1 kg Wasser aus der Braunkohle aufzuwendende Wärmemenge i_{tr} in kcal setzt sich zusammen

1. aus der Wärmemenge i_k zur Erwärmung der zugehörigen wasserfreien Braunkohlenmenge von ihrer Eintrittstemperatur t_e in den Trockner auf ihre Austrittstemperatur t_a aus dem Trockner,

2. aus der Wärmemenge i_w zur Verdampfung von 1 kg Wasser von der Temperatur t_e und zur Überhitzung des erzeugten Wasserdampfes auf die Temperatur t_b der aus dem Trockner abziehenden Brüden,

3. aus der Wärmemenge i_{wr} zur Erwärmung des Restwassers in der unter 1 erwähnten Kohlenmenge von der Temperatur t_e auf die Temperatur t_a,

4. aus der Wärmemenge i_l zur Erwärmung der bei 1 kg Wasserverdampfung durch die Trocknerrohre gehenden wasserfreien Luft von ihrer Eintrittstemperatur t_l in den Trockner auf ihre Austrittstemperatur t_b aus dem Trockner,

5. aus der Wärmemenge i_{lw} zur Überhitzung des Wasserdampfes, der in der unter 4 erwähnten Trockenluft bei ihrem Eintritt in den Trockner bereits enthalten ist, von der Temperatur t_l auf die Temperatur t_b,

6. aus den Wärmeverlusten i_v.

Nach vorstehenden Ausführungen ist

$$i_{tr} = i_k + i_w + i_{wr} + i_l + i_{lw} + i_v \qquad (5)$$

und die theoretisch zum Austreiben von 1 kg Wasser aus der Kohle im Trockner aufzuwendende Wärmemenge

$$i = i_k + i_w + i_{wr} + i_l + i_{lw}\,. \qquad (6)$$

c) Die Wärmemenge i_k.

Die bei der Herstellung von k_1 t Briketts aus der Rohbraunkohle zu entfernende Wassermenge ist, ohne die in der Brikettfabrik entstehenden Verluste v_k an getrockneter Kohle (siehe Abschnitt XVIIc), wieder nach früheren Ableitungen (7) in t

$$W = \frac{w - w_1}{100 - w} \cdot k_1 \qquad (7)$$

oder auch

$$W = \frac{w - w_1}{100 - w_1} \cdot k\,, \qquad (8)$$

wenn man für k den Wert aus Gl 2 einsetzt. Setzt man für k den Wert aus Gl 3 ein, so erhält man die aus der Rohbraunkohle bei der Herstellung von k_1 t Briketts zu entfernende Wassermenge mit Berücksichtigung der Trockenkohlenverluste. Näheres darüber siehe in Abschnitt XVI, Gl 54 und 55.

Beim Austritt aus den Trocknern hat die Kohle einen Wassergehalt w'_1, der etwas höher ist als der Wassergehalt w_1. Die Differenz $w'_1 - w_1$ hängt von der Art und Intensität der Kühlung der getrockneten Kohle nach ihrem Verlassen aus den Trocknern ab. Um die Größe der durch die Trockner herbeigeführten Wasserverdampfung zu berechnen, ist in die Gl 7 und 8 statt w_1 der Wert w'_1 einzusetzen, und man erhält

$$W' = \frac{w - w'_1}{100 - w} \cdot k_1 \qquad (9)$$

bzw.

$$W' = \frac{w - w'_1}{100 - w'_1} \cdot k \qquad (10)$$

Abb. 4 gibt die aus der Rohbraunkohle zu entfernenden Wassermengen bei verschiedenem Wassergehalt der Roh- und Trockenbraunkohle graphisch an.

Aus Gl 9 ergibt sich die Trockenkohlenmenge mit dem Wassergehalt w'_1 in kg bei 1 kg Wasserverdampfung zu

$$k'_t = \frac{100 - w}{w - w'_1}, \tag{11}$$

daraus folgt die wasserfreie Braunkohlenmenge in kg bei 1 kg Wasserverdampfung

$$k_t = \frac{100 - w'_1}{100} \cdot k'_t = \frac{100 - w'_1}{100} \cdot \frac{100 - w}{w - w'_1}. \tag{12}$$

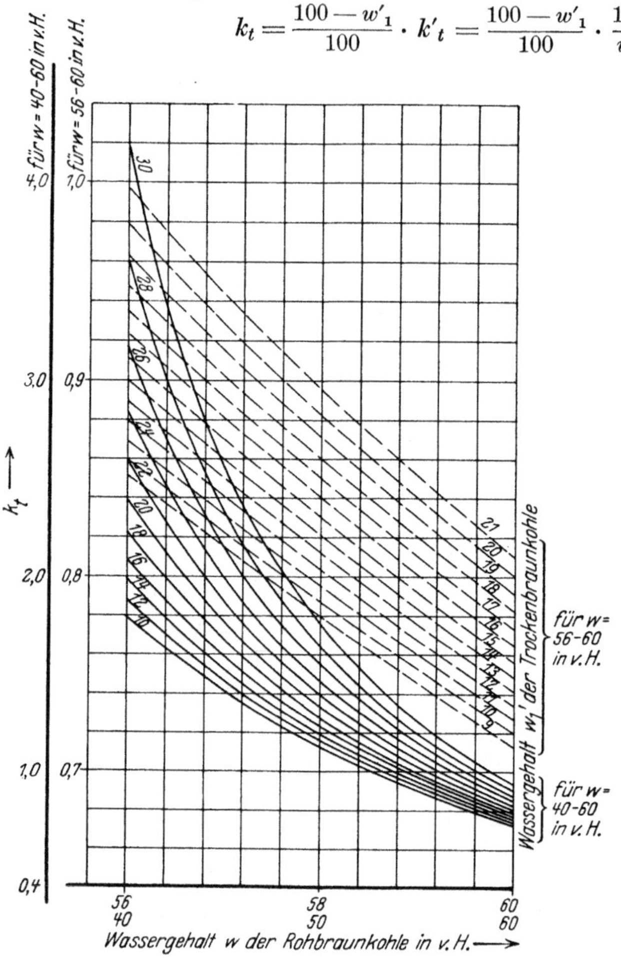

Abb. 5. Werte von k_t bei verschiedenem Wassergehalt der Roh- und Trockenbraunkohle.

Abb. 5 zeigt die Werte von k_t bei verschiedenem Wassergehalt der Roh- und Trockenbraunkohle graphisch

Ist c_m die mittlere spezifische Wärme der Braunkohle zwischen 0 und 100° C, so ist in kcal

$$i_k = c_m (t_a - t_e) \cdot k_t. \tag{13}$$

Über die spezifische Wärme der Braunkohle liegen verschiedene Versuche vor, deren Ergebnisse zum Teil bis um 100 vH voneinander abweichen. Über diese Versuche hat d'Huart (11) eingehend berichtet. Neuere Versuche sind dann in der Bergtechnischen Abteilung des Braunkohlenforschungsinstitutes der Bergakademie Freiberg (Sa.) durchgeführt worden, über die Burckhardt und Fritzsche (12) berichten. Danach schwankt die mittlere spezifische Wärme der wasserfreien Braunkohle in dem Temperaturbereich von 0 bis 100° C zwischen 0,322 und 0,467. Leider ist die Zahl der Untersuchungen noch zu klein, um einen genauen Durchschnittswert der spezifischen Wärme für die verschiedenen Braunkohlensorten zu gewinnen. Für verschiedene Braunkohlen Deutschlands kann nach den erwähnten Untersuchungen etwa folgende mittlere spezifische Wärme eingesetzt werden.

Tabelle 1. Mittlere spezifische Wärme c_m für wasserfreie Braunkohle in dem Temperaturgebiet von 0 bis 100° C.

Gewinnungsstätte der Braunkohle	Mittlere spezifische Wärme c_m
Niederlausitz	0,40
Mitteldeutschland:	
Bitterfeld	0,34
Borna	0,46
Geiseltal	0,40
Halle	0,42
Rheinland (Köln-West)	0,42

Schmitt (13) gibt die mittlere spezifische Wärme der wasserfreien rheinischen Braunkohle mit 0,35 an und bezieht sich dabei auf Untersuchungen, ohne diese anzuführen oder auf sie hinzuweisen.

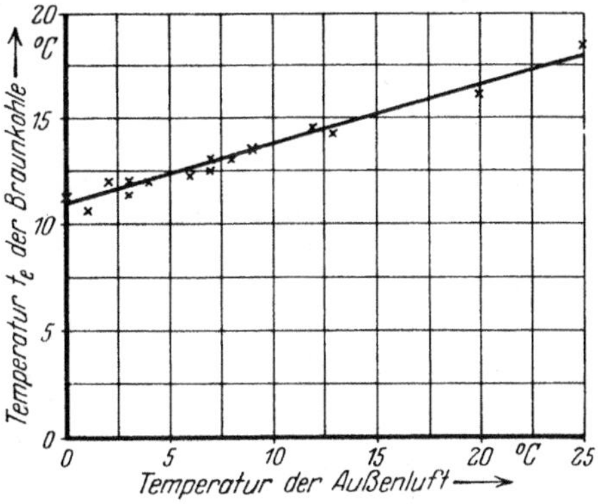

Abb. 6. Temperatur t_e der grubenfeuchten Braunkohle beim Trocknereintritt in Abhängigkeit von der Außenlufttemperatur.

Die Temperatur t_e, mit der die Kohle in die Trockner gelangt, zeigt Abb. 6 in Abhängigkeit von der Temperatur der Außenluft. Von den zur Verfügung stehenden Versuchspunkten ist nur ein Teil eingetragen, weil sich viele Punkte überdecken. Die Braunkohle wird mit Temperaturen gewonnen, die etwa zwischen 8 und 10° C liegen und die im Laufe des Jahres annähernd konstant bleiben. Auf dem Wege nach der Brikettfabrik und in dieser erwärmt sie sich dann etwas, wie die Abb. 6 zeigt.

Die Temperatur t_a, mit der die Kohle aus den Trocknern kommt, zeigt Abb. 7 bei verschiedenem Trockendruck in Abhängigkeit vom Unterdruck am Trocknerende. Von den Versuchspunkten sind wieder nur einige eingezeichnet und auch nur diejenigen, bei denen die Versuchstrockendrücke mit den in der Abbildung eingetragenen Trockendrücken übereinstimmen. Die t_a-Linien für die Trockendrücke, bei denen keine Versuche durchgeführt werden konnten, sind durch Interpolation errechnet. Eine Nachprüfung für die Richtigkeit der Interpolation war durch Eintragung der Versuchspunkte für dazwischen liegende Trockendrücke möglich. Auf die Temperatur t_a hat auch die Eintrittstemperatur t_e der Kohle in die Trockner und die Lufteintrittstemperatur t_l Einfluß. Die t_a-Linien der Abb. 7 sind für eine durchschnittliche Kohleneintrittstemperatur von 15° C aufgetragen. Bei niedrigeren oder höheren Kohleneintrittstemperaturen können die abgelesenen Werte etwa um die Differenz der Kohleneintrittstemperatur gegenüber 15° C entsprechend erniedrigt oder erhöht werden. Der Einfluß einer verschieden hohen Lufteintrittstemperatur auf t_a ist nicht so groß und kann vernachlässigt werden, falls die Unterschiede nicht bedeutend sind. Bemerkt soll noch werden, daß die Luftaußentemperatur mit der Lufteintrittstemperatur t_l in die Trockner nicht identisch ist. Letztere ist etwa um 20—30° C höher als erstere.

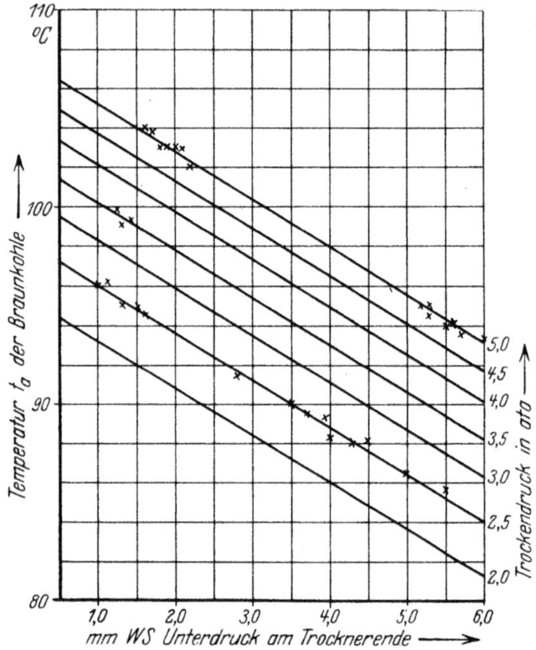

Abb. 7. Temperatur t_a der Braunkohle am Trockneraustritt.

Wassergehalt w der Rohkohle	= 58,0 vH	Durchschnittswerte
Wassergehalt w'_1 der Trockenkohle	= 16,0 vH	
Kohleneintrittstemperatur t_e	= 15,0° C	
Außenlufttemperatur	= 15,0° C	
Lufteintrittstemperatur t_l	= 35—40° C	

Abb. 8 zeigt die nach Gl 13 berechneten Wärmemengen i_k für Trockendampfdrücke von 2 bis 5 ata in Abhängigkeit vom Unterdruck am Trocknerende, und zwar für Niederlausitzer Braunkohle mit einem Wassergehalt von w = 58 vH und einem Wassergehalt der Trockenkohle beim Verlassen des Trockners von w'_1 = 16 vH Die Nachtrocknung der Trockenkohle in den untersuchten Brikettfabriken verringert den Wassergehalt um 2—2,5 vH, so daß der Wassergehalt w_1 der Briketts in diesem Fall 13,5—14 vH beträgt. Die Kohlentemperatur t_e beim Eintritt in die Trockner ist durchweg mit 15° C eingesetzt, diejenige t_a beim Austritt aus den Trocknern aus Abb. 7 entnommen.

Bei Änderung des Wassergehalts w der Rohbraunkohle ändert sich auch die je kg Wasserverdampfung zugehörige Braunkohlenmenge und demnach der Wert i_k. Unter sonst gleichenVerhältnissen sind beispielsweise die Wärmemengen der Abb. 8

bei einem	Wassergehalt	w	von	51	vH	mit	1,40,
,,	,,	w	,,	54	,,	,,	1,21,
,,	,,	w	,,	60	,,	,,	0,91

zu multiplizieren.

d) Die Wärmemenge i_w.

Da der Wasserdampf in den Brüden beim Trockneraustritt stets überhitzt ist, ist

$$i_w = 595 + 0{,}46\, t_b - t_e\,. \qquad (14)$$

Auf Grund der Versuche ist Abb. 9 gezeichnet worden, die die Temperatur t_b der Brüden und diejenige t_t ihres Taupunktes für Trockendampfdrücke von 2—5 ata in Abhängigkeit vom Unterdruck am Trocknerende angibt. Für die eingetragenen Versuchspunkte gilt die gleiche Bemerkung wie zu Abb. 7. Die Lufteintrittstemperatur t_l beträgt nach Durchschnittswerten der Versuche beim Arbeiten mit 1 mm WS Unterdruck am Trocknerende 40° C und beim Arbeiten mit 5 mm WS Unterdruck am Trocknerende 35° C.

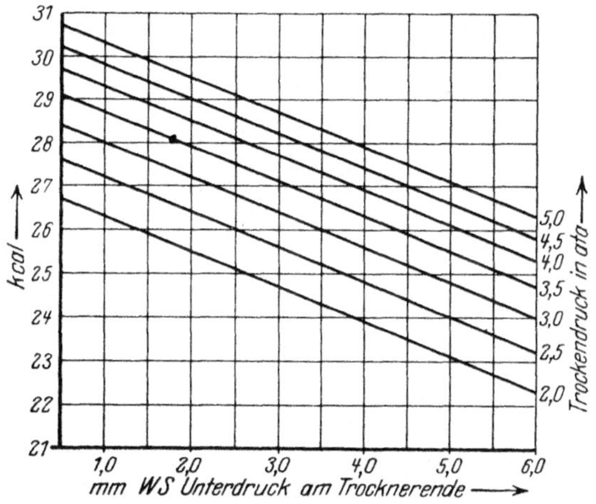

Abb. 8. Wärmemenge i_k zur Erwärmung der wasserfreien Braunkohlenmenge bei 1 kg Wasserverdampfung.

Wassergehalt w der Rohkohle = 58,0 vH.
Wassergehalt w'_1 der Trockenkohle = 16,0 vH.
Mittlere spez. Wärme der Braunkohle c_m = 0,4

Die Messung der Temperaturen t_b und t_t erfolgt am Trocknerende über der Trockentrommel (siehe Abschnitt IX, zu 15 und 16). Hier strömt durch die unvermeidlichen Undichtheiten der Blechwand, die die Kohlenausfallseite des Trockners vom Fabrikraum abschließt, etwas Luft aus dem Fabrikraum hinzu. Dadurch ergibt sich eine Abkühlung der aus den Trocknerrohren austretenden Brüden und eine entsprechende Veränderung ihrer Taupunktstemperatur. Die je kg Wasserverdampfung entstehende Brüdenmenge wird also vergrößert, jedoch ist die von dem Trockner an die Brüden abgegebene Wärmemenge trotzdem berechenbar, da die auf der Kohlenausfallseite einströmende Luft etwa die gleiche Temperatur wie die in die Trocknerrohre gehende Luft hat. Bei den vom Verfasser untersuchten Röhrentrocknern waren im übrigen bezüglich des Abschlusses der Trocknerausfallseite gegen den Fabrikraum etwa gleiche Verhältnisse vorhanden. Die gemessenen Temperaturen t_b und t_t an verschiedenen Röhrentrocknern stimmten daher bei gleichen Versuchsbedingungen sehr gut überein. Nach einer Übersicht von **Franke** (14) ergeben sich nach Messungen der Siemens-Schuckert-Werke an einem

Röhrentrockner Brüden- und Taupunktstemperaturen, die von den in Abb. 9 gezeichneten zum Teil wesentlich abweichen. Ein Vergleich ist aber nicht möglich, da diese Messungen bei verschiedenen Trockendampfdrücken vorgenommen wurden, die nicht angegeben sind. Weiter muß nach den angegebenen Taupunktstemperaturen gefolgert werden, daß der untersuchte Röhrentrockner auf der Kohlenausfallseite gegen den Fabrikraum sehr gut abgedichtet war. Dies war auch schon mit Rücksicht auf die eingebaute elektrische Brüdenentstaubung erwünscht. Die in Abb. 9 graphisch dargestellten Brüden- und Taupunktstemperaturen beziehen sich durchweg auf Röhrentrockner, bei denen keine besonders gute Abdichtung auf der Kohlenausfallseite vorgesehen ist, sondern nur die übliche Abdichtung, wie sie von den Maschinenfabriken angeordnet wird. Dieser Hinweis ist beim Gebrauch der Abb. 9 zu beachten. Bei besserer Abdichtung auf der Kohlenausfallseite werden die Brüden- und Taupunktstemperaturen höher liegen.

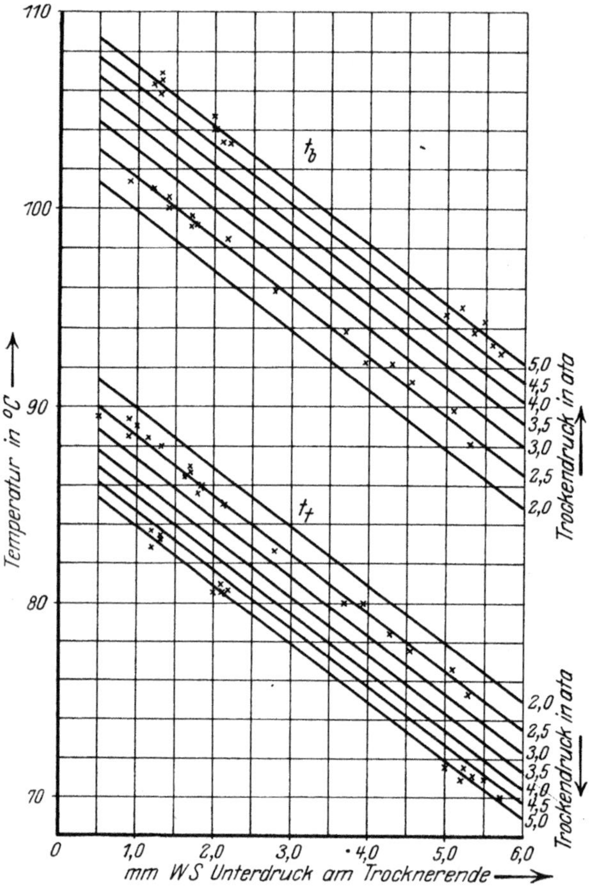

Abb. 9. Temperatur t_b der Brüden und t_t ihres Taupunktes.

Abb. 10 zeigt die nach Gl 14 berechnete Wärmemenge i_w für die Trockendampfdrücke von 2—5 ata in Abhängigkeit vom Unterdruck am Trocknerende. Dabei ist die Brüdentemperatur t_b aus Abb. 9 entnommen, die Kohleneintrittstemperatur t_e mit 15° C eingesetzt.

e) Die Wärmemenge i_{wr}.

Es ist die Restwassermenge in der im Abschnitt b unter 1 erwähnten Kohlenmenge in kg

$$w_r = \frac{w'_1}{100} \cdot k_1 = \frac{w'_1}{100} \cdot \frac{100 - w}{w - w'_1} \cdot \qquad (15)$$

Die Werte von w_r zeigt Abb. 11 für verschiedene Wassergehalte der Roh- und Trockenkohle graphisch. Die Wärmemenge i_{wr} ist in kcal

$$i_{wr} = (t_a - t_e) \cdot w_r \,. \qquad (16)$$

Abb. 12 zeigt die nach Gl 16 berechnete Wärmemenge i_{wr} für die Trockendampfdrücke von 2—5 ata in Abhängigkeit vom Unterdruck am Trocknerende. Die Kohlentemperatur t_a ist wieder aus Abb. 7 entnommen, diejenige t_e mit 15° C eingesetzt.

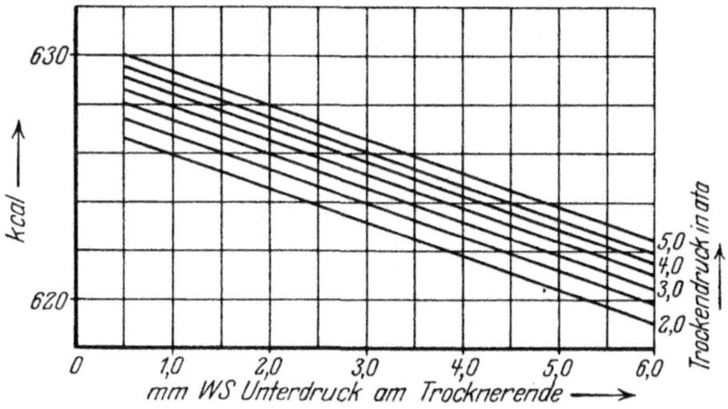

Abb. 10. Wärmemenge i_w zur Verdampfung von 1 kg Wasser aus der Braunkohle.

f) Die Wärmemenge i_l.

Es sei

γ das Gewicht des in 1 m³ Brüden bei der Temperatur t_b ° C wirklich enthaltenen Wasserdampfes in g,

γ' das Gewicht des in 1 m³ von der Taupunktstemperatur t_t ° C enthaltenen Wasserdampfes in g,

p' der Druck des trocken gesättigten Wasserdampfes bei der Taupunktstemperatur t_t der Brüden in mm QS.

Das Volumen einer Brüdenmischung von 1 kg wasserfreier Luft und einer Wasserdampfmenge entsprechend γ in g/m³ sei v_e m³ bei einem Barometerstand b mm QS und einer Temperatur t_b ° C, dann ist die in v_e m³ wirklich enthaltene Wassermenge in g

$$G_D = v_e \cdot \gamma, \qquad (17)$$

wobei

$$\gamma = \frac{273 + t_t}{273 + t_b} \cdot \gamma' \qquad (17\text{a})$$

ist. Für die wasserfreie Luft von 1 kg Gewicht gilt nun die Zustandsgleichung

$$\frac{10000}{735{,}5} (b - p') \cdot v_e = 1 \cdot 29{,}27 \cdot (273 + t_b)\,. \qquad (18)$$

Hieraus folgt

$$v_e = \frac{29{,}27\,(273 + t_b)}{\frac{10000}{735{,}5}\,(b - p')} = 2{,}16\,\frac{273 + t_b}{b - p'}\,. \qquad (19)$$

Damit wird nach Gl 17 in g

$$G_D = 2{,}16 \cdot \frac{273 + t_b}{b - p'} \cdot \gamma \,. \tag{20}$$

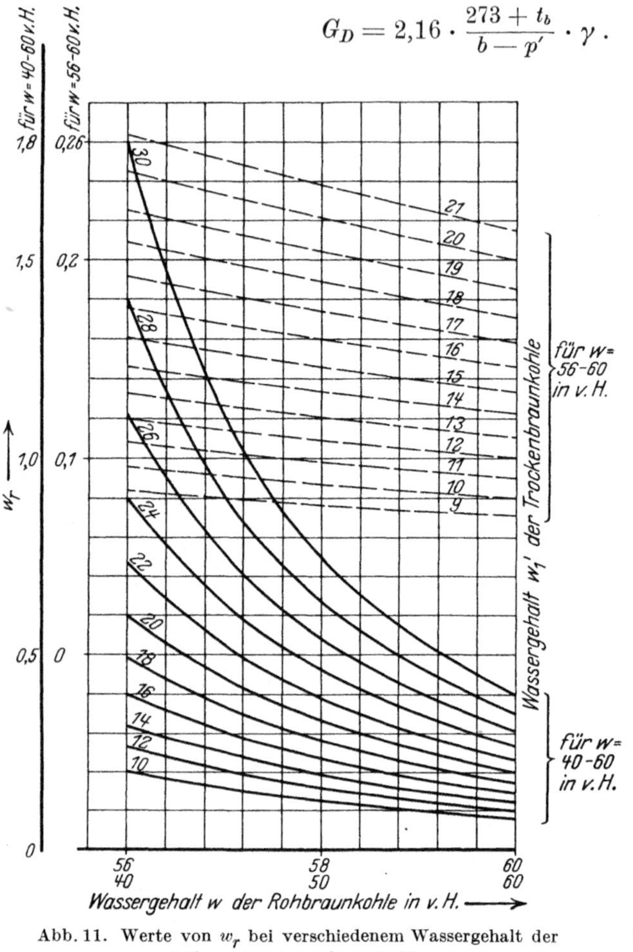

Abb. 11. Werte von w_r bei verschiedenem Wassergehalt der Roh- und Trockenbraunkohle.

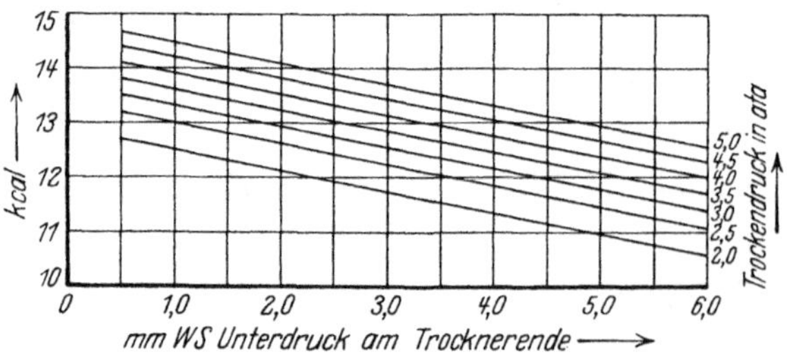

Abb. 12. Wärmemenge i_{wr} zur Erwärmung des Restwassers in der Braunkohle bei 1 kg Wasserverdampfung.

Die Kurven in Abb. 13 gestatten ein Ablesen der Spannungen und spezifischen Gewichte des Wasserdampfes bei den Taupunktstemtemperaturen t_t.

Es muß jetzt die wasserfreie Luftmenge berechnet werden, die 1 kg aus der Braunkohle verdampftes Wasser bei der Taupunktstemperatur t_t aufnehmen kann. Dabei ist der Wasserdampfgehalt der Luft, die mit einer Temperatur t_l ° C in die Trockner tritt, zu berücksichtigen.

Für diese Luft sei noch

γ'_l das Gewicht des in 1 m³ ungesättigter Luft enthaltenen Wasserdampfes in g,

γ_{ls} das Gewicht von 1 m³ trocken gesättigten Wasserdampfes von der Lufttemperatur t_l in g,

p'_l der Teildruck des Wasserdampfes in 1 m³ ungesättigter Luft mit dem Wasserdampfgehalt γ'_l g in mm QS,

p_{ls} der Druck des trocken gesättigten Wasserdampfes von der Temperatur t_l in mm QS,

dann ist zunächst der relative Feuchtigkeitsgehalt φ_l der Luft vor ihrem

Eintritt in die Trockner

$$\varphi_l = \frac{\gamma'_l}{\gamma_{l\,s}} \tag{21}$$

Dafür kann man auch mit großer Annäherung setzen

$$\varphi_l = \frac{p'_l}{p_{l\,s}}. \tag{22}$$

Die Werte $\gamma_{l\,s}$ und $p_{l\,s}$ können aus Abb. 13 oder aus den Tabellen für Wasserdampf entnommen werden. Über die Messung von φ_l siehe Abschnitt IX, Bemerkung zu 14.

Der Rauminhalt von 1 kg wasserfreier Luft von der Temperatur t_l °C in m³ ist analog Gl 19

$$v_a = 2{,}16 \cdot \frac{273 + t_l}{b} \tag{23}$$

und ihr Wassergehalt in Gramm mit sehr großer Annäherung

$$G_{D\,l} = \varphi_l \cdot \gamma_{l\,s} \cdot v_a = 2{,}16 \cdot \frac{273 + t_l}{b} \cdot \varphi_l \cdot \gamma_{l\,s}. \tag{24}$$

1 kg wasserfreie Luft kann also bei der Taupunktstemperatur t_t eine Wasserdampfmenge in Gramm aufnehmen von

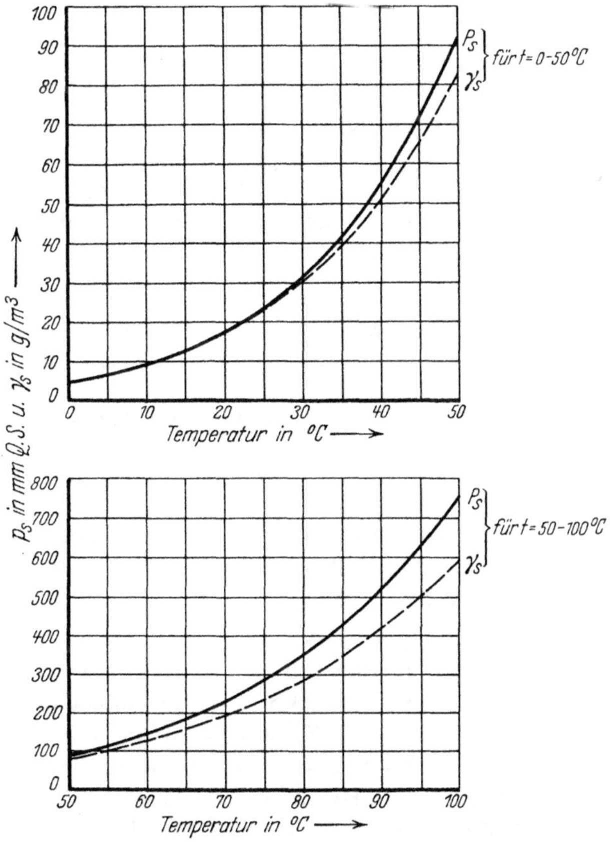

Abb. 13. Spannungskurve p_s und Kurve der spezifischen Gewichte γ_p für Wasserdampf.

$$G'_D = G_D - G_{D\,l} = 2{,}16 \cdot \left(\frac{273 + t_b}{b - p'}\,\gamma - \frac{273 + t_l}{b}\,\varphi_l \cdot \gamma_{l\,s}\right). \tag{25}$$

Um 1 kg Wasser aufzunehmen, sind demnach

$$G_l = \frac{1000}{G'_D} \tag{26}$$

kg wasserfreie Luft erforderlich.

Bei der spezifischen Wärme der Luft von 0,24 ist schließlich

$$i_l = 0{,}24\, G_l\,(t_b - t_l). \tag{27}$$

Das Volumen der Brüdenmenge von der Temperatur t_b, die 1 kg aus der Kohle verdampftes Wasser bei der Taupunktstemperatur t_t mit sich führt, ist dann in m³

$$v_b = G_l \cdot v_e = 2{,}16 \cdot \frac{273 + t_b}{b - p'} \cdot G_l \tag{28}$$

oder auch mit Berücksichtigung der Gl 25 und 26

$$v_b = \frac{1000}{\gamma' - \frac{273 + t_l}{273 + t_b} \cdot \frac{b - p'}{b} \cdot \varphi_l \cdot \gamma_{ls}} \tag{29}$$

und ihr Gewicht in kg

$$G_b = G_l \left(1 + 2{,}16 \cdot \frac{273 + t_l}{1000 \cdot b} \cdot \varphi_l \cdot \gamma_{ls}\right) + 1\,. \tag{30}$$

Daraus ergibt sich dann das spezifische Gewicht der Brüden zu

$$\gamma_b = \frac{G_b}{v_b}\,. \tag{31}$$

Das spezifische Gewicht der Brüden am Trocknerende läßt sich auch unmittelbar berechnen, und zwar ist es

$$\gamma_b = 0{,}001 \cdot \gamma + 1{,}293 \cdot \frac{b - p'}{760} \cdot \frac{273}{273 + t_b}$$

oder

$$\gamma_b = 0{,}001 \cdot \gamma + 0{,}465 \cdot \frac{b - p'}{273 + t_b}\,. \tag{32}$$

Über die Messung der Taupunktstemperatur t_t der Brüden werden im Abschnitt IX Angaben gemacht. Zu t_t ermittelt man aus Abb. 13 die Werte γ' bzw. p'.

Wie bereits erwähnt wurde, stehen die Brüden praktisch unter dem Druck der Außenluft. Der geringe Unterdruck am Trocknerende von 1 bis etwa 5 mm WS kann gegenüber dem Barometerstand unberücksichtigt bleiben. Sollte eine Anlage mit einem Unterdruck arbeiten, der berücksichtigt werden muß, so ist in vorstehenden Gleichungen im Faktor $(b - p')$ der Barometerstand um diesen auf mm QS umgerechneten Unterdruck zu verringern. Für den in vorstehenden Gleichungen allein stehenden Faktor „b" ist jedoch auch in diesem Fall nur der Barometerstand einzusetzen.

Die nach den Gl 25, 26 und 27 berechnete Wärmemenge i_l zeigt Abb. 14 für die Trockendampfdrücke von 2—5 ata in Abhängigkeit vom Unterdruck am Trocknerende. Dabei ist die Brüdentemperatur t_b und die Taupunktstemperatur t_t aus Abb. 9 entnommen. Die Temperatur t_l der in den Trockner eintretenden Luft ist bei 1 mm WS Unterdruck am Trocknerende mit 40° C, bei 5 mm WS Unterdruck mit 35° C eingesetzt (siehe unter Abschnitt IVd). Im übrigen ist eine gleichmäßige Abnahme dieser Temperatur von 40 auf 35° C, entsprechend der Zunahme des Unterdrucks am Trocknerende, angenommen. Der Wert $\varphi_l \cdot \gamma_{ls}$ ist mit 10 g/m³ eingesetzt. Bei einer Außenlufttemperatur von

15° C und einem relativen Feuchtigkeitsgehalt von 0,50 ist der Wassergehalt der Außenluft 6,4 g/m³. Dieser Wassergehalt erhöht sich aber in der Brikettfabrik durch Zuströmen von Wasserdampf besonders aus den Stopfbüchsen und den Ein- und Auslaßventilen der Brikettpressen. Der angegebene Wert für $\varphi_l \cdot \gamma_{ls}$ ist ein Durchschnittswert aus verschiedenen Messungen. Im übrigen beeinflußt dieser Wert infolge seiner Kleinheit den Wert G_l (siehe Gl 26) nur sehr wenig.

Der Barometerstand b ist durchweg mit 750 mm QS eingesetzt, der etwa dem Jahresdurchschnittswert in der Niederlausitz entspricht.

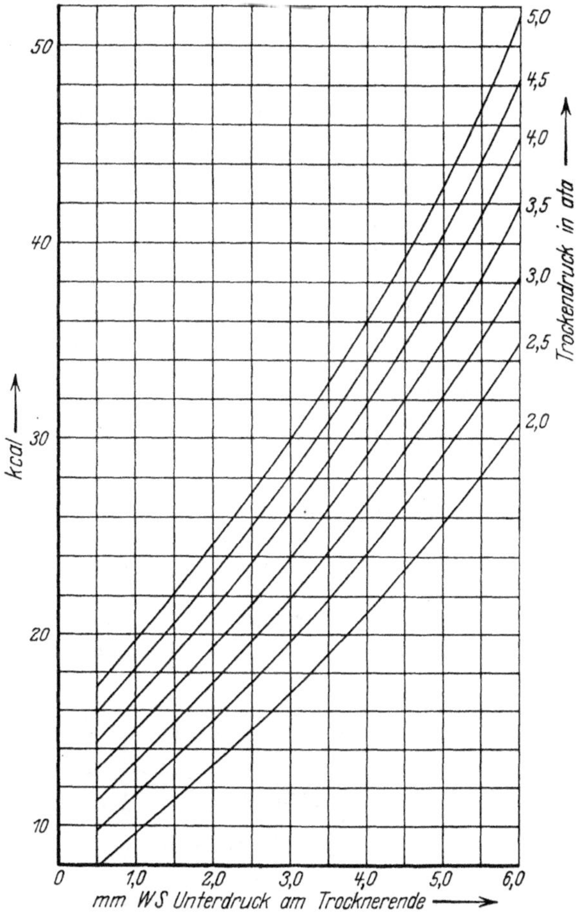

Abb. 14. Wärmemenge i_l zur Erwärmung der bei 1 kg Wasserverdampfung durch die Trocknerrohre gehenden wasserfreien Luft.

g) Die Wärmemenge i_{lw}.

Die bei der Verdampfung von 1 kg Wasser aus der Kohle durch die Trocknerrohre strömende wasserfreie Luftmenge G_l bringt nach Gl 24 bereits eine Wasserdampfmenge in Kilogramm von

$$G'_{Dl} = 0{,}001 \cdot 2{,}16 \cdot \frac{273 + t_l}{b} \cdot \varphi_l \cdot \gamma_{ls} \cdot G_l \quad (33)$$

mit. Die zur Überhitzung dieser Dampfmenge von der Temperatur t_l auf die Temperatur t_b erforderliche Wärmemenge ist

$$i_{lw} = 0{,}46\, G_{Dl}\, (t_b - t_l)\,. \quad (34)$$

Abb. 15 zeigt die nach den Gl 33 und 34 berechnete Wärmemenge i_{lw} für die Trockendampfdrücke von 2—5 ata in Abhängigkeit vom Unterdruck am Trocknerende. Für die Berechnung sind die gleichen Unterlagen wie für die Berechnung der Wärmemengenlinien der Abb. 14 eingesetzt. Die Wärmemengen i_{lw} sind sehr klein und können vernachlässigt werden.

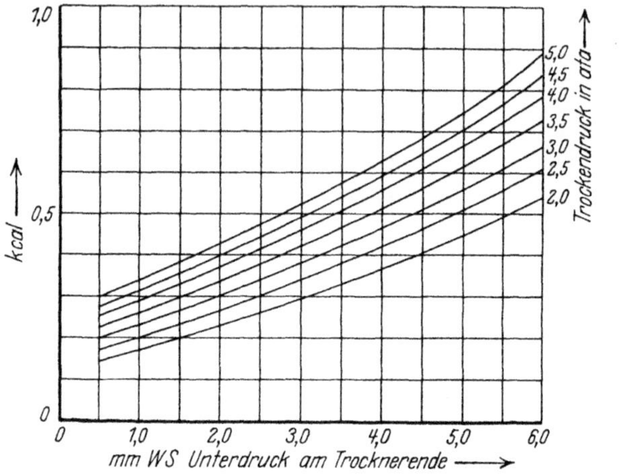

Abb. 15. Wärmemenge i_{lw} zur Überhitzung des in der Trockenluft enthaltenen Wasserdampfes bei 1 kg Wasserverdampfung aus der Braunkohle.
Temperatur t_l der Trockenluft = 35—40° C. Wassergehalt der Trockenluft = 10 g m³.

h) Die theoretisch zur Verdampfung von 1 kg Wasser im Röhrentrockner aufzuwendende Wärmemenge i und die Trockenluftmenge.

Die gesamte theoretisch zur Verdampfung von 1 kg Wasser im Röhrentrockner aufzuwendende Wärmemenge i (siehe Gl 6) zeigt Abb. 16

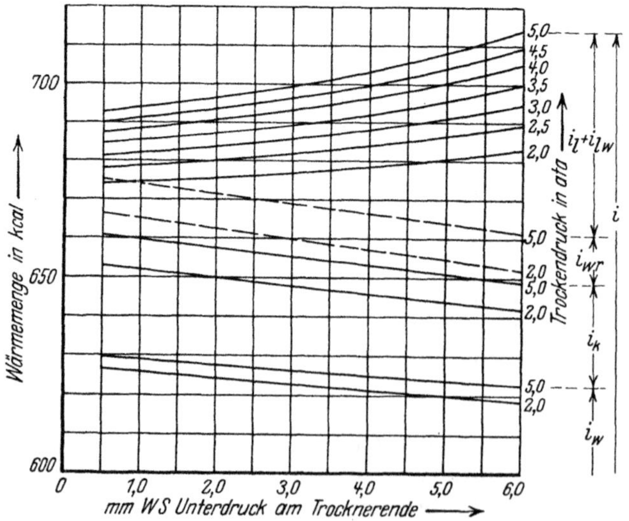

Abb. 16. Wärmemenge i zur Verdampfung von 1 kg Wasser im Röhrentrockner.

wieder für die Trockendampfdrücke von 2—5 ata in Abhängigkeit vom Unterdruck am Trocknerende. In diese Abbildung ist auch gleichzeitig der Anteil der einzelnen Wärmemengen i_k, i_w, i_{wr}, $i_l + i_{lw}$ eingetragen.

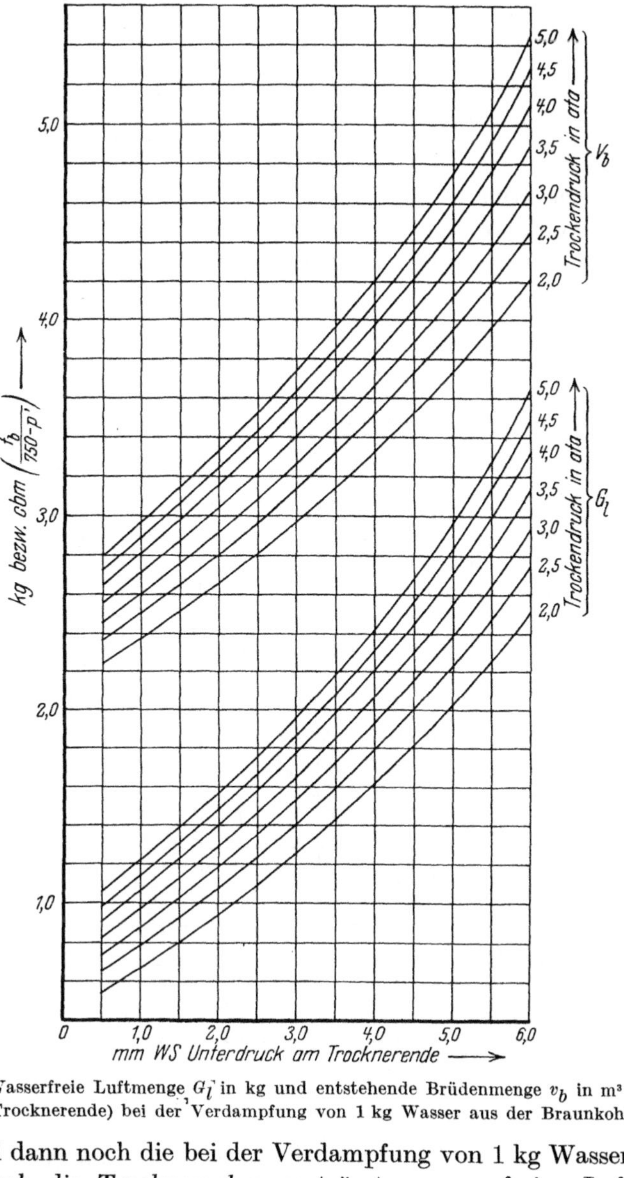

Abb. 17. Wasserfreie Luftmenge G_l in kg und entstehende Brüdenmenge v_b in m³ (Zustand am Trocknerende) bei der Verdampfung von 1 kg Wasser aus der Braunkohle.

Es sind dann noch die bei der Verdampfung von 1 kg Wasser aus der Kohle durch die Trocknerrohre geströmten wasserfreien Luftmengen bei den betreffenden Verhältnissen in Abb. 17 nach Gewicht und Volumen aufgetragen. Die Volumina beziehen sich auf den Brüdenzustand am Trocknerende. Sie sind nur aufgetragen worden, um für die Berechnung der Brüdenabführungskanäle bereits eine Unterlage zu haben. Es ist das angegebene Luftvolumen auch das Volumen der je kg Wasserverdampfung entstehenden Brüden. Die Umrechnung der Gewichtsmengen auf die Volumenmengen erfolgt nach Gl 28.

i) Die zur Verdampfung von 1 kg Wasser im Röhrentrockner wirklich aufzuwendende Wärmemenge i_{tr} und der Wirkungsgrad η_{tr}.

Die Wärmeverluste i_v ergeben sich aus der nach Versuchen ermittelten, zur Verdampfung von 1 kg Wasser aus der Kohle wirklich aufgewendeten Wärmemenge i_{tr}, abzüglich der unter c bis g errechneten

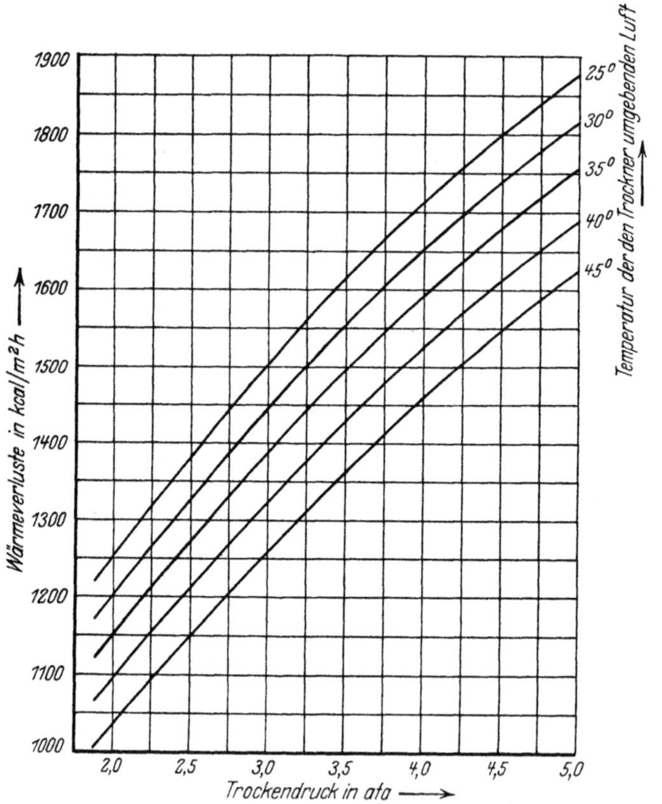

Abb. 18. Stündliche Wärmeverluste von einem m² unisolierter Trocknermantelfläche.

Wärmemenge i (siehe Gl 6). Sie entstehen durch den Wärmeübergang infolge Leitung, Konvektion und Strahlung des Trocknermantels. Die von der vorderen Trocknerstirnwand nach außen abgegebene Wärmemenge dient zur Erwärmung der Trockenluft, während die von der hinteren Trocknerstirnwand abgegebene Wärmemenge die Brüden höher erwärmt. Diese von den Trocknerstirnwänden abgegebenen Wärmemengen können also praktisch genau als bereits in der Wärmemenge i enthalten angesehen werden.

Da die im Abschnitt IVa erwähnten Versuche mit Trocknern verschiedener Größe durchgeführt wurden, sind die Wärmeverluste i_v, die sich auf 1 kg Wasserverdampfung beziehen, auch bei gleichen Versuchsbedingungen verschieden. Um sie für die verschiedenen Trocken- und Unterdrücke zu bestimmen, sind zunächst die Wärmeverluste für einen Quadratmeter unisolierter Trocknermantelfläche berechnet worden. Als Unterlage für diese Berechnung diente das Buch von Cammerer „Der Wärme- und Kälteschutz in der Industrie“ (15) und das Diagramm von Wrede (16). Der Trocknermantel ist dabei als ebene Wand angesehen. Diese Annahme ist nach Angabe Cammerers für derartig schwach gekrümmte Objekte, wie es Trocknermäntel sind, zulässig. Abb. 18 zeigt die stündlichen Wärmeverluste von 1 m² unisolierter Trocknermantelfläche bei Trockendampfdrücken von 2—5 ata und für Temperaturen der den Trockner umgebenden Luft von 25 bis 45° C.

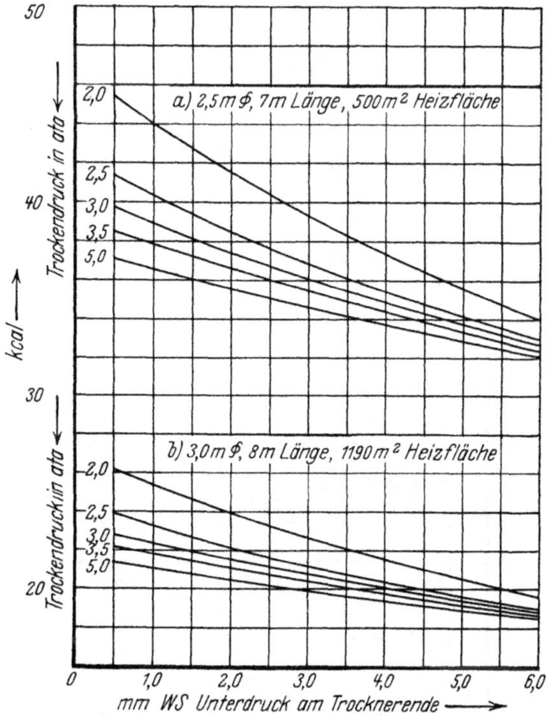

Abb. 19. Wärmemenge i_v bei 1 kg Wasserverdampfung in einem Röhrentrockner von a) 500 m², b) 1190 m² Heizfläche.

Um i_v berechnen zu können, muß die stündliche Verdampfungsleistung je m² Trocknerheizfläche, also die spezifische Verdampfungsleistung, bekannt sein. Diese ist im Abschnitt V behandelt und aus Abb. 22 zu entnehmen. Bezeichnet man sie mit v_s und ist

d der äußere Durchmesser des Trockners in m,
l die Länge des Trockners in m,
H_t die Trocknerheizfläche in m²,
Q_u die stündlichen Wärmeverluste je m² unisolierter Trocknerheizfläche in kcal,

so ist

$$i_v = \frac{Q_u \cdot d \cdot \pi \cdot l}{v_s \cdot H_t}. \tag{35}$$

In Abb. 19 ist i_v für Röhrentrockner von 2,5 m Durchmesser, 7 m Länge und 500 m² Heizfläche und für Röhrentrockner von 3 m Durchmesser, 8 m Länge und 1190 m² Heizfläche aufgetragen. Dabei ist als Temperatur für die den Trockner umgebende Luft 40° C beim Betrieb mit 1 mm WS und 35° C beim Betrieb mit 5 mm WS Unterdruck am Trocknerende, entsprechend der Temperatur t_l, der in die Trockner tretenden Luft (siehe Bemerkung zu Abb. 9, Abschnitt IVd) eingesetzt worden. Bemerkenswert ist die Steigerung der Wärmeverluste i_v mit sinkendem Trockendruck und sinkendem Unterdruck am Trocknerende, die ihre Erklärung durch die dabei eintretende Abnahme der spezifischen Verdampfungsleistung der Trockner findet (siehe Abb. 22).

Die Gesamtwärmemenge i_{tr} zur Verdampfung von 1 kg Wasser zeigt Abb. 20 für die gleichen Röhrentrocknergrößen aufgetragen, wie i_v in Abb. 19. Für die meistens in Betracht kommenden Trockendrücke von 3—4,5 ata und Unterdrücke am Trocknerende von 1—3 mm WS, liegt die Wärmemenge i_{tr}

bei einem Röhrentrockner von 2,5 m ∅, 7 m Länge, 500 m² Heizfläche zwischen 721 und 732 kcal,

bei einem Röhrentrockner von 3 m ∅, 8 m Länge, 1190 m² Heizfläche zwischen 705 und 716 kcal,

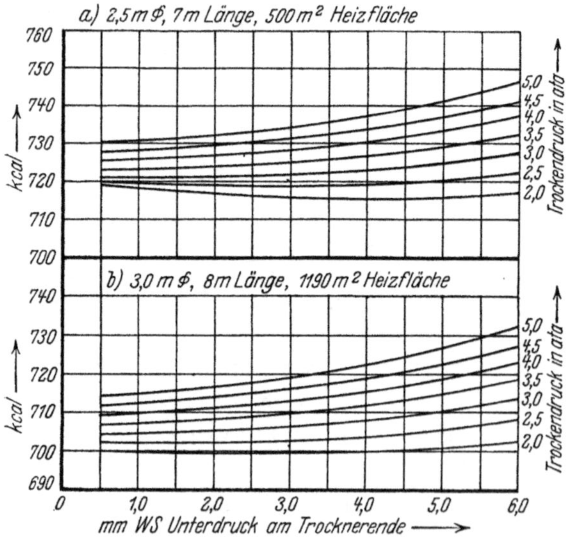

Abb. 20. Gesamtwärmemenge i_{tr} zur Verdampfung von 1 kg Wasser in einem Röhrentrockner von a) 500 m², b) 1190 m² Heizfläche.

d. h. sie ist für denselben Trockner in dem angegebenen Intervall praktisch etwa gleich. Die bei den eingangs erwähnten Versuchen ermittelten Gesamtwärmemengen stimmen innerhalb der Versuchsfehlergrenzen mit den in Abb. 20 aufgetragenen Werten überein.

In der Literatur ist selten die Gesamtwärmemenge zur Verdampfung von 1 kg Wasser angegeben. Verfasser hat selbst im Jahre 1921 (17) die in den Trocknern zum Verdampfen von 1 kg Wasser erforderliche Dampfmenge mit 1,4 kg angegeben und dazu bemerkt, daß der verschiedene

Trockendruck der Brikettfabriken keinen merkbaren Einfluß auf diese Zahl hat. Die angegebene Zahl ist in Brikettfabriken mit kleinen Trocknern, die mit Unterdrücken von 1—1,5 mm WS arbeiten, als Jahresdurchschnittswert ermittelt worden. Für die meistens in Betracht kommenden Trockendrücke von 3—4,5 ata würde danach die Gesamtwärmemenge i_{tr} bei rund 720 kcal liegen, also ziemlich gut mit den Werten der i_{tr} = Linien bei den entsprechenden Drücken in Abb. 20 übereinstimmen. Die Richtlinien (18) geben 1,35 kg Dampfverbrauch von 2—2,5 atü und 150° C Temperatur je 1 kg aufzutrocknendes Wasser an, entsprechend einem Gesamtwärmeaufwand von 704—712 kcal je kg verdampftes Wasser. Foos (19) gibt nach Versuchen i_{tr} bei 1,1 atü zu 768, bei 2,03 atü zu 740 kcal an. Rechnet man nach dem von ihm in Tabelle 8 seines Aufsatzes angegebenen Dampfverbrauch die Wärmemenge i_{tr} aus, so ergibt sich bei einem Druck

von	0,5	1,6	1,5	2,0	2,5 atü
i_{tr} zu	773	771	758	753	748 kcal.

Richter-Horn (20) geben in einer Tabelle i_{tr} in Abhängigkeit von den Verdampfungstemperaturen 45, 60 und 80° C mit 775, 745 und 712 kcal an und schreiben, daß es für überschlägige Untersuchungen genügt, den Wärmeverbrauch je kg verdampftes Wasser mit einem mittleren Wert von 750—800 kcal einzusetzen. Voigt (21) hat für Röhrentrockner von 1060 m² Heizfläche bei einem Trockendruck von 2 atü für i_{tr} 700 kcal ermittelt. Dieser und der in den Richtlinien angegebene Wert stimmt mit den Kurvenwerten der Abb. 20 für große Trockner sehr gut überein, während die Werte von Foos selbst für kleine Trockner zu hoch sein dürften.

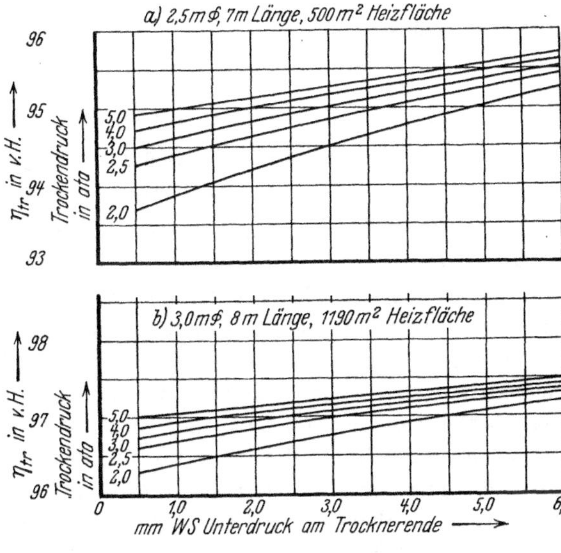

Abb. 21. Wirkungsgrad η_{tr} eines Röhrentrockners von a) 500 m², b) 1190 m² Heizfläche.

Die Angabe der zur Verdampfung von 1 kg Wasser im Röhrentrockner erforderlichen Gesamtwärmemenge ist einfacher als die Angabe der dafür erforderlichen Dampfmenge, weil im letzten Fall noch die Temperatur des in den Trockner tretenden Dampfes und diejenige des aus dem Trockner tretenden Kondenswassers angegeben werden muß.

Da der Wassergehalt der Rohbraunkohle je nach der Gewinnungsstätte verschieden ist (siehe Tabelle 5), so ist unter sonst gleichen Trocknungsverhältnissen auch die Gesamtwärmemenge i_{tr} etwas verschieden (siehe Abschnitt IVc). Für die Trockendrücke von 3—4,5 ata und bei einem Unterdruck am Trocknerende von 2 mm WS ist i_{tr} beispielsweise

bei einem Wassergehalt w der Rohbraunkohle von 51 vH um rund 11 kcal höher,
„ „ „ w der Rohbraunkohle von 54 vH um rund 6 kcal höher,
„ „ „ w der Rohbraunkohle von 60 vH um rund 2,5 kcal niedriger

als Abb. 20 angibt.

Der Wirkungsgrad η_{tr} der Röhrentrockner ergibt sich zu

$$\eta_{tr} = \frac{i}{i_{tr}}, \tag{36}$$

wobei i die theoretisch und i_{tr} die wirklich zum Verdampfen von 1 kg Wasser im Röhrentrockner erforderliche Wärmemenge in kcal ist (siehe Gl 5 und 6). In Abb. 21 ist η_{tr} für die beiden behandelten Röhrentrocknergrößen aufgetragen.

V. Die spezifische Verdampfungsleistung v_s (Wasserverdampfung in kg/m²·h) von Röhrentrocknern.

Die Höhe dieser Leistung ist in verschiedenen Aufsätzen behandelt worden, von denen nur derjenige von Frerichs angeführt werden soll, weil seine Werte in die Richtlinien (22) und in das „Taschenbuch für Berg- und Hüttenleute" (23) übernommen sind. Frerichs hat die Verdampfungsleistung je m² Trocknerheizfläche und Stunde für die Trockendrücke von 0,5—3 atü zahlenmäßig angegeben (24). Er bestimmte die spezifische Verdampfungsleistung für einen Trockendruck durch Versuche und berechnete die Verdampfungsleistungen für andere Trockendrücke, indem er die ermittelte Verdampfungsleistung mit einer Verhältniszahl multiplizierte. Diese Verhältniszahl ist ein Bruch, dessen Zähler die Differenz zwischen der Sattdampftemperatur des neuen Trockendrucks und der mittleren Kohlentemperatur und dessen Nenner die Differenz zwischen der Sattdampftemperatur des Versuchstrockendrucks und der mittleren Kohlentemperatur ist. Die mittlere Kohlentemperatur ist dabei mit 60° C eingesetzt. Während aber im erwähnten Aufsatz von Frerichs der Versuchstrockendruck 2 atü beträgt, ist er in den Richtlinien und im Taschenbuch für Berg- und Hüttenleute mit 2,5 atü angegeben.

Die vom Verfasser durchgeführten Versuche haben ergeben, daß diese einfache Umrechnungsformel nicht besteht. Nach Untersuchungen von Eckardt (25) erfolgt die Wärmeübertragung an die Kohle in der Hauptsache durch Wärmeleitung vom Trockendampf zur Kohle und ist von der Größe der Berührungsfläche zwischen Kohle und Trocknerheizfläche und von der Temperaturdifferenz zwischen Trockendampf und Kohle abhängig. Die durch Strahlung auf die Kohle übertragene Wärmemenge ist nach ihm sehr klein, dagegen mißt er bereits der durch die Trocknerrohre strömenden Luft größeren Einfluß bei. Dies ist tatsächlich der Fall, denn die spezifische Verdampfungsleistung wird bei steigendem Unterdruck am Trocknerende, also bei Steigerung der durch die Trocknerrohre strömenden Luftmenge, erhöht. Schmitt (26) hat dies ebenfalls durch Versuche festgestellt, die sich allerdings nur über einen Bereich von 1 bis 2 mm WS Unterdruck am Trocknerende und auf einen einzigen Trockendruck erstreckten.

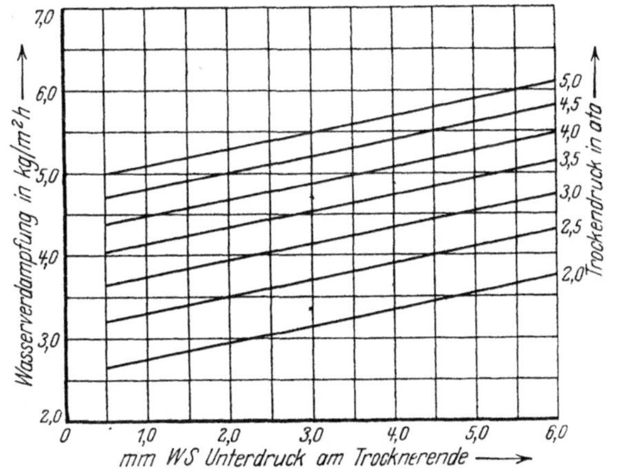

Abb. 22. Stündliche Verdampfungsleistung v_s von Röhrentrocknern in kg je m² Trockenheizfläche bei Trockendampf mit 5° bis max. 20° C Überhitzung.

(Über Korngrößenzusammensetzung der Kohle siehe Abschnitt IVa.)

Die spezifische Verdampfungsleistung auf Grund der vom Verfasser durchgeführten Versuche ist in Abb. 22 aufgetragen. Danach nimmt die spezifische Verdampfungsleistung etwa gradlinig mit der Steigerung des Unterdruckes zu, und zwar erhöht sie sich bei gleichbleibendem Trockendruck bei einer Unterdrucksteigerung um 1 mm WS um etwa 0,2 kg/m² · h. Mit steigendem Unterdruck am Trocknerende steigt aber auch die von den Brüden mitgenommene Staubmenge, worauf bereits hier kurz hingewiesen werden soll. Im Abschnitt VIII sind hierüber nähere Ausführungen gemacht.

Die Verdampfungsleistung v_s für die nicht untersuchten Dampfdrücke wurde wie folgt ermittelt. Die Versuche, die über den größten Unterdruckbereich führten, waren mit den Trockendrücken von 2,5 und 4,9 ata durchgeführt (siehe Abschnitt IVa). Die für diese beiden Trockendrücke über die verschiedenen Unterdrücke aufgetragenen spezifischen Verdampfungsleistungen lieferten zwei gerade parallele Linien. Abb. 23 zeigt diese Linien mit einem Teil der eingetragenen Versuchspunkte. Die v_s-Linien der Abb. 22 sind in Abb. 23 gestrichelt eingetragen.

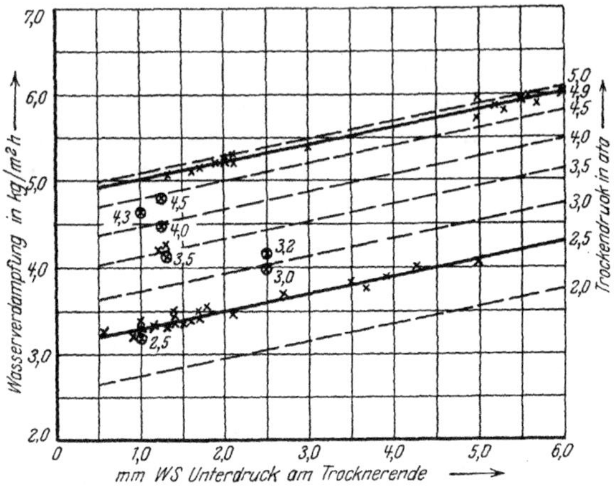

Abb. 23. Versuchspunkte der stündlichen Verdampfungsleistung v_g von Röhrentrocknern in kg je m² Trockenheizfläche. Die gestrichenen v_g-Linien sind der Abb. 22 entnommen. Die ⊗-Punkte sind Jahresdurchschnittswerte von v_g. Der durchschnittliche Jahresdurchschnittsdruck in ata ist neben diesen Punkten angegeben.

Außerdem sind einige Jahresdurchschnittswerte der Trocknerverdampfungsleistung v_s von Brikettfabriken, die mit verschiedenem Trockendruck arbeiten, eingetragen und der durchschnittliche Jahrestrockendruck daneben vermerkt. Diese Punkte liegen durchweg ein wenig niedriger als die v_s-Linien für denselben Trockendruck, weil sich im Betriebe Störungen der Kohlenzufuhr zu den Trocknern nicht vermeiden lassen. Durch Einbau geeigneter Signalvorrichtungen (siehe Abschnitt VIII) kann allerdings die Dauer dieser Störungen erheblich vermindert werden.

Es sei

v_s'	die spez.	bei 4,9 ata Trockendampfdruck	und dem Unterdruck
v_s''	Verdampfungs-	„ 2,5 „ „	a mm WS am
v_s	leistung	„ x „ „	Trocknerende.

t_s', t_s'', t_s die entsprechenden Temperaturen des trocken gesättigten Dampfes bei den angegebenen Dampfdrücken,

t_k', t_k'', t_k die entsprechenden mittleren Kohletemperaturen bei dem Unterdruck a mm WS am Trocknerende.

Die Umrechnung der spezifischen Verdampfungsleistung auf den Dampfdruck x ata erfolgte nun nach der Gleichung

$$v_s = v_s'' + \frac{(t_s - t_k) - (t_s'' - t_k'')}{(t'_s - t'_k) - (t_s'' - t_k'')} (v_s' - v_s'') \,. \qquad (36)$$

Die Werte v_s' und v_s'' wurden aus den nach den Versuchen ermittelten Linien entnommen. Die mittleren Kohletemperaturen sind nach der Gleichung

$$t_k = \frac{t_e + 1{,}2 \cdot t_a}{2} \qquad (37)$$

berechnet. t_e wurde mit 15° C eingesetzt, t_a aus Abb. 7 entnommen. Abb. 24 zeigt t_k für die verschiedenen betrachteten Trockendrücke und Unterdrücke am Trocknerende graphisch aufgetragen. In Gl 37 wurde statt t_a der Wert 1,2 t_a eingesetzt, weil sich die Kohle in den Trocknerröhren schnell erwärmt und dadurch die mittlere Kohlentemperatur höher liegt, als das arithmetische Mittel zwischen t_e und t_a ergibt. Der Faktor 1,2 beruht auf Schätzung. Genaue Messungen über die Höhe der mittleren Kohlentemperatur liegen nicht vor und sind auch sehr schlecht durchzuführen. Frerichs (27) nimmt die mittlere Kohlentemperatur mit 60° C, Kegel (28) mit 65° C und Schmitt (29) als zwischen 60 und 70° C liegend an. Da die genannten Autoren durchweg Trockner, die mit etwa 1—2 mm Unterdruck am Trocknerende arbeiten, zugrunde gelegt haben, stimmen ihre Angaben, mit Ausnahme des etwas zu kleinen Wertes von Frerichs, mit den nach Gl 37 errechneten gut überein.

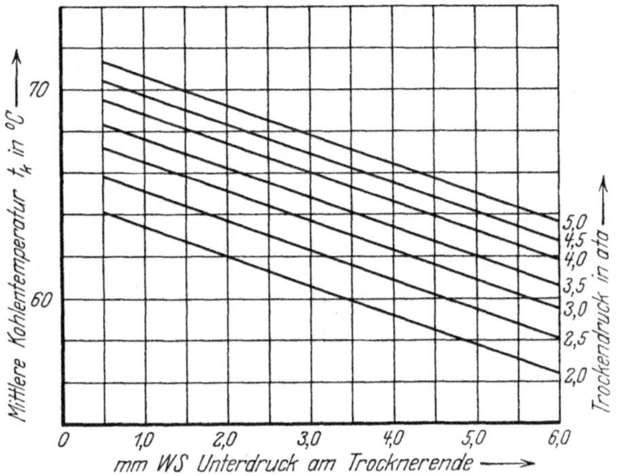

Abb. 24. Mittlere Kohlentemperatur t_k im Röhrentrockner nach Gl 37 mit $t_e = 15°$ C.

Die nach Gl 36 für die Dampfdrücke 2, 3, 3,5, 4,5 und 5 ata errechneten spezifischen Verdampfungsleistungen wurden in das Diagrammblatt Abb. 22 eingetragen. Wie Abb. 23 zeigt, in die die berechneten v_s-Linien gestrichelt eingetragen sind, ist die Übereinstimmung der berechneten v_s-Linien mit den Versuchspunkten so gut, daß die vorgenommene Inter- bzw. Exterpolation als richtig angesehen werden kann.

Die Abb. 22 gestattet die Berechnung der Röhrentrocknerheizfläche einer Brikettfabrik. Sie ergibt sich für die Herstellung von k_1 t Briketts in 24 Stunden zu

$$H_t = \frac{1000 \cdot W'}{24 \cdot v_s}. \tag{38}$$

Der Wert W' errechnet sich aus Gl 55. Die Berechnung der Röhrentrocknerheizfläche nach Gl 38 setzt Dauerbetrieb der Trockner und gleichmäßig gute Füllung der Trocknerrohre voraus. Da diese Bedingungen nie ganz gewährleistet sind, erhöht man zweckmäßigerweise die errechnete Heizfläche etwas. Der Prozentsatz der Erhöhung richtet sich in erster Linie nach der Güte der Beaufsichtigung der Trockner, da eine Außerbetriebnahme von Trocknern wegen Reparaturen sehr selten vorkommt. Im allgemeinen wird man bei guter Beaufsichtigung mit einer Erhöhung der berechneten Heizfläche um 1—2 vH auskommen. Bei der Berechnung der Trocknerzahl wird man sowieso selten auf ganz-

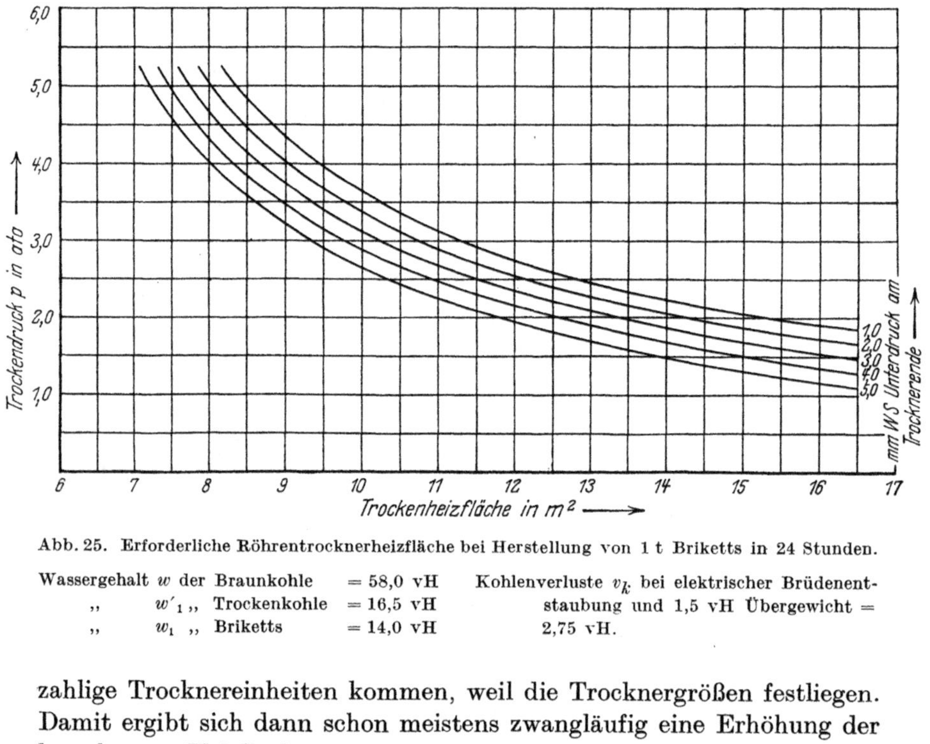

Abb. 25. Erforderliche Röhrentrocknerheizfläche bei Herstellung von 1 t Briketts in 24 Stunden.

Wassergehalt w der Braunkohle = 58,0 vH
„ w'_1 „ Trockenkohle = 16,5 vH
„ w_1 „ Briketts = 14,0 vH

Kohlenverluste v_k bei elektrischer Brüdenentstaubung und 1,5 vH Übergewicht = 2,75 vH.

zahlige Trocknereinheiten kommen, weil die Trocknergrößen festliegen. Damit ergibt sich dann schon meistens zwangläufig eine Erhöhung der berechneten Heizfläche.

Für Niederlausitzer Kohlenverhältnisse sind nach Gl 38 die erforderlichen Röhrentrocknerheizflächen bei Unterdrücken von 1—5 mm WS am Trocknerende für die Herstellung von einer t Briketts in 24 Stunden in Abb. 25 graphisch aufgetragen. Die Abbildung enthält die Berechnungsgrundlagen.

Verfasser hat versucht, die Kurven durch eine ganze rationale Funktion zweiten Grades mit Hilfe der Lagrangeschen Interpolationsformel auszudrücken. Eine einfache Gleichung hat er dabei nicht erhalten, wohl aber läßt sich beispielsweise die Kurve für 5 mm WS Unterdruck am Trocknerende angenähert durch die Gleichung

$$H_t = 0{,}6\,p^2 - 5{,}78\,p + 21{,}33 \qquad (39)$$

ausdrücken, wobei p der absolute Trockendampfdruck in at ist. Differenziert man diese Gleichung und setzt man den ersten Differentialquotienten gleich Null, so ergibt sich die geringste Heizfläche für einen Trockendruck von etwa 4,8 ata. In Wirklichkeit dürfte das Minimum der Heizfläche bei diesem Trockendruck noch nicht erreicht sein, da Gl 39 bei hohem Trockendruck etwas von der Kurve abweichende Werte ergibt. Außerdem hat Gl 39 die v_s-Linien der Abb. 22 als Grundlage, die wieder auf Versuchsmittelwerten beruhen. Jedenfalls konnte Verfasser eine einfache und praktisch genaue Gleichung für die Berechnung der Röhrentrocknerheizflächen aus dem Trockendruck und Unterdruck nicht finden, so daß mit Gl 38 gerechnet werden muß.

Die Leistung eines Röhrentrockners an Trockenkohle ist schließlich noch in t/Std.

$$k'_1 = \frac{0{,}001}{1 + 0{,}01\, v_{ks}} \cdot \frac{100 - w}{w - w'_1} \cdot v_s \cdot H_t , \qquad (40)$$

wobei v_{ks} die von den Brüden ins Freie mitgenommene Staubmenge in vH von k'_1 ist. Die Werte für v_{ks} siehe Abschnitt XVII c bzw. XVII g.

VI. Der Einfluß der Dampfüberhitzung auf die spezifische Verdampfungsleistung.

Die Frage des Einflusses der Dampfüberhitzung auf die spezifische Verdampfungsleistung ist noch stark umstritten. Foos (30) hat auf Grund einer Versuchsreihe gefolgert, daß für jede Überhitzung des Trockendampfes um 1° C die normale Verdampfungsleistung des Trockners um rund 0,3 vH beeinträchtigt wird. Die „Richtlinien“ (31) geben an, daß eine Heizdampfüberhitzung in mäßigen Grenzen ohne Einfluß auf die Leistung ist, eine hohe Überhitzung — über 175° C — aber vermindernd auf die Leistung wirkt. Schmitt (32) schreibt, daß die Frage, ob Überhitzung des Wasserdampfes die Heizwirkung beeinträchtigt oder erhöht, prinzipiell noch nicht einwandfrei geklärt ist, daß man aber beim Röhrentrockner, auf Grund zahlreicher Beobachtungen, eine schädliche oder fördernde Wirkung der Überhitzung, die normal über 30—40° C kaum hinausgeht, nicht feststellen konnte. Franke (33) schreibt im Taschenbuch für Berg- und Hüttenleute: „Nach z. T. neueren Untersuchungen soll gewisse Überhitzung nicht nachteilig, unter Umständen sogar leistungsverbessernd sein. Weitere Klärung nötig.“

Stender (34) hat zuerst behauptet, daß bei kondensierendem Heißdampf die Wärmeabgabe an eine Wand größer ist als bei kondensierendem Sattdampf. Die von Jakob und Erk daraufhin unternommenen Versuche (35) haben ergeben, daß der Wärmeübergang von kondensierendem Heißdampf beim senkrechten Rohr im allgemeinen etwas besser ist als der vom Sattdampf. Später ist von Jakob, Erk und Eck auch der Wärmeübergang an einem waagerechten Rohr beim Kondensieren von Heiß- und Sattdampf gemessen worden (36). Wie beim senkrechten Rohr war er auch beim Heißdampf etwas besser als beim Sattdampf. Kaiser (37) hat ebenfalls ausgedehnte Versuche angestellt, und die Mehrwärmeabgabe von kondensierendem Heißdampf zwischen 250 und 300° C Temperatur gegenüber kondensierendem Sattdampf an einem glatten Rohr bei einem Temperaturunterschied Δt zwischen der dem Versuchsdruck entsprechenden Sättigungstemperatur und der Außenluft wie folgt ermittelt:

bei $\Delta t =$ 80° C zu 2,9 vH,
„ $\Delta t =$ 115° C zu 6,3 vH,
„ $\Delta t =$ 150° C zu 7,4 vH.

Er hat weiter ermittelt, daß mit steigendem Dampfdruck die Wärmeabgabe von kondensierendem Heißdampf etwas ansteigt (38).

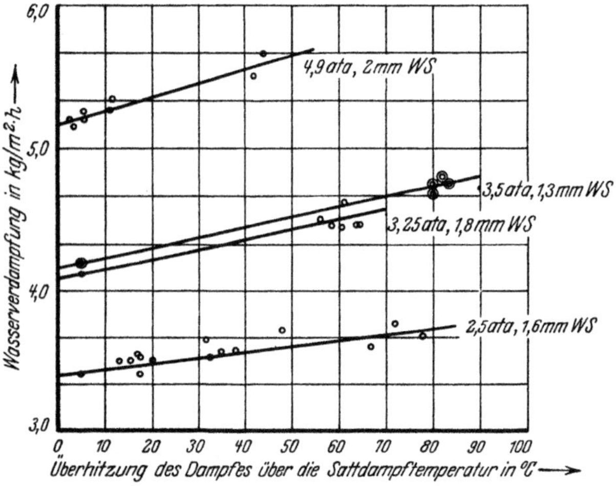

Abb. 26. Einfluß der Dampfüberhitzung auf die spezifische Verdampfungsleistung beim Röhrentrockner.

Verfasser hat bereits früher versucht, bei Röhrentrocknern den Einfluß der Dampfüberhitzung auf die spezifische Verdampfungsleistung festzustellen. Das Ergebnis dieser Versuche, von denen sich jeder mindestens über 6 Stunden Dauer erstreckte, zeigt Abb. 26, in die die Versuchspunkte eingetragen sind. Der Versuchspunkt bei 5° C Überhitzung des Trockendampfes bei den Trockendrücken von 3,25 und 3,5 ata ist ein Durchschnittswert einer großen Anzahl von Versuchen. Es ist weiter zu bemerken, daß diese Vergleichsversuche bei konstantem Trockendruck und konstantem Unterdruck am Trocknerende durchgeführt wurden. Da der Unterdruck am Trocknerende vom Barometerstand, von der Außenlufttemperatur und von den Wind- und Wetterverhältnissen beeinflußt wird, mußte er z. T. durch Einbau von Drosselvorrichtungen in die Brüdenabzugsschlote konstant gehalten werden.

Die Abb. 26 zeigt ebenfalls einwandfrei, daß eine Überhitzung des Trockendampfes nicht leistungsvermindernd, sondern leistungsverbessernd wirkt und bestätigt außerdem die Feststellung von Kaiser, daß mit steigendem Dampfdruck der Wärmeübergang gleich hoch überhitzten Dampfes zunimmt. Die Trocknung der Kohle erfolgte selbst bei Dampftemperaturen von etwa 220° C durchaus störungsfrei, was am besten daraus hervorgeht, daß einzelne Röhrentrockner jahrelang mit derartig hohen und sogar mit noch höheren Dampftemperaturen einwandfrei gearbeitet haben.

Daß bei einigen früheren Versuchen an Röhrentrocknern mit überhitztem Trockendampf eine Verminderung der Trocknerleistung festgestellt wurde, dürfte seinen Grund in dem größeren Druckabfall in der Dampfeinströmöffnung des Versuchstrockners beim Arbeiten mit überhitztem Trockendampf haben. Da ein Kubikmeter überhitzter Dampf einen geringeren Wärmeinhalt als ein Kubikmeter trocken gesättigter Dampf hat, muß beim Arbeiten mit überhitztem Trockendampf bei gleicher Trocknerleistung in der gleichen Zeiteinheit ein größeres Dampfvolumen in den Trockner gehen, wodurch der größere Druckabfall bedingt ist. Über die dadurch herbeigeführte Leistungsbeeinflussung des Trockners sind im Abschnitt VIII nähere Ausführungen gemacht.

Ist der Trockendampf in der Hauptsache Abdampf von Kolbendampfmaschinen, die einen schlechten thermodynamischen Wirkungsgrad, bezogen auf die innere Leistung (siehe später im Abschnitt XI und XII) besitzen, so wird beim Arbeiten mit hohen Dampfeintrittstemperaturen auch ihr Abdampf noch hohe Überhitzungstemperaturen besitzen. Dieser Zustand des Abdampfes würde zwar nach den Ausführungen dieses Abschnittes für die Verbesserung der Trocknerleistung vorteilhaft sein, jedoch würde seine Entölung erhebliche Schwierigkeiten bereiten, bei hohen Überhitzungstemperaturen sogar nahezu unmöglich werden. Beim Kondensieren dieses stark ölhaltigen Abdampfes würde sich dann gleichzeitig das Öl auf den Trocknerheizflächen mit niederschlagen, den Wärmeübergang beeinflussen und sich dem Trocknerkondensat beimischen. Da das Trocknerkondensat wieder restlos zur Kesselspeisung verwendet wird, können Schwierigkeiten beim Kesselbetrieb entstehen, wenn nicht noch eine Entölung dieses Kondensats erfolgt, die unter dem Trockendruck geschehen muß, also etwas schwierig und sehr kostspielig ist. Die Höhe der Dampfeintrittstemperatur bei Gegendruckdampfmaschinen muß sich also bei gegebenem thermodynamischen Wirkungsgrad derselben nach der Höhe der Überhitzungstemperatur des Abdampfes richten, bei der noch eine einwandfreie Abdampfentölung gewährleistet werden kann.

VII. Die Isolierung von Röhrentrocknern.

Die Isolierung von Röhrentrocknermänteln ist bisher stets als überflüssig angesehen worden. Richter-Horn (39) schreiben:

„Wie von den Leitungen, so wird auch von den Trockenapparaten selbst ein Teil der Dampfwärme in den umgebenden Raum ausgestrahlt. Die hierdurch entstehenden Verluste werden in der Regel für bedeutender gehalten, als sie in Wirklichkeit sind. Sie betragen nur etwa 5% der aufgewendeten Gesamtwärmemenge. Da nun aber diese Wärme der Luft im Aufstellungsraum mitgeteilt wird und diese zum großen Teil wieder die Apparate durchströmt, so wird sie indirekt doch für die Trocknung verwertet und eine annähernd gleiche Menge bei der Erwärmung dieser Luft im Trockenraum der Apparate erspart. Eine Beseitigung dieser angeblichen Verluste durch Ummantelung oder Bestreichung der Apparate mit einer Wärmeschutzmasse ist daher nicht zu empfehlen. Die nach dieser Richtung angestellten Versuche haben stets nur eine Dampfersparnis auf Kosten der Leistung des Apparates, also nur einen scheinbaren Erfolg gezeitigt."

Diese Auffassung hat sich fast allgemein in den Fachkreisen durchgesetzt.

In Abb. 27 sind die stündlichen Wärmeverluste von einem Quadratmeter isolierter Trocknermantelfläche kurvenmäßig aufgetragen, und zwar für Isolierstärken von 20, 40, 60 und 80 mm und Wärmeleitzahlen von 0,04—0,12 kcal/m $\cdot h \cdot$ °C. Die Berechnung dieser Verluste erfolgte wieder unter der Annahme des Trocknermantels als ebene Wand, da die Wärmeübergangszahlen für gekrümmte Körper an Rohrdurchmessern von nur 180 mm gefunden wurden und, wie schon im Abschnitt IV i erwähnt wurde, diese Annahme für derartig schwach gekrümmte Objekte, wie es die Trocknermäntel sind, zulässig ist.

Ist

Q_i der Wärmeverlust von einem m² isolierten Trocknermantel in kcal/h,
d der äußere Durchmesser des Trocknermantels in m,
s die Stärke der Isolierung in m,
λ die Wärmeleitzahlen in kcal/m · h · °C bei den in Frage kommenden mittleren Temperaturen in der Isolierung,
t die Temperatur des Trockendampfes in °C,
t_i die Temperatur der Isolierungsoberfläche in °C,

so ist in kcal/m² $\cdot h$

$$Q_i = \frac{(t - t_i) \cdot \lambda}{s}. \tag{41}$$

Da die Temperatur t_i der Isolierungsoberfläche nicht bekannt ist, dagegen die Temperatur t_1 der den Trocknermantel umgebenden Luft, muß t_i durch t_1 ersetzt werden. Es ergibt sich dann in kcal/m² $\cdot h$

$$Q_i = \frac{\lambda}{s}\left[t - t_1 + \left(70 + 8{,}33\,\frac{\lambda}{s}\right) - \sqrt{\left(70 + 8{,}33\,\frac{\lambda}{s}\right)^2 + 16{,}67\,\frac{\lambda}{s}\left(t - t_1\right)}\right]. \tag{42}$$

Die Gleichung, deren Ableitung den Rahmen dieser Arbeit überschreiten würde, verdanke ich einer Mitteilung von Herrn Privatdozent Dr.-Ing. Cammerer. Es ist die Gleichung, die die neuesten Versuche von Koch, München, und Heilmann, England, über den Wärmeübergang von Isolierungsoberflächen an Luft berücksichtigt und die auf Grund der Vorschläge von Dr. Cammerer zur Berechnung der Zahlentafeln der „Regeln für die Prüfung von Wärme- und Kälteschutzanlagen, Berlin 1930“ diente. Die Kurven der Abb. 27 sind nach Gl 42 berechnet. Bei unisolierten Trocknern sind die Lufttemperaturen im Trocknerraum mit 35—40° C eingesetzt worden (siehe Abschnitt IV d). Da diese Temperaturen bei isolierten Trocknern niedriger sein werden, ist mit solchen von 20—25° C gerechnet worden, je nach der Stärke und der Wärmeleitzahl der Isolierung. Diese Temperaturen, die sich rechnerisch nicht ermitteln lassen, sind mit Absicht so niedrig gewählt, um auf keinen Fall zu günstig zu rechnen.

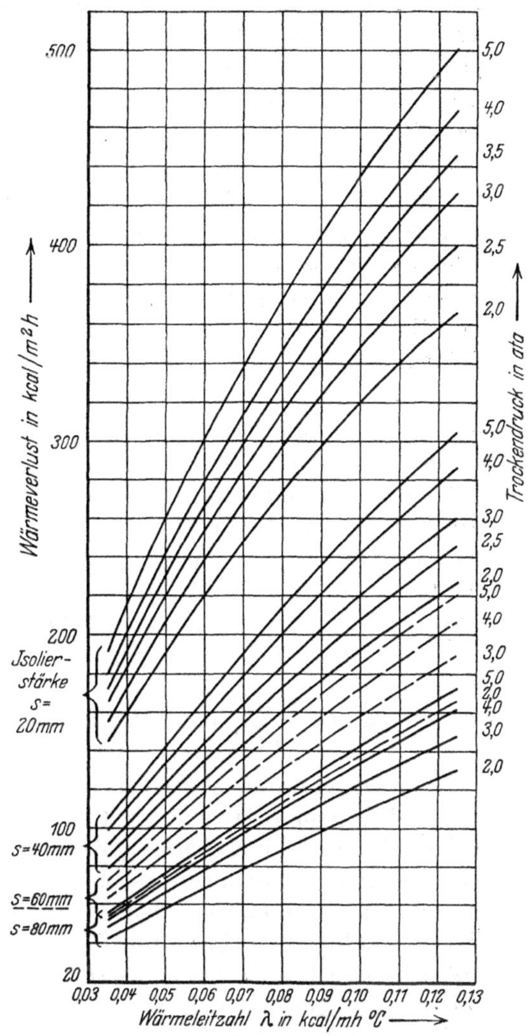

Abb. 27. Stündliche Wärmeverluste von einem m² isolierter Trocknermantelfläche bei Raumtemperaturen zwischen 20° und 25° C.

Der Wärmeverlust i_v bei isolierten Trocknern je 1 kg Wasserverdampfung ist dann in kcal

$$i_v = \frac{Q_i\,(d + s) \cdot \pi \cdot l}{v_s \cdot H_t}. \qquad (43)$$

Aus der Abb. 27 läßt sich auch sofort ablesen, wie stark ein Trockner mit Isoliermitteln verschiedener Wärmeleitzahl isoliert werden muß, um dieselbe Isolierwirkung zu erreichen. Für einen bestimmten Wärmeverlust geben die horizontalen Linien im Schnittpunkt mit gleichen Trockendrucklinien die verschiedenen Isolierstärken und die zugehörigen Wärmeleitzahlen an. Da Isoliermittel mit kleiner Wärmeleitzahl teuer sind, ist es oft wirtschaftlicher, ein billigeres Isoliermittel mit größerer Wärmeleitzahl unter entsprechender Vergrößerung der Isolierstärke zu verwenden.

Die Trockner haben für die Erwärmung der ihnen nach ihrer Isolierung zuströmenden kälteren Luft mehr Wärme aufzuwenden, als wenn sie unisoliert sind. Die in Abb. 9 angegebenen Brüdentemperaturen t_b werden dann voraussichtlich nicht mehr ganz erreicht, jedoch werden sie immer noch ausreichen, um den entstehenden Wasserdampf abzuführen. Einige bei — 4° C Außenlufttemperatur durchgeführte Trocknerversuche, bei denen die Lufteintrittstemperatur in die Trockner niedrig gehalten wurde, haben jedenfalls keine Verringerung der spezifischen Verdampfungsleistung ergeben. Der Grund dafür wird vermutlich in der etwas vermehrten Luftmenge je kg Wasserverdampfung liegen, die bei gleichem Unterdruck am Trocknerende aber niedrigerer Brüdentemperatur durch die Trocknerrohre strömt, da mit steigender Luftmenge die spezifische Verdampfungsleistung der Trockner steigt (siehe Abb. 17 und 22).

Um bei isolierten Trocknern die Wärmeersparnis auf keinen Fall zu günstig zu erhalten, soll angenommen werden, daß die Brüdentemperatur t_b auch in diesem Falle so hoch bleibt wie bei unisolierten Trocknern. Es strömt dann in beiden Fällen die gleiche Luftmenge je kg Wasserverdampfung durch die Trocknerrohre, nur muß der Trockner im ersten Fall eine größere Wärmemenge für i_l und i_{lw} aufwenden. Für die Isolierstärken von 20, 40, 60 und 80 mm und für eine Wärmeleitzahl von 0,06 kcal/m · h · ° C sind die bei isolierten Trocknern noch entstehenden Wärmeverluste und der Wärmeaufwand zur Mehrerwärmung der durch die Trocknerrohre strömenden Luft je kg Wasserverdampfung in Abb. 28 aufgetragen, und zwar für die im Abschnitt IV i angegebenen beiden Trocknergrößen. Die Abbildung soll den Anteil der beiden Faktoren an dem Gesamtwärmeverlust zeigen. Wie aus der Abbildung zu ersehen ist, nimmt bei hohem Unterdruck am Trocknerende der Wärmeaufwand für die Lufterwärmung stark zu.

Abb. 29 zeigt die Wärmeersparnis für die gleichen Isoliermittel, Isolierstärken und Trocknergrößen in kcal je kg Wasserverdampfung und in vH der bei unisolierten Trocknern für 1 kg Wasserverdampfung aufzuwendenden Gesamtwärmemenge i_{tr}. Wie die Abbildung zeigt, wird je nach der Trocknergröße, dem Trockendruck und dem Unterdruck am Trocknerende in dem Unterdruckintervall von 1—5 mm WS eine Wärmeersparnis erzielt, die bei einer Isolierstärke von 20 mm (Wärmeleitzahl 0,06) zwischen 1 und 4,5 vH, bei einer Isolierstärke von 80 mm zwischen 1,1 und 5,4 vH der Gesamtwärmemenge i_{tr} liegt. Die Verstärkung der Isolierung ergibt bei hohen Trockendrücken keine wesentliche prozentuale Erhöhung der Wärmeersparnis, weil der Wärmeaufwand zur Mehrerwärmung der Luft mit steigenden Trockendrücken stark ansteigt (siehe Abb. 28).

Es soll nun ermittelt werden, ob die Isolierung der Röhrentrockner wirtschaftlich ist. Zu diesem Zweck muß zunächst die in diesem Fall im Kesselhaus ersparte Feuerkohlenmenge berechnet werden. Die

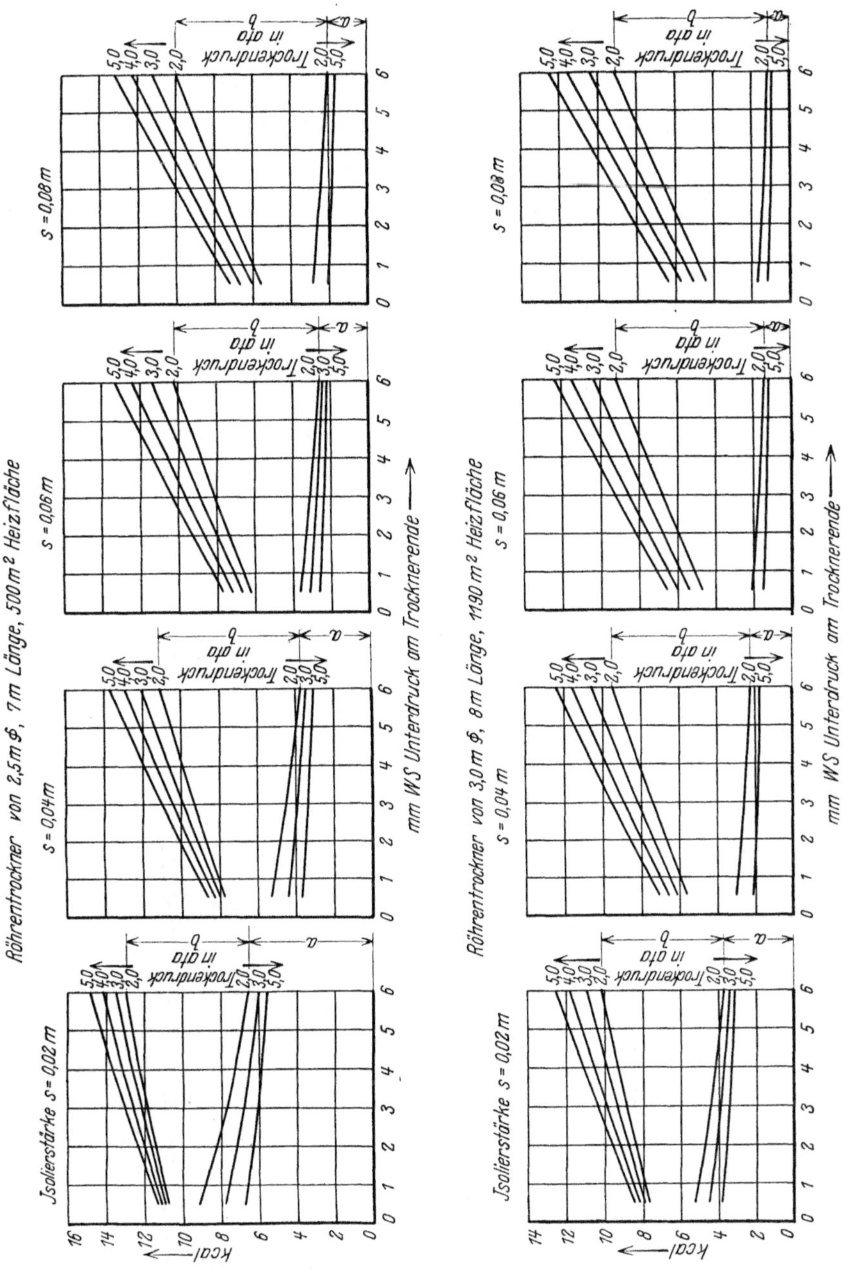

Abb. 28. Wärmeverlust bei isolierten Röhrentrocknern je kg Wasserverdampfung.
Wärmeleitzahl der Isolierung = 0,06 kcal/m h °C.

a = Wärmeverlust durch die Isolierung.

b = Wärmeaufwand zur Erwärmung der durch die Isolierung abgekühlten, durch die Trocknerrohre strömenden Luft auf ihre Temperatur bei unisolierten Röhrentrocknern.

Kosten dieser ersparten Kohlenmenge müssen dann mindestens die

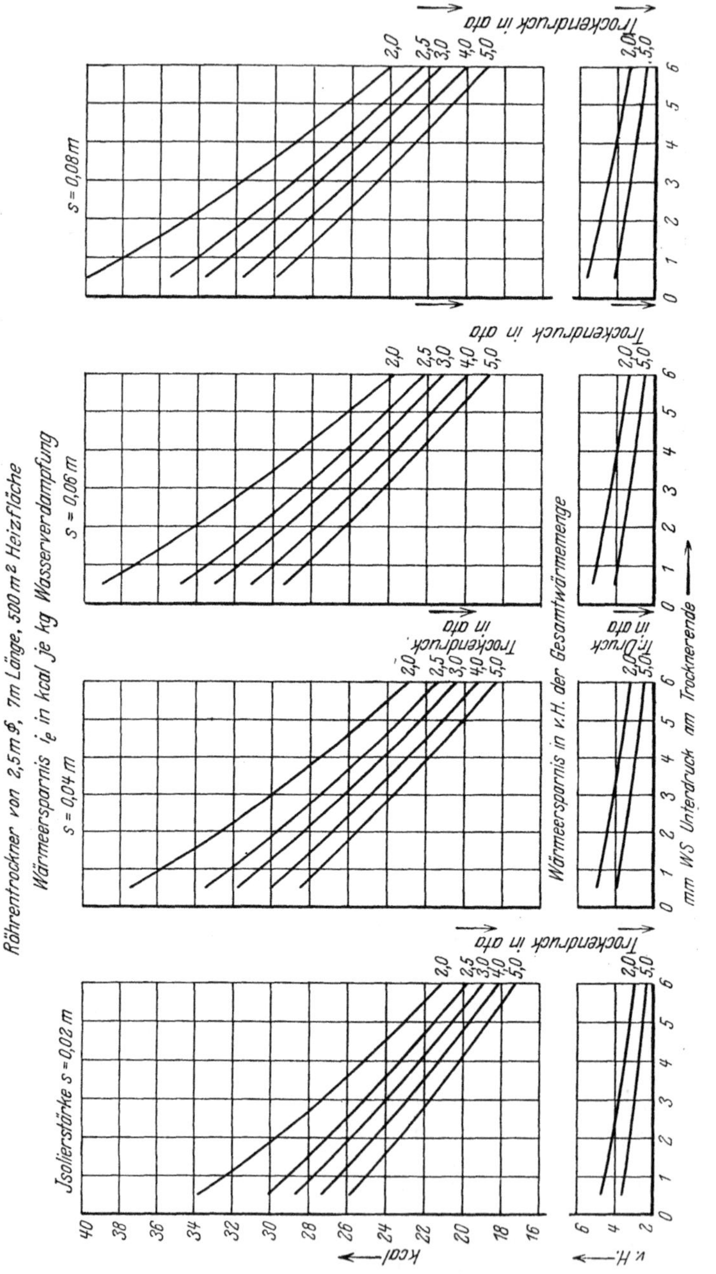

Abb. 29. Wärmeersparnis bei isolierten Röhrentrocknern. Wärmeleitzahl der Isolierung = 0,06 kcal/m h °C.

Betriebskosten für Abschreibung und Verzinsung der Isolierungsanlagekosten decken. Eigentlich müßten für die ersparte Dampfmenge noch die anteiligen Brikettfabrikbetriebskosten in Anrechnung gebracht

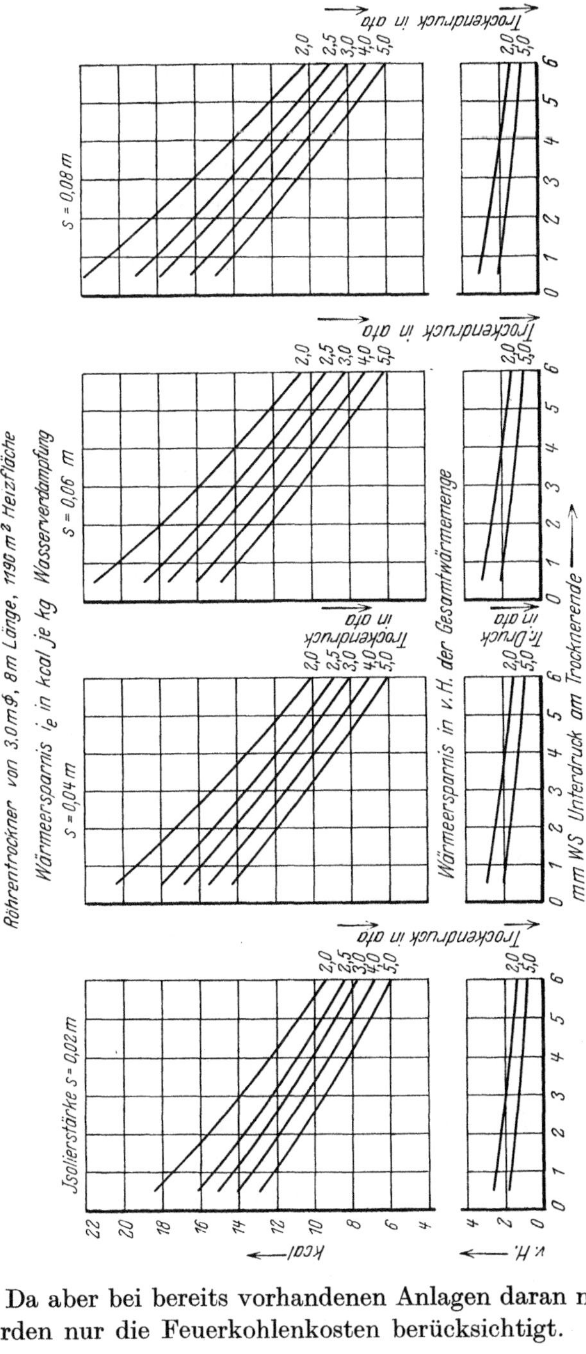

29a. Wärmeersparnis bei isolierten Röhrentrocknern. Wärmeleitzahl der Isolierung = 0,06 kcal/m h °C.

werden. Da aber bei bereits vorhandenen Anlagen daran nichts gespart wird, werden nur die Feuerkohlenkosten berücksichtigt.

Im Kesselhaus ist eine Wärmemenge zu erzeugen, die um die im Betriebe entstehenden Wärmeverluste höher ist, als sie der Trockner erhält. Demgemäß ist auch die beim isolierten Trockner ersparte Wärmemenge um diese Verlustwärmemenge zu erhöhen. Berücksichtigt man nur die Dampfverluste v'_d (siehe später unter Gl 80 und Abschnitt XVII e, Tabelle 8) und setzt sie hier als Wärmeverluste ein und ist i_e die Wärmeersparnis in kcal je kg Wasserverdampfung beim isolierten Trockner, so ist die jährlich ersparte Feuerkohlenmenge je Trockner bei $300 \cdot 24 = 7200$ Arbeitsstunden in t

$$k_{fe} = (1 + 0{,}01\, v'_d)\, \frac{7200 \cdot v_s \cdot H_t \cdot i_e}{1000 \cdot \eta_k \cdot H}. \tag{44}$$

Setzt man in diese Gleichung für $v'_d = 1{,}5$ vH, $\eta_k = 0{,}65$ (Betriebswirkungsgrad bei Kesseln ohne Speisewasservorwärmer), $H = 2000$ kcal/kg (unterer Heizwert der Niederlausitzer Rohbraunkohle) ein und entnimmt v_s aus Abb. 22, i_e aus Abb. 29, so ergeben sich für die beiden betrachteten Röhrentrocknergrößen und die Trockendrücke von 2 und 5 ata die in Abb. 30 graphisch aufgetragenen Feuerkohlenersparnisse für die Isolierstärken von 20, 40, 60 und 80 mm bei einer Wärmeleitzahl der Isolierung von 0,06 kcal/m $\cdot h \cdot {}^\circ$C. Die Abbildung gibt auf der linken Kurvenseite die jährliche Kohlenersparnis in t, auf der rechten Seite die Ersparnis in Reichsmark bei einem Kohlenpreis von 2,50 RM je Tonne an. Die eingeklammerten Reichsmarkwerte beziehen sich noch auf einen Kohlenpreis von 2 RM je Tonne.

Die Kosten der Isolierung sind durch Anfrage bei Isolierfirmen festgestellt. Trotzdem die Anlagekosten bei Isoliermitteln mit höherer Wärmeleitzahl bei entsprechend größerer Isolierstärke (siehe Abb. 27) unter Umständen kleiner werden können, ist durchweg eine Isolierung mit der Wärmeleitzahl von 0,06 kcal/m $\cdot h \cdot {}^\circ$C vorgesehen worden. Die Kosten der fertigen Isolierung betragen

bei	einer	Isolierstärke	von	20	mm	RM	5,—	je m²
,,	,,	,,	,,	40	,,	,,	7,50	,,
,,	,,	,,	,,	60	,,	,,	10,—	,,
,,	,,	,,	,,	80	,,	,,	13,—	,,

Zu diesen Preisen wurden für Nebenarbeiten, wie Aufbau von Gerüsten usw., noch 2 RM je Quadratmeter zugeschlagen.

Die Zeit für die Abschreibung der Isolierung wurde mit fünf Jahren, die Verzinsung mit 10 vH eingesetzt. Die Abschreibungs- und Verzinsungskosten sind über die fünf Abschreibungsjahre gleichmäßig verteilt worden, nach der Gleichung

$$\left(A + V_z\right) = K_a\left(1 + \frac{n_j + 1}{2} \cdot \frac{z}{100}\right) : n_j\,. \tag{45}$$

Hierin bedeuten

A die jährlichen Abschreibungskosten in RM,
V_z die jährlichen Verzinsungskosten in RM,
K_a das Anlagekapital in RM, n_j die Abschreibungsjahre,
z der Zinsfuß in vH.

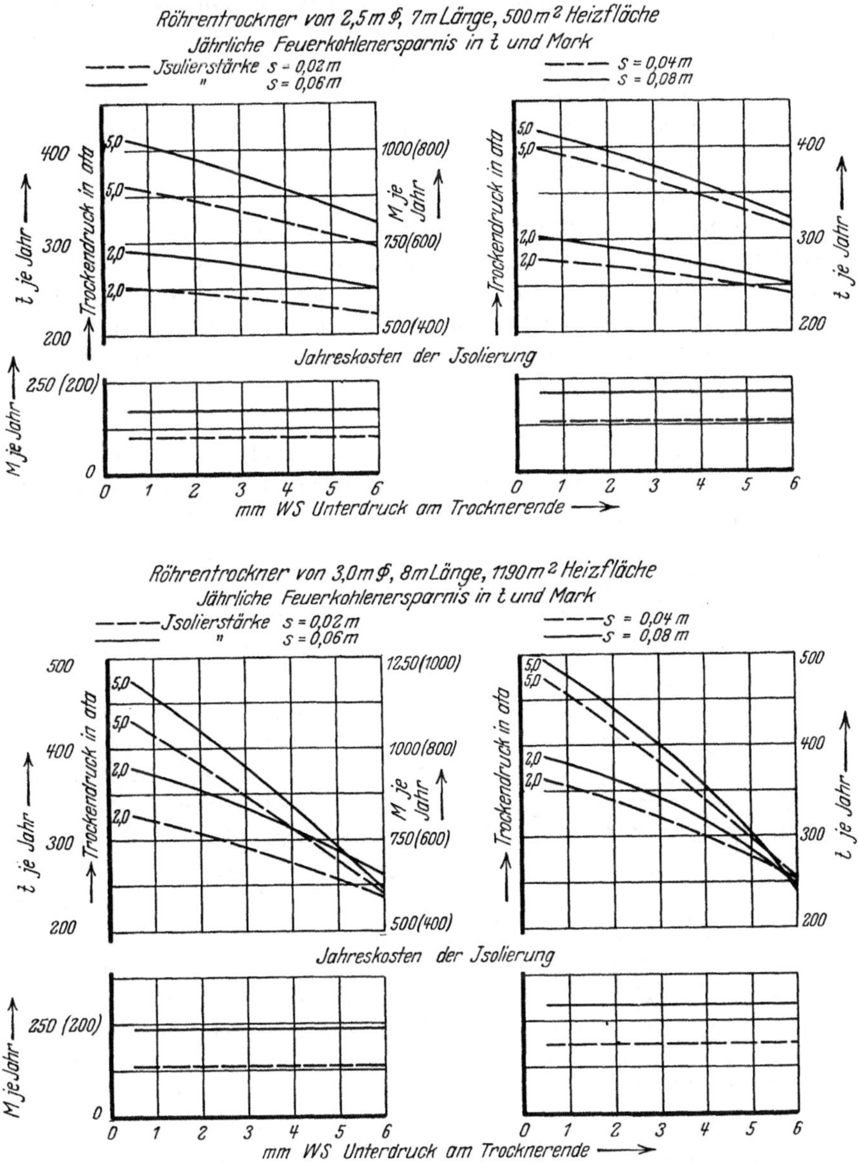

Abb. 30. Jährliche Ersparnisse eines isolierten gegenüber einem gleichgroßen unisolierten Röhrentrockner.
Wärmeleitzahl der Isolierung = 0,06 kcal/m · h · °C.

Diese so errechneten Kosten sind in Abb. 30 ebenfalls eingezeichnet.

Die Abb. 30 zeigt, daß trotz der bei isolierten Röhrentrocknern gemachten ungünstigen Annahmen, in jedem Fall die Ersparnis an Feuerkohle höher ist als die Jahreskosten für die Isolierung betragen. Die Isolierung der Röhrentrockner ist also wärmetechnisch und wirtschaftlich richtig. Die von den unisolierten Trocknern abgegebene Wärmemenge strömt zu einem großen Teil durch die verschiedenen Öffnungen der Brikettfabrik ins Freie. So sind beispielsweise in einer Brikettfabrik in den nach dem Dach gehenden Türöffnungen, infolge des Auftriebes der erwärmten Luft, Luftgeschwindigkeiten von 1,5 m/sec bei einer Außenlufttemperatur von 10° C gemessen worden.

Die durch die Isolierung der Trockner im Trocknerraum eintretende Lufttemperaturerniedrigung hat auch noch den Vorteil, daß die Arbeit der Bedienungsleute erleichtert wird. Verfasser schließt sich hier der Ansicht von Gebhardt (40) an, daß durch die Erniedrigung der heute sehr hohen Lufttemperaturen im Trocknerraum eine bessere Beaufsichtigung und Bedienung der Trockner erreicht werden wird.

Durch die Verringerung der Wärmeverluste für die Kohletrocknung verringert sich gleichzeitig die Trockendampfmenge. Bei Brikettfabriken mit hohem elektrischen Energiebedarf tritt dann, entsprechend der Verminderung der Trockendampfmenge, eine Verringerung der Leistung der Gegendruckturbinen der Kraftzentrale ein. Trotzdem ist es unbedingt wirtschaftlich, Wärme überall zu sparen, wo es möglich ist, weil eine gesteigerte Energieerzeugung auf Kosten von Wärmeverlusten hinter der Kraftzentrale stets unwirtschaftlich ist.

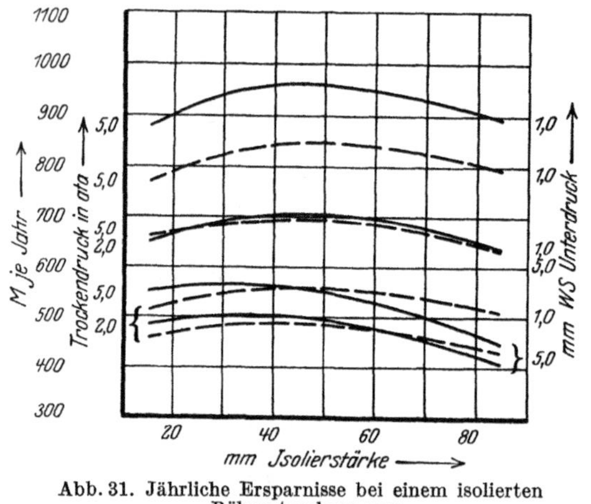

Abb. 31. Jährliche Ersparnisse bei einem isolierten Röhrentrockner von
– – – – 2,5 m ∅, 7 m Länge, 500 m² Heizfläche.
———— 3,0 m ∅, 8 m „ , 1190 m² „
Jede Kurve bezieht sich auf den links vermerkten Trockendruck und den rechts vermerkten Unterdruck.

Die günstigste Isolierstärke läßt sich aus Abb. 31 ermitteln, die die wirklichen jährlichen Ersparnisse bei den bisher betrachteten isolierten Röhrentrocknern von 500 und 1190 m² Heizfläche angibt. Es sind nur die Ersparniskurven

für einen Trockendruck von 2 ata und Unterdrücken von 1 und 5 mm WS und
für einen Trockendruck von 5 ata und Unterdrücken von 1 und 5 mm WS

eingezeichnet worden.

Wie man aus dieser Abbildung sieht, liegt die günstigste Isolierstärke zwischen 40 und 50 mm. Nur bei dem Trockner von 1190 m^2 liegt bei Unterdrücken von 5 mm WS diese Stärke zwischen 30 und 40 mm. Ein anderer Rohbraunkohlenpreis hat auf die ermittelte Isolierstärke keinen Einfluß, weil sich dann alle Werte um die Differenz der Kohlenpreise ändern. Für die hier zugrunde gelegten Verhältnisse wäre es also am wirtschaftlichsten, die Röhrentrockner mit einer Isoliermasse mit der Wärmeleitzahl 0,06 kcal/m · h · °C etwa 40 mm stark zu isolieren. Die Ersparnisse können evtl. noch vergrößert werden, wenn man statt der hochwertigen Isoliermasse mit der Wärmeleitzahl 0,06 eine geringwertigere, beispielsweise eine mit der Wärmeleitzahl 0,09, nimmt. Nach Abb. 27 muß dann die Isolierstärke statt 40 mm 60 mm betragen, um die gleiche Isolierwirkung zu erzielen. Zu berücksichtigen ist dann allerdings das zunehmende Raumgewicht der Isolierung.

Bemerkenswert ist noch, daß die Ersparnis bei hohem Unterdruck am Trocknerende, besonders bei Röhrentrocknern mit großer Heizfläche bei geringer Mantelfläche, stark abnehmen (siehe Abb. 31). Während beim Röhrentrockner mit 500 m^2 Heizfläche das Verhältnis von Mantelfläche zur Heizfläche 1:9,1 ist, beträgt dieses Verhältnis beim Röhrentrockner mit 1190 m^2 Heizfläche 1:15,8.

Der vielfach gemachte Einwand, daß Isolierungen an Röhrentrocknern nicht haltbar sind und sich bei einem Feuer in der Brikettfabrik unangenehm auswirken können, dürfte wohl zu Bedenken keine Veranlassung geben. In einer Brikettfabrik der Ilse Bergbau A.-G. befinden sich zwei Röhrentrockner, die seit 17 Jahren isoliert sind. Nennenswerte Reparaturen sind in dieser Zeit nicht notwendig gewesen, trotzdem auch mehrfach Feuer in der Brikettfabrik war.

Der Abschnitt über die Isolierung von Röhrentrocknern ist deshalb so eingehend behandelt, um die eingangs erwähnte fast durchweg verbreitete Anschauung zu widerlegen.

VIII. Möglichkeiten zur Verbesserung der Leistung von Röhrentrocknern.

Wie bereits im Abschnitt IV erwähnt wurde, sind die Versuche an Röhrentrocknern, die mit zwei- bzw. vierteiligen Wendeleisten und einer Nachfüllvorrichtung versehen sind, ausgeführt. Die ermittelten Werte gelten also nur für diese Trockner und im besonderen für ihre Beschickung mit Niederlausitzer Braunkohle. Für andere Braunkohlen können infolge ihrer etwas verschiedenen Struktur kleine Unterschiede bestehen. Für rheinische Braunkohle hat Schmitt (41) Versuche durchgeführt, die sich allerdings bei einem Unterdruckbereich von 1—2 mm WS nur auf einen Trockendruck erstrecken.

Durch Einbau von Schraubenwendeleisten kann eine Steigerung der stündlichen Verdampfungsleistung der Trockner herbeigeführt werden.

Die Durchschnittsbetriebsergebnisse von vier Jahren in zwei Brikettfabriken von etwa 3300 t Brikettagesleistung weisen nach Einbau von Schraubenwendeleisten eine Steigerung der spezifischen Verdampfungsleistung von rund 4,5 vH gegenüber Betrieb mit zweiteiligen Wendeleisten auf. Ein Unterschied in der spezifischen Verdampfungsleistung bei Betrieb mit zweiteiligen und vierteiligen Wendeleisten ist nach den Betriebsaufzeichnungen nicht ersichtlich. Auch bei Versuchen haben sich keine nennenswerten Unterschiede ermitteln lassen.

Wie Abb. 22 zeigt, nimmt die Verdampfungsleistung von Röhrentrocknern, außer mit dem Trockendruck, auch mit dem Unterdruck am Trocknerende zu. Es empfiehlt sich daher, mit hohem Unterdruck am Trocknerende zu arbeiten. Die beim Arbeiten mit hohem Unterdruck evtl. mehr aufzuwendende Wärmemenge (siehe Abb. 20) ist gering. Wichtig ist es aber, den Trocknermantel auf der Kohlenausfallseite gegen den Fabrikraum gut abzudichten, damit die Luft nicht aus dem Fabrikraum, sondern durch die Trocknerrohre angesaugt wird.

Es soll hier noch kurz auf den Aufsatz von Gensecke (42) in der „Braunkohle“ eingegangen werden.

Nach diesem Aufsatz beträgt die stündliche Wasserverdampfung eines Röhrentrockners

bei 0,86 mm WS Unterdruck 3875 kg,
bei 2,34 mm WS Unterdruck 3960 kg.

Die von Gensecke ausgewerteten Versuche sind unter Leitung des Verfassers Anfang 1922 durchgeführt worden. Es handelt sich dabei um Röhrentrockner von 1190 m² Heizfläche, die bei den Versuchen mit einem Trockendruck von 2,5 ata arbeiteten. Nach Vorstehendem betrug die spezifische Verdampfungsziffer v_s

bei 0,86 mm WS Unterdruck = 3,255 kg/m² · h,
bei 2,34 mm WS Unterdruck =3 ,33 kg/m² · h,

während sie nach Abb. 22

bei 0,86 mm WS Unterdruck = 3,25 kg/m² · h,
bei 2,34 mm WS Unterdruck = 3,55 kg/m² · h

beträgt.

Die Taupunktstemperatur t_t war nach den von Gensecke ausgewerteten Versuchen

bei 0,86 mm WS Unterdruck = 90° C,
bei 2,34 mm WS Unterdruck = 83° C,

während sie nach Abb. 9

bei 0,86 mm WS Unterdruck = 89° C,
bei 2,34 mm WS Unterdruck = 84,5° C

ist. Die Taupunktstemperaturen stimmen also gut überein, während die Verdampfungsleistung v_s bei 2,34 mm WS Unterdruck nach den vom Verfasser ausgewerteten Versuchen um 0,22 kg/m² · h höher ist.

Dazu ist zu bemerken, daß die Versuche an Röhrentrocknern im Jahre 1922 noch nicht so genau durchgeführt wurden, wie die späteren in dieser Arbeit ausgewerteten Versuche. Die Versuchstechnik, über die im Abschnitt IX nähere Angaben gemacht werden, hat sich erst nach und nach entwickelt. Das zeigt sich am deutlichsten an der starken Streuung der Werte von den Versuchen im Jahre 1922, während später durchgeführte Versuche diese starke Streuung nicht mehr aufweisen. Verfasser hat deshalb in dieser Arbeit nur diejenigen Versuche berücksichtigt, die ab 1924 durchgeführt sind, nachdem durch eine große Zahl von Sonderversuchen eine nach dem heutigen Stand der Meßtechnik einwandfreie Versuchsausführung gewährleistet war.

Mit steigendem Unterdruck am Trocknerende steigt naturgemäß die von den Brüden mitgenommene Staubmenge. Über den Staubgehalt der Brüden bei verschiedenem Unterdruck hat Franke (43) nach Messungen der SSW. eine Übersicht veröffentlicht. Durch ausreichende Bemessung der neuzeitlichen Entstaubungsanlagen kann aber auch beim Arbeiten mit hohem Unterdruck am Trocknerende eine ebenso gute Brüdenreinigung erzielt werden, wie beim Arbeiten mit niedrigem Unterdruck. Der Grenzfall der Unterdrucksteigerung liegt dort, wo die Anlagekosten für die in diesem Fall notwendige Vergrößerung der Entstaubungsanlage die Anlagekosten für die Trocknerheizfläche erreichen, mit der die gleiche Leistungssteigerung erzielt wird, wie bei der vorgesehenen Unterdrucksteigerung. Dieser Fall kann nicht allgemein behandelt, sondern muß für jede Anlage besonders durchgerechnet werden.

Bei Neuanlagen kann durch entsprechende Bemessung der Brüdenabzugsschlote von vornherein ein höherer Unterdruck erreicht werden. Bei alten Anlagen läßt sich durch Umbau der Brüdenabzugsschlote, wie dieser beispielsweise beim Einbau einer elektrischen Brüdenentstaubung erfolgen muß, durch Verringerung der Schlotwiderstände, ein höherer Unterdruck erzielen. Der Einbau von Brüdenabzugsventilatoren kompliziert und verteuert den Betrieb. Weiter ist es auch nicht sicher, ob er wirtschaftlich ist, da die Mehranlagekosten der größeren Entstaubungsanlagen eine Wirtschaftlichkeit in Frage stellen können. Schließlich dürfte sich die Leistungssteigerung der Trockner mit steigendem Unterdruck am Trocknerende einem Endwert nähern, der noch durch weitere Versuche zu bestimmen ist.

Nach Gensecke ist eine Explosionsgefahr nur beim Arbeiten mit niedrigen Unterdrücken am Trocknerende nicht mehr vorhanden. Eine solche Gefahr besteht aber auch beim Arbeiten mit hohem Unterdruck am Trocknerende nicht. Nur bei elektrischen Brüdenentstaubungen kann bei starker Verringerung des Wasserdampfgehaltes der Brüden ein gefährlicher Zustand eintreten. Nach Fischer (44) hängt dieser

Mindestwasserdampfgehalt von der Brüdentemperatur t_b ab. Nach Abb. 9 und 13 beträgt beim Arbeiten mit 6 mm WS Unterdruck am Trocknerende der Wasserdampfgehalt der Brüden bei ihrem Zustand am Trocknerende

bei 2 ata Trockendampfdruck 231 g/m³,
bei 5 ata Trockendampfdruck 178 g/m³,

während er, ohne Gefahr für das evtl. Eintreten einer Kohlenstaubverpuffung, nach Fischer

bei 2 ata Trockendampfdruck und $t_b = 85°$ C (siehe Abb. 9) noch mindestens rund 92 g,
bei 5 ata Trockendampfdruck und $t_b = 92°$ C noch mindestens rund 100 g

je m^3 Brüden bei ihrem Eintritt in das Niederschlagsfeld der elektrischen Entstaubung betragen soll. Es tritt also auch bei elektrischer Brüdenentstaubung in keinem der untersuchten Fälle ein gefährlicher Brüdenzustand ein. Bei weiterer Unterdruckerhöhung und elektrischer Brüdenentstaubung ist aber stets festzustellen, ob nicht der Mindestwasserdampfgehalt der Brüden die Gefahrengrenze unterschreitet. Durch guten Luftabschluß des Trocknermantels auf der Kohlenausfallseite gegenüber dem Fabrikraum dürfte sich jedoch voraussichtlich auch dann noch ein Mindestwasserdampfgehalt der Brüden erreichen lassen, der über der Gefahrengrenze liegt. Außerdem tritt auf dem Wege der Brüden vom Trocknerende bis zu den Niederschlagsplatten der elektrischen Entstaubungsanlage eine Abkühlung der Brüden ein, die sich ebenfalls im günstigen Sinne auswirkt.

Schmitt (45) schlägt Rolff'sche Einblasevorrichtungen vor, um die Rohröffnungen nach ihrer Füllung mit Kohle für den Durchtritt von Luft wieder schnell frei zu machen und außerdem den Füllungsgrad der Trocknerrohre zu erhöhen. Bei größerer Füllung der Trocknerrohre steigt nach seinen Versuchen die spezifische Verdampfung. Dies wurde durch Sonderversuche vom Verfasser ebenfalls festgestellt, nur mußte bei größerer Rohrfüllung auch der Trockendruck etwas erhöht bzw. die Umdrehungszahl der Trockner etwas verringert werden, um die Kohle auf den gleichen Endwassergehalt zu trocknen. Die in Abb. 22 enthaltenen spezifischen Verdampfungsleistungen beziehen sich auf praktisch gleiche Rohrfüllungen. Es zeigte sich, daß die spezifische Verdampfungsleistung bei allen untersuchten Trocknern, innerhalb der Versuchsfehlergrenzen, unter gleichen Verhältnissen gleich groß war.

Bei Röhrentrocknern läßt sich die Rohrfüllung nicht ohne weiteres vergrößern. Der Einbau von Rolffschen Einblasevorrichtungen ist dafür wohl sehr zweckmäßig und ergibt auch eine erhebliche Leistungssteigerung, jedoch ist die damit zusammenhängende Apparatur etwas kompliziert. Einfacher dürfte es zunächst sein, durch Steilerlegung der Trockner die Füllung der Trocknerrohre zu vergrößern. Dies wurde in einem Fall ausgeführt, indem die Neigung eines Trockners von 6° 20′ auf 8° verändert wurde. Die Ergebnisse von zwei Versuchen mit diesem und einem anderen Trockner mit 6° 20′ Neigung sind in Tabelle 2 angegeben.

Tabelle 2. Ergebnisse von zwei Versuchen an Röhrentrocknern verschiedener Neigung.

	Röhrentrockner 1 mit Neigung von 6° 20′	Röhrentrockner 2 mit Neigung von 8°
Dauer jedes Versuchs in Std.	$6^1/_2$	$6^1/_2$
Durchschnittlicher Trockendruck in ata	4,4	4,4
Durchschnittlicher Unterdruck am Trocknerende in mm WS	0,72	1,0
Minutliche Umdrehungszahl	8,0	7,3
Wassergehalt der Rohbraunkohle in vH.	57,5	57,3
Wassergehalt der Trockenkohle in vH .	8,1	18,4
Wasserverdampfung in $kg/m^2 \cdot h$	4,95	5,54
Wasserverdampfung in $kg/m^2 \cdot h$ auf 1 mm WS Unterdruck bezogen . . .	5,00	5,54

Beim Röhrentrockner 2 war die Füllung der Rohre um rund 34 vH größer als beim Röhrentrockner 1. Ein Vergleich der beiden Versuche ist aber nicht möglich, da Trockner 1 die Kohle bis auf 8,1, Trockner 2 nur bis auf 18,4 vH Wassergehalt getrocknet hat und die Zeitdauer der Kohlentrocknung bei Wassergehalten unter 15 vH sehr stark wächst. Es muß also die Umdrehungszahl des Trockners 2 vermindert werden, damit beide Trockner auf den gleichen Endwassergehalt arbeiten. Dies ist inzwischen bei dem Röhrentrockner 2 erfolgt, jedoch sind weitere Versuche noch nicht ausgeführt worden. Jedenfalls zeigen aber die Versuche, daß sich durch Steilerlegung der Trockner eine bessere Rohrfüllung erreichen läßt, was ohne weiteres verständlich ist. Wie weit man damit gehen kann, um auch bei gleichem Endwassergehalt der Kohle eine Leistungssteigerung zu erreichen, muß noch durch weitere Versuche ermittelt werden.

Die vorstehenden Versuche zeigen, daß beim Trockner 1 die spezifische Verdampfung um etwa 0,25 kg höher ist als sie Abb. 22 angibt. Bei allen Versuchen an Röhrentrocknern läßt sich eine größere Aufnahmefähigkeit der Trockner gegenüber dem normalen Betriebe feststellen, wenn nicht die Kohlenzuführung bei den Versuchen den Betriebsverhältnissen angepaßt wird. Dies kommt daher, daß bei Versuchen meistens die Kohle unmittelbar in den über dem Füllrumpf liegenden Trichter geschüttet wird, sich also über diesem Trichter nicht die hohe Kohlenschicht des Kohlenbodens befindet. Es läßt sich also eine Leistungssteigerung der Trockner erzielen, wenn man den Kohlenboden möglichst klein ausführt und die Kohle, entsprechend der Aufnahmefähigkeit der Trockner, vom Kohlentransportband in die Einfüllöffnung der Trockner abstreicht. Dabei wird gleichzeitig erreicht, daß die auf dem Kohlenboden eintretende Entmischung der Kohle vermieden wird. Auf diesen letzten Punkt und auf die dabei eintretenden Vorteile hat bereits Gebhardt (46) hingewiesen. Über den Einfluß der Kohlenkörnung wird auf die Versuche von Schmitt (47) und über die Nachteile der zu großen Knorpel auf die Ausführungen von Gebhardt (48) verwiesen. Es muß möglichst dafür gesorgt werden, keine zu großen Kohlenknorpel in der zu trocknenden Kohle zu haben.

Bei neu zu erbauenden Brikettfabriken läßt sich der Kohlenboden klein ausführen, wenn man den Kohlenvorrat in den Rohkohlenbunker legt und vom Naßhaus aus zwei Kohlentransportvorrichtungen bis zum Kohlenboden und in demselben vorsieht, wovon die eine Transportvorrichtung zur Reserve dient. Das Naßhaus muß dann ebenfalls dauernd im Betrieb sein, also ein Reservesystem erhalten. Die einzelnen Systeme können dafür aber kleiner bemessen werden als bei dem heutigen unterbrochenen Betrieb.

Im Abschnitt IV a war erwähnt worden, daß sich die Versuchswerte auf Röhrentrockner beziehen, deren Heizflächen durch den mehr oder weniger ölhaltigen Abdampf der Brikettpressen verschmutzt sind. Die in Abb. 22 aufgetragenen spezifischen Verdampfungsleistungen sind in Brikettfabriken festgestellt, in denen die Brikettpressen noch Dampfmaschinenantrieb besitzen, also eine Verschmutzung der Trocknerheizflächen vorhanden ist. Nach längerer Betriebszeit wird sich sicher ein Grenzzustand in der Heizflächenverschmutzung einstellen, so daß die versuchsmäßig ermittelten Verdampfungsleistungen Durchschnittswerte sind, mit denen gerechnet werden kann. Es wurde, dem Grundgedanken dieser Arbeit entsprechend, Wert darauf gelegt, Unterlagen für die Berechnung von Braunkohlenbrikettfabriken zu schaffen. Um wieviel sich die spezifische Verdampfungsleistung der Trockner bei reinen Heizflächen erhöht, muß noch durch Versuche an derartigen Trocknern ermittelt werden.

Um die Heizflächen von Braunkohlentrocknern zu reinigen, schlägt Wolf (49) ein Verfahren vor, dessen Anwendung er allerdings nur für Tellertrockner beschreibt. Seine Anwendung bei Röhrentrocknern müßte noch angegeben werden. Es wäre dann die Möglichkeit vorhanden, auch diese Trocknerheizflächen zu reinigen und die dadurch herbeigeführte Verbesserung der spezifischen Verdampfungsleistung durch genaue Versuche festzustellen.

Verbesserungen im Arbeiten der Trockner lassen sich durch den Einbau von Dampfmessern oder Dampfuhren mit Kontaktvorrichtung erzielen. In die Trockendampfzuführungsleitung jedes Trockners wird eine Meßscheibe eingebaut, die mit einem

Dampfmesser verbunden ist. Wenn die Kohlenzufuhr zum Trockner aus irgendeinem Grunde gestört ist, verringert sich auch die dem Trockner zuströmende Dampfmenge. Der Zeiger der Dampfuhr geht dann zurück und schließt bei einer bestimmten einstellbaren Grenze einen Kontakt, der eine Signalvorrichtung betätigt und gleichzeitig auf einer Tafel die Nummer des Trockners, bei dem die Störung eingetreten ist, anzeigt. Der Wärter kann dann die Störung sofort beseitigen, so daß der Trockner wieder voll mit Kohle beschickt arbeitet. Diese Vorrichtung, die Verfasser für die Überwachung von Trocknern zuerst vorgeschlagen hat (50), haben Grunwald und Liesegang (51) eingehend beschrieben. Sie wird auch gleichzeitig als Sicherheitsvorrichtung beim Arbeiten mit elektrischer Brüdenentstaubung benutzt.

Eine Leistungsverminderung tritt bei Röhrentrocknern ein, wenn die Abführung des Kondenswassers nicht restlos erfolgt, sie also mehr oder weniger Kondenswasser mit sich führen. Dies ist möglich, wenn einzelne Trockner einen Trockendruck haben, der niedriger ist als der Druck in der Abflußleitung für das gesamte Kondenswasser. Der Druckabfall in der Trockendampfleitung, aus der die nebeneinanderliegenden Trockner den Dampf entnehmen, die Art der einzelnen Absperrorgane und die Größe der Dampfeinströmöffnung am Trockner bedingen einen etwas verschiedenen Trockendruck für jeden Trockner. Da die Hauptmenge des Trockendampfes einem Ende der Trockendampfleitung zugeführt wird, kann die Druckdifferenz bis zu dem am andern Ende dieser Leitung liegenden Trockner unter Umständen recht beträchtlich sein. Sehr verschieden wird auch der Dampfdruck in den einzelnen Trocknern einer Brikettfabrik, wenn die Trocknerheizflächen durch nachträglichen Umbau vergrößert werden, die Dampfeinströmöffnungen der Trockner aber nicht entsprechend der vergrößerten Heizfläche vergrößert werden können.

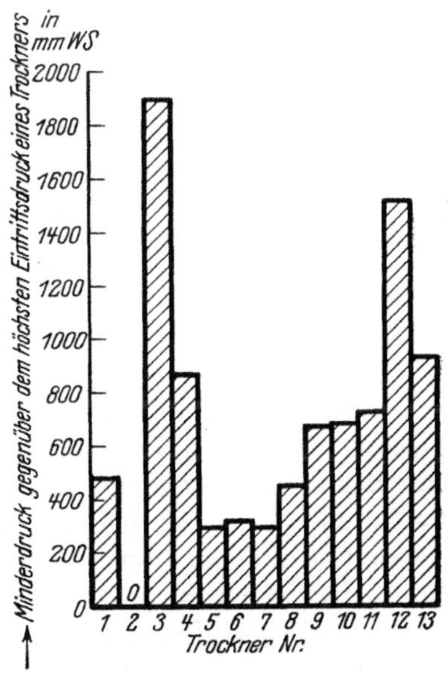

Abb. 32. Ergebnisse der Differenzdruckmessungen in der Trockneranlage einer Brikettfabrik.

Der Anschluß der Rohre, die das Kondenswasser aus den einzelnen Trocknern abführen, erfolgt heute durchweg am Scheitel der Kondenswasser-Hauptabflußleitung. Diese wird stets so groß bemessen, daß sie höchstens bis etwa zur Hälfte mit Wasser gefüllt ist. Der über dem Wasser in der Leitung herrschende Druck entspricht ungefähr dem Dampfdruck des Trockners, der mit dem höchsten Trockendruck arbeitet. Es wird daher das Kondenswasser aller Trockner, die einen niedrigeren Trockendruck haben, so lange zurückgedrückt, bis die entstehende Wasserstandshöhe die Druckdifferenz überwindet. Wie groß die Druckdifferenzen sein können, zeigt Abb. 32, die die Unterschiede der Eintrittsdampfdrücke von 12 Röhrentrocknern gegenüber dem Trockner mit dem höchsten Eintrittsdampfdruck angibt. Die Messungen enthalten noch nicht den durch die Einströmöffnungen der Trockner hervorgerufenen Druckverlust, der sehr schwer zu messen ist. Sie geben aber

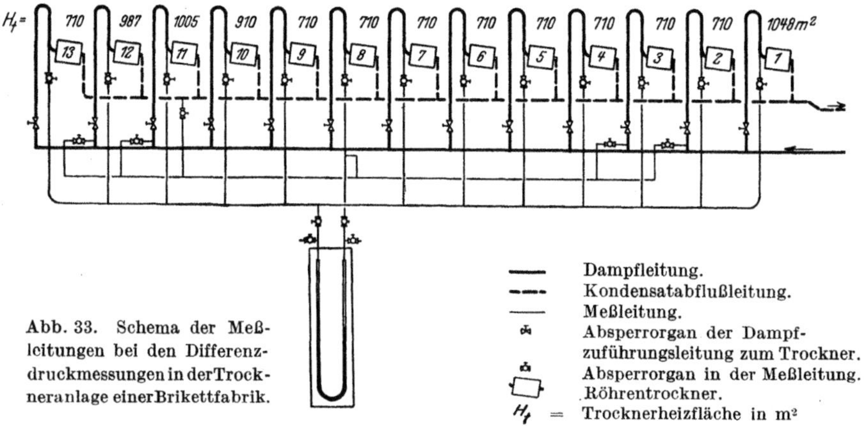

Abb. 33. Schema der Meßleitungen bei den Differenzdruckmessungen in der Trockneranlage einer Brikettfabrik.

immerhin ein Bild von den möglichen Druckunterschieden der einzelnen Trockner gegenüber dem Druck in der Kondenswasserabflußleitung. Das Schema der untersuchten Trockneranlage sowie das Schema der Meßleitungen für die Differenzdruckmessungen zeigt Abb. 33. Diese Anordnung gestattet auch noch die Messung des Druckabfalls durch die Absperrorgane in der Dampfleitung zu den Trocknern.

Da die Druckdifferenzen nie ganz zu beseitigen sind, wurde die Einführung der Rohre, die das Kondenswasser aus den Trocknern abführen, in die Kondensathauptabflußleitung in der in Abb. 34a und b dargestellten Weise vorgenommen. Es gehen also die vom Trockner kommenden Kondenswasserabführungsrohre in den wasserführenden Teil der Hauptabflußleitung. In den Wasserabführungsrohren der Trockner mit niedrigerem Dampfdruck stellt sich nun ein Wasserstand entsprechend der Druckdifferenz zwischen Trocknerdruck und dem Druck in der Hauptabflußleitung ein. Da diese Leitung ausreichend tief unter dem Drehzapfen der Trockner liegt, kann bei den vorkommenden Druckdifferenzen kein Wasser mehr im Trockner bleiben, sondern es wird durch das Abführungsrohr in die Hauptabflußleitung fließen, da ein höherer Wasserstand, als der erwähnten Druckdifferenz entspricht, sich im Wasserabführungsrohr nicht einstellen kann. Die Anordnung wurde von Herrn Dipl.-Ing. Marganus und dem Verfasser vorgeschlagen. Sie hat sich durchaus gut bewährt. Das lästige Mitführen von Kondenswasser bei einzelnen Trocknern hat nach dem Umbau nach Abb. 34a und b aufgehört.

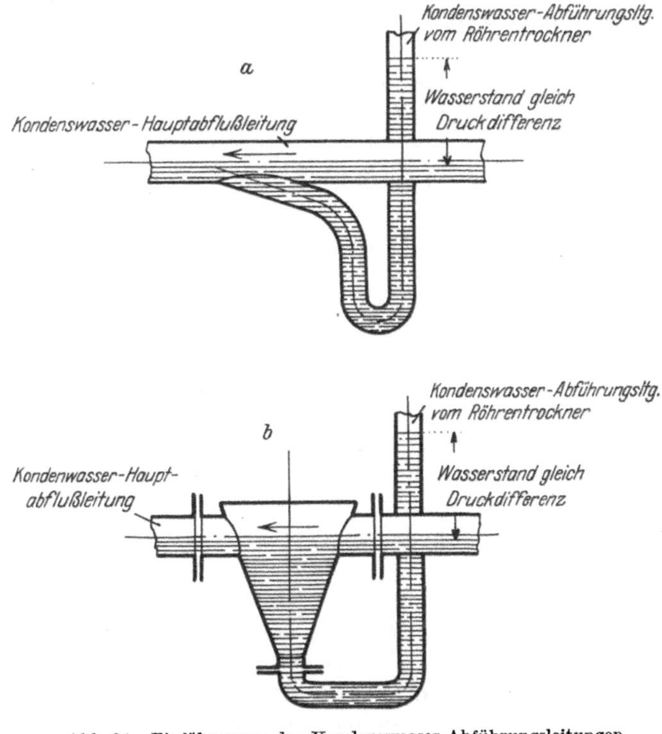

Abb. 34. Einführungen der Kondenswasser-Abführungsleitungen von Trocknern in die Kondenswasser-Hauptabflußleitung.

Durch die Einführung des Kondenswassers der einzelnen Trockner in den Wasserraum der Hauptabflußleitung wird sich nun ein etwas anderer Dampfdruck in dem Rohrraum über dem Kondenswasser einstellen als bei der Kondenswassereinführung in den Dampfraum. Im letzten Fall entspricht dieser Druck etwa dem Dampfdruck des Trockners, der mit dem höchsten Trockendruck arbeitet. Nach Einführung des Kondenswassers in den Wasserraum wird der Dampfdruck in der Hauptabflußleitung gleich demjenigen sein, der der höchsten Kondenswassertemperatur als Sättigungstemperatur entspricht. Die Kondenswassertemperatur in der Hauptabflußleitung ist an ihrem Ende praktisch gleich der Temperatur des vom letzten Trockner abfließenden

Kondensats. Nachdem das Kondenswasser der anderen Trockner an den einzelnen Anschlußstellen zugeflossen ist, ergeben sich zwischen diesen Stellen Mischtemperaturen. In einem Teil der Hauptabflußleitung wird nun die höchste Wassertemperatur herrschen, die den Dampfdruck in dem Rohrraum über dem abfließenden Kondenswasser bestimmt. Dieser kann nun niedriger sein, als der Dampfdruck in einem oder in mehreren angeschlossenen Trocknern. Die Folge wäre ein Durchschlagen des Dampfes von diesen Trocknern in die Kondensathauptabflußleitung bei jeder Verbindung dieser Leitung mit dem Trocknerinnenraum. Um dies zu vermeiden, verbindet man den Dampfraum der Hauptabflußleitung mit der Trockendampfleitung. Dann herrscht in dem Dampfraum der Kondensatabflußleitung stets ein Druck, der etwas höher ist als der Dampfdruck in jedem an dieser Leitung angeschlossenen Trockner. Ein Durchschlagen des Dampfes kann dann also nicht mehr eintreten.

Es mag noch erwähnt werden, daß die Messung der Temperatur des aus den Trocknern abfließenden Kondensats einen Rückschluß zuläßt, ob ein Trockner Wasser führt oder nicht. Je niedriger diese Temperatur unter der Sättigungstemperatur des Dampfes bei dem Trockendruck liegt, um so mehr Wasser hat der Trockner.

Ein weiteres Mittel zur Leistungssteigerung ist die Absaugung der in den Schnecken durch die Nachverdampfung der Kohle entstehenden Wasserdämpfe. Diese Dämpfe schlagen sich sonst an den Wandungen der Schneckentröge nieder und mischen sich wieder der Kohle zu. Bei guter Absaugung kann der Wassergehalt der Trockenkohle um einige Prozente vermindert werden. Die Trockner brauchen also die Kohle um diese Wassergehaltsverminderung weniger weit zu trocknen. Die Absaugung der Schnecken führt auch zu einer Verbesserung der Brikettgüte (siehe Gebhardt (52)) und hat den weiteren Vorteil einer besseren Entstaubung der Brikettfabrikinnenräume.

IX. Ausführung von Versuchen an Röhrentrocknern.

Die Ausführung von Versuchen an Röhrentrocknern richtet sich nach den Werten, die bestimmt werden sollen. Im folgenden wird angegeben, in welcher Weise Versuche an Röhrentrocknern durchzuführen sind, um alle zur Beurteilung der Arbeit des Trockners notwendigen Unterlagen zu erhalten, da darüber noch keine Veröffentlichungen bestehen. Der Abschnitt IV zeigt bereits, welche Größen in diesem Fall gemessen werden müssen.

Das Versuchsprotokoll muß folgende Angaben enthalten:

Datum des Versuchs,
Heizfläche des Trockners,
Anzahl und lichter Durchmesser der Trocknerrohre,

Manteldurchmesser des Trockners,
Länge des Trockners,
Neigung des Trockners.

Zu messen sind folgende Werte:

a) Kohle:

1. Die Rohbraunkohlenmenge vor Eintritt in den Trockner in kg,
2. die Trockenkohlenmenge beim Austritt aus dem Trockner, nur in bestimmten Fällen, in kg,
3. der Wassergehalt w der Rohbraunkohle in vH,
4. der Wassergehalt w'_1 der aus dem Trockner kommenden Kohle in vH,
5. die Temperatur t_e der Kohle beim Eintritt in den Trockner in ° C,
6. die Temperatur t_a der Kohle beim Austritt aus dem Trockner in ° C,

b) Trockendampf:

7. der Druck des Trockendampfes in atü,
8. die Temperatur des Trockendampfes in ° C,
9. die Kondenswassermenge in kg,
10. die Temperatur des Kondenswassers beim Austritt aus dem Trockner in ° C,

c) Luft und Brüden:

11. die Temperatur der Außenluft in ° C,
12. der Barometerstand in mm Quecksilbersäule,
13. die Temperatur t_l der in den Trockner tretenden Luft in ° C,
14. der Feuchtigkeitsgehalt φ_l dieser Luft in vH,
15. die Temperatur t_b der aus dem Trockner abziehenden Brüden in ° C,
16. die Temperatur t_t des Taupunktes dieser Brüden in ° C,
17. der Unterdruck am Trocknerende in mm WS,

d) Trockner:

18. die Umdrehungszahl des Trockners.

Die Versuchsdauer muß mindestens 5—6 Stunden betragen. Die erste Versuchsstunde weist gewöhnlich Schwankungen verschiedener Werte auf, so daß sie als Vorversuch zu betrachten ist und nicht zur Berechnung des Versuchs dienen sollte. Die Ablesung der Werte hat alle 10 Minuten, spätestens aber alle 15 Minuten zu erfolgen. Nach Ablauf jeder Stunde ist ein Abschluß der gemessenen Kohlen- und Kondenswassermengen zu machen, besser ist es jedoch, wenn dieser Abschluß jede halbe Stunde erfolgt.

Zu den einzelnen Messungen ist folgendes zu bemerken:

Zu 1. Die Rohbraunkohlenmenge ist zu wiegen. Bei Untersuchung größerer Trockner sind dafür zwei Dezimalwaagen notwendig. Der Inhalt der Kohlenkästen ist mit etwa 75 kg zu bemessen. Die Kästen stellt man des geringeren Gewichts wegen aus Holz her. Dabei ist zu beachten, daß sich ihr Gewicht durch Anbacken von grubenfeuchter Rohbraunkohle ändert. Die Kästen sind deshalb nach jeder Versuchsstunde zu wiegen, dann von anhaftender Kohle zu befreien und erneut auszutarieren. Die Füllung jedes Kohlenkastens, die gewichtsmäßig gleich gehalten wird, ist für die betreffende Versuchsstunde um die Hälfte des ermittelten Kastenmehrgewichtes zu vermindern.

Das Anbacken von Kohle in den Kästen wird stark verringert, wenn man sie innen mit schwachem Blech auskleidet. Trotzdem muß auch dann in jeder Stunde ein Nachwiegen und ein erneutes Austarieren erfolgen.

Die volumetrische Messung der Kohle weist für genaue Trocknerversuche zu große Meßfehler auf.

Um die Versuche den Betriebsverhältnissen besser anzupassen, ist es zweckmäßig, die Kohle nicht unmittelbar in den Einfülltrichter des Trockners zu kippen, sondern um diesen Trichter eine Holzwand von etwa 2 m Höhe in etwa 1 m Abstand von den Trichterwänden zu setzen, diesen Raum mit Kohle zu füllen und ihn während des Versuchs stets gefüllt zu halten.

Zu 2. Die Trockenkohlenmenge ist nur zu bestimmen, wenn man den Staubverlust beim Trockenvorgang feststellen will. Sie ist dann ebenfalls zu wiegen. Es muß in diesem Fall auch der aus der Entstaubung zurückkommende Kohlenstaub gewogen werden. Die Messung ist nicht ganz genau, da beim Einlassen der Trockenkohle und des Kohlenstaubs in die Wägekästen Staub entsteht, der nicht gemessen werden kann.

Zu 3. Eine Kohlenprobe zur Bestimmung des Wassergehalts der Rohbraunkohle ist jede halbe Stunde zu entnehmen.

Zu 4. Mindestens alle 15 Minuten sind zwei Trockenkohlenproben zu entnehmen. Die eine Probe ist sofort in ein Pulverglas von etwa 500 ccm Inhalt mit eingeschliffenem Stopfen zu füllen. Sie ist besonders sorgfältig, aber möglichst schnell, aus einer größeren Trockenkohlenmenge zu entnehmen, um auch wirklich einen Durchschnitt zu erhalten. Nachdem die Probe im Glas vollständig erkaltet und das an den Flaschenwandungen evtl. niedergeschlagene Kondenswasser verschwunden ist, wird ihr Durchschnittswassergehalt bestimmt. Dabei ist die gesamte Probenmenge zu zermahlen und aus der gut durchmischten zermahlenen Kohle eine Durchschnittsprobe zu entnehmen. Die zweite Probe, von der zweckmäßigerweise eine größere Menge zu entnehmen ist, wird sofort auf Sieben von 7, 5, 3, 1 und $^1/_2$ mm Maschenweite und 900 Maschen je cm^2 abgesiebt und die Korngrößenanteile gewichtsmäßig ermittelt. Die Absiebung auf dem Sieb von 900 Maschen je cm^2 kann evtl. entfallen. Von den verschiedenen Korngrößen wird zweckmäßig der Wassergehalt bestimmt. Diese Wassergehaltsbestimmung ergibt aber nicht den Wassergehalt der Korngrößen beim Verlassen des Trockners, da beim Absieben eine Nachverdampfung aus der Kohle eintritt. Füllt man auch die für die Absiebung bestimmte Kohlenprobe zunächst in Pulvergläser und siebt sie nach ihrem Erkalten ab, so ergibt die Wasserbestimmung der einzelnen Korngrößen erst recht nicht ihren Wassergehalt beim Verlassen des Trockners, da beim Erkalten der Probe zwischen dem Wassergehalt der einzelnen Korngrößen ein gewisser

Ausgleich stattfindet. Zur Nachprüfung der Wassergehaltsbestimmung der Durchschnittsprobe berechnet man aus den Korngrößenmengen und ihrem Wassergehalt den Durchschnittswassergehalt dieser Kohlenprobe. Er muß stets etwas unter dem Wassergehalt der Durchschnittsprobe liegen. Die Korngrößenbestimmung der Trockenkohle ist wichtig, um bei Vergleichversuchen feststellen zu können, ob die Trockner mit Kohle von annähernd gleicher Beschaffenheit beschickt wurden.

Die Aufbereitung der Kohlenproben zur Bestimmung ihres Wassergehaltes soll in einem Raum, in dem Temperatur und Feuchtigkeitsgehalt der Luft möglichst konstant gehalten werden, durchgeführt werden.

Zu 5 und 6. Die Bestimmung der Temperatur erfolgt durch geeichte Maximalthermometer. Man füllt dabei möglichst einen Eimer mit

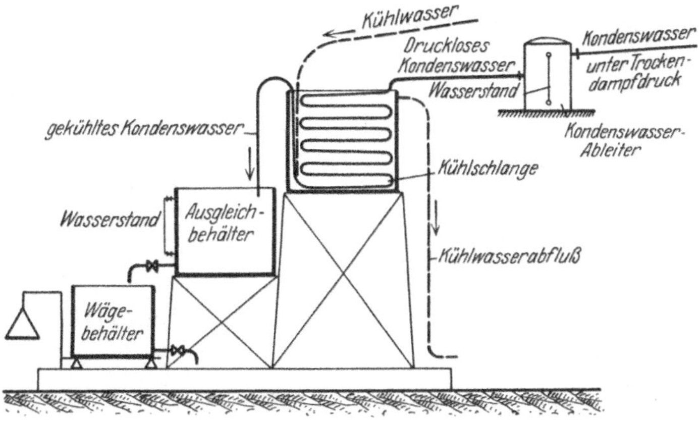

Abb. 35. Schema der Versuchsanordnung zum Messen des Kondenswassers von Trocknern.

Kohle. Bei Messung der Temperatur der Trockenkohle ist das Thermometer hin und her zu bewegen, um Wasserniederschläge auf der Quecksilberkugel zu entfernen.

Zu 7. Die Druckmessung geschieht durch Kontrollmanometer, deren Druckbereich bis höchstens 6 atü geht.

Zu 8. Die Messung der Temperatur des Trockendampfes erfolgt am besten durch ein geeichtes Quecksilberthermometer, das in den vor dem Trockner liegenden Krümmer der Dampfzuführungsleitung möglichst tief in den Dampfstrom geführt wird. Bei weit herausstehendem Quecksilberfaden hat Fadenkorrektion zu erfolgen.

Zu 9. Die Kondenswassermenge ist zu wiegen. Um Dampfverluste durch das heiße Kondensat zu vermeiden, ist dieses genügend weit abzukühlen. Abb. 35 zeigt die Wägeanordnung für Kondensatmengenmessungen, wie sie vom Verfasser benutzt wird.

Das vom Trockner kommende Kondenswasser wird zunächst zu einem Kondenswasserableiter geführt, um es vom Druck zu entlasten. Ein Wasserstand ist hier notwendig, um das richtige Arbeiten des Wasserableiters feststellen zu können. Der Wasserstand muß zu Anfang und Ende des Versuchs gleich sein, andernfalls hat Umrechnung zu erfolgen. Das durch die Kühlschlange abgekühlte Kondensat wird dann in einen Ausgleichbehälter geleitet, der notwendig ist, um die Abschlüsse der Wägungen genau vornehmen zu können. Der Wasserstand am Anfang und Ende jeder Abschlußperiode muß gleich sein, was sich durch das Abflußventil leicht erreichen läßt, andernfalls muß ebenfalls Umrechnung erfolgen. Am Versuchsende ist ein genauer Abschluß notwendig.

Zu 10. Diese Temperaturmessung hat durch ein Thermoelement oder durch ein Widerstandsthermometer zu erfolgen, da bei dem geringen Leitungsdurchmesser ein Quecksilberthermometer keine genauen Angaben liefert. Die Temperaturmeßstelle ist am unteren Ende der Kondenswasserabflußleitung anzuordnen, weil es nicht sicher ist, ob die Abflußleitung ganz mit Wasser gefüllt ist. Sie ist möglichst in die Nähe des hinteren Trocknerzapfens zu legen; ihre Umgebung ist gut zu isolieren. Bei Messung mit Thermoelementen bringt man die kalte Lötstelle in ein unten zugeschmolzenes Glasrohr, das durch den durchbohrten Korken einer Thermosflasche geführt wird. Die Thermosflasche füllt man mit Wasser und Eisstücken, damit eine Temperatur von 0° C an der kalten Lötstelle gewährleistet ist. Ein durch den Korken der Thermosflasche durchgeführtes Quecksilberthermometer gestattet eine Nachprüfung dieser Temperatur.

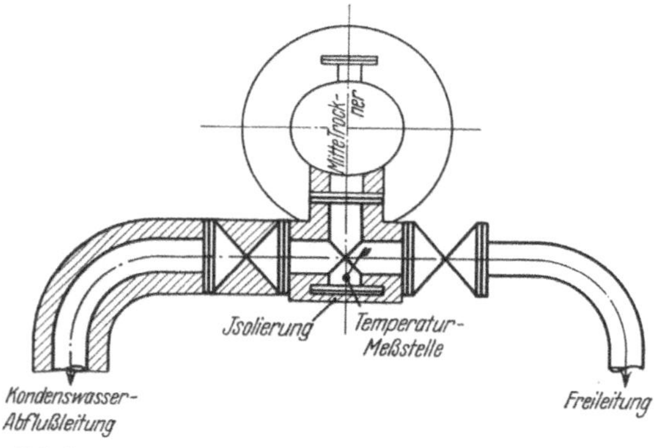

Abb. 36. Anordnung der Kondenswassertemperatur-Meßstelle.

Thermoelemente verbindet man am besten mit einem selbsttätigen Aufschreibinstrument. Man kann dann den Temperaturverlauf während des Versuches gut feststellen. Die Thermoelemente sind mit dem Schreibinstrument zusammen vor jeder Verwendung genau zu eichen. Die Nacheichung von verwendeten Widerstandsthermometern vor jedem Versuch ist ebenfalls erforderlich.

Abb. 36 zeigt ein Ausführungsbeispiel für die Anordnung dieser Meßstelle.

Zu 11 und 12 ist nichts besonderes zu bemerken.

Zu 13. Die Temperatur t_l der in den Trockner eintretenden Luft ist wegen der Strahlung der Umgebung, besonders derjenigen der Trocknerstirnflächen, mit einem gewöhnlichen Quecksilberthermometer nicht gut zu messen. Verfasser verwendet hier das Thermometer von Hausen (53).

Zu 14. Der Feuchtigkeitsgehalt φ_l der Luft ist mit einem Augustschen Psychrometer zu messen.

Zu 15 und 16. Die Messung dieser Temperaturen erfolgt zweckmäßigerweise etwa 1—2 m über dem Trockner, wo man annehmen kann, daß eine Durchmischung der Brüden eingetreten ist. Verwendet werden hierzu besonders lange geeichte Quecksilberthermometer, die man weit in den Brüdenstrom einführen kann, mit einem Meßbereich von 50 bis 125° C und Einteilung in Zehntelgrade.

Die Messung der Temperatur t_t des Taupunktes der Brüden geschieht durch ein Thermometer, dessen Quecksilberkugel mit einem feuchten Tuch umwickelt ist. Da die Taupunktstemperaturen stets über 50° C liegen, kann ohne einen nennenswerten Fehler die so gemessene Temperatur als Taupunktstemperatur eingesetzt werden.

Bei der Messung der Taupunktstemperatur ist darauf zu achten, daß das um die Quecksilberkugel gewickelte Tuch beim Herausnehmen des Thermometers noch feucht ist. Das Thermometer ist während der Meßzeit zu beobachten, um die Endanzeige genau festzustellen.

Zu 17. Zur Messung des Unterdrucks verwendet Verfasser Mikromanometer mit feststehendem Meßrohr, die noch Ablesungen bis zu 0,01 mm WS gestatten. Die Temperatur der Sperrflüssigkeit ist dabei ebenfalls zu messen, weil die Temperaturen im Trocknerraum meistens hoch sind und das spezifische Gewicht der Sperrflüssigkeit dadurch geändert wird. Als Sperrflüssigkeit wird am besten gefärbtes gereinigtes Petroleum verwendet, dessen spezifisches Gewicht bei verschiedenen Temperaturen bekannt sein muß. Bei Verwendung von Alkohol oder anderen leichtsiedenden Flüssigkeiten tritt infolge der hohen Lufttemperatur an der Verwendungsstelle Verdunstung ein, wodurch Nullpunktsänderungen des Instruments entstehen, dieses also oft neu eingestellt werden muß. Auch kann sich das spezifische Gewicht der Sperrflüssigkeit bei der Verdunstung ändern.

Besonderer Wert ist auf Konstanthaltung des Unterdrucks am Trocknerende während der Versuchszeit zu legen. Um diese am einfachsten zu erreichen, deckt man die Schlotöffnung mit einer Blechplatte etwas ab, die bei Änderung des Unterdrucks solange verschoben wird, bis der Versuchsunterdruck wieder hergestellt ist. Bei stürmischem Wetter sind genaue Trocknerversuche nicht durchführbar, weil dabei der Unterdruck starken Schwankungen ausgesetzt ist.

Zu 18. Die Umdrehungszahl des Trockners wird am besten durch einen Hubzähler ermittelt, der ebenfalls alle 10—15 Minuten abzulesen ist. Bei jeder Umdrehung hebt ein am drehenden Trocknerzapfen angebrachter Stift den Hebel des Zählers hoch, der dann durch sein Eigengewicht wieder zurückfällt.

Die Beachtung vorstehender Punkte dürfte bei Verwendung der angegebenen Meßinstrumente zu Versuchen führen, die eine genaue Auswertung ermöglichen. Verfasser hat wiederholt feststellen müssen, daß weniger sorgfältig durchgeführte Versuche an Röhrentrocknern derartige Streupunkte ergaben, daß sie nicht verwertet werden konnten. Allerdings fordern genaue Versuche etwa 6—8 gut eingearbeitete Beobachter und bei größeren Trocknern 12—15 Arbeiter, sie sind also ziemlich teuer.

X. Zusammenfassung der Ergebnisse der Abschnitte IV bis IX.

1. Die Gesamtwärmemenge i_{tr} zur Verdampfung von 1 kg Wasser in Röhrentrocknern hängt ab

a) von der Trocknergröße,

b) vom Trockendampfdruck,

c) vom Unterdruck am Trocknerende.

Sie liegt für die meistens in Betracht kommenden Trockendrücke von 3—4,5 ata und Unterdrücke von 1—3 mm WS

bei einem Röhrentrockner von 2,5 m ⌀, 7 m Länge, 500 m² Heizfläche, zwischen 721 und 732 kcal,

bei einem Röhrentrockner von 3 m ⌀, 8 m Länge, 1190 m² Heizfläche, zwischen 705 und 716 kcal.

Abb. 20 zeigt diese Wärmemengen für Trockendampfdrücke von 2—5 ata und Unterdrücke von 0,5—6 mm WS.

2. Die stündliche Verdampfungsleistung von Röhrentrocknern in kg je m² Heizfläche (spezifische Verdampfungsleistung) hängt in der Hauptsache ab

a) vom Trockendampfdruck,

b) vom Unterdruck am Trocknerende.

Eine einfache Umrechnungsformel für die spezifische Verdampfungsleistung von einem Trockendruck auf einen andern hat sich nicht finden lassen. Mit steigendem Unterdruck nimmt bei gleichbleibendem Trockendruck die spezifische Verdampfungsleistung um etwa 0,2 kg je 1 mm Unterdrucksteigerung zu.

Abb. 22 zeigt die ermittelten spezifischen Verdampfungsleistungen für Trockendampfdrücke von 2—5 ata und Unterdrücke von 0,5 bis 6 mm WS.

3. Durch Steigerung des Trockendrucks ist eine immerhin erhebliche Steigerung der spezifischen Verdampfungsleistung von Röh-

rentrocknern zu erreichen. Die obere Grenze des Trockendrucks wird bei gegebenem Kesseldruck durch die notwendige elektrische Energieerzeugung der Brikettfabrik bestimmt. Die Größe der Trockenheizfläche (siehe Gl 38) ergibt sich dann durch den Trockendruck. Ist der Kesseldruck bei Neuanlagen nicht gegeben, kann man die notwendige elektrische Energie dadurch erreichen, daß man entweder an Trockenheizfläche spart, also den Trockendruck und entsprechend den Kesseldruck hoch wählt, oder den Trockendruck erniedrigt, wobei auch der Kesseldruck niedriger wird. Die untere Grenze für den Trockendruck liegt in diesem Falle dort, wo die Kosten für die Vergrößerung der Trockenheizfläche gleich den Mehrkosten einer Kessel- und einer Turbinenanlage bei der erforderlichen Drucksteigerung werden.

4. Eine Erhöhung des Unterdrucks am Trocknerende dürfte sich zur Leistungssteigerung von Röhrentrocknern stets empfehlen, wenn sie möglich ist. Die dabei evtl. mehr aufzuwendenden Wärmemengen (siehe Abb. 20) machen sich durch erhöhte Leistung der vorhandenen Brikettfabrik bezahlt. Bei Neuanlagen kann man von vornherein durch entsprechende Bemessung der Brüdenabzugsschlote einen höheren Unterdruck erreichen. Ein Einbau von Brüdenabzugsventilatoren kompliziert und verteuert den Betrieb und kann die Wirtschaftlichkeit in Frage stellen. Auch ist nicht sicher, ob sich nicht bei Unterdrucksteigerung über die Versuchswerte die Leistungssteigerung der Trockner einem Grenzwert nähert. Zu berücksichtigen ist die Vergrößerung der bei Unterdruckerhöhung von den Brüden mitgenommenen Staubmenge. Dadurch sind Mehrkosten für die Entstaubungsanlage aufzuwenden, die eine Leistungssteigerung durch Unterdruckerhöhung unter Umständen wirtschaftlich unmöglich machen können. Bei elektrischer Brüdenentstaubung ist außerdem festzustellen, ob nicht die Brüden beim Arbeiten mit hohem Unterdruck am Trocknerende einen so geringen Wasserdampfgehalt haben, daß er an der Gefahrenzone für Kohlenstaubverpuffungen liegt.

5. Eine Überhitzung des Trockendampfes wirkt nicht leistungsvermindernd, sondern leistungsverbessernd. Mit steigendem Trockendruck nimmt der Wärmeübergang gleich hoch überhitzten Dampfes noch etwas zu.

6. Die Isolierung von Röhrentrocknern ist wärmetechnisch und wirtschaftlich richtig. Bei einer Wärmeleitzahl der Isolierung von 0,06 kcal/m $\cdot h \cdot$ °C liegt die wirtschaftlichste Isolierstärke bei etwa 40 mm.

Die Isolierung der Trockner vermindert die Lufttemperatur im Trocknerraum, erleichtert dadurch die Arbeit der Bedienungsleute und führt zu einer besseren Beaufsichtigung und Bedienung der Trockner.

7. Steilerlegung der Röhrentrockner bringt Verbesserung

der Rohrfüllung. Zweckmäßigste Neigung muß noch durch Versuche ermittelt werden.

8. Kleine Kohlenböden und Abstreichen der Kohle vom Transportband, entsprechend der Aufnahmefähigkeit der Trockner, vergrößern die Trocknerleistung und verhindern Entmischung der Kohle.

9. Die zu trocknende Kohle darf keine zu großen Kohlenknorpel enthalten, da diese schlecht trocknen und die Brikettgüte verringern.

10. Einbau von Schraubenwendeleisten bringen eine Steigerung der Verdampfungsleistung um etwa 4,5 vH.

11. Einbau von Dampfuhren mit Kontaktvorrichtung verbessern die Fabrikleistung durch bessere Trocknerüberwachung.

12. Restlose Abführung des Kondenswassers aus den Röhrentrocknern dient ebenfalls zur Leistungsverbesserung derselben. Möglichkeiten dafür siehe im Abschnitt VIII.

13. Gute Absaugung der durch die Nachverdampfung in den Schnecken entstehenden Wasserdämpfe gibt Leistungssteigerung, führt zur Verbesserung der Brikettgüte und verbessert die Entstaubung der Brikettfabrikinnenräume.

B. Das Verpressen der getrockneten Braunkohle.

XI. Der Kraftbedarf N_p von Brikettpressen und der thermodynamische Wirkungsgrad η_p ihrer Antriebsdampfmaschinen.

Es bedeutet in den nachstehenden Ausführungen

N_p der Kraftbedarf der Brikettpressen für die Herstellung 1 t Briketts in PSih,

η_p der thermodynamische Wirkungsgrad der Antriebsdampfmaschinen der Brikettpressen bezogen auf die innere Leistung.

Die Angaben in der Literatur über den Kraftbedarf N_p der Brikettpressen schwanken zwischen etwa 24 und 40 PSih je t Briketts. Er hängt in der Hauptsache von den Eigenschaften der zur Verpressung kommenden Kohle und von der Ausführung und Einstellung des Formzeuges ab. Weiter wird er in gewissen Grenzen von der Umdrehungszahl der Brikettpressen und von dem Brikettformat beeinflußt. Für Niederlausitzer Kohle gab Verfasser im Jahre 1921 N_p mit 42,2 PSih je t Briketts an (54). Dieser Wert war mit Absicht zu hoch eingesetzt, da bei dem betreffenden Aufsatz die Wirtschaftlichkeit der Briketterzeugung bewiesen werden sollte und es darauf ankam, nicht zu günstig zu rechnen. Für mitteldeutsche Braunkohle gab Foos (55) N_p mit 37,85, Linke (56) mit 37,2 und Vigener (57) mit 38 PSih je t

Briketts an. Foos rechnet außerdem bei mittelguter Dampfverteilung für die Antriebsdampfmaschinen der Brikettpressen mit einem thermodynamischen Wirkungsgrad $\eta_p = 0{,}75$. Nach Voigt (58) ergeben sich nach seinen eigenen Messungen für N_p die Werte nach Tabelle 3.

Tabelle 3. Angaben über Dampfbrikettpressen in der Niederlausitz von Dr. Voigt

Grube	Brikettformat	Dampfverhältnisse an der Presse atü	Dampfverhältnisse an der Presse °C	PSih je t Briketts	Verbrauch an Pressendampf je t Briketts kg	Bemerkungen
1	7″ Salon . . .	9,9 2,4	191	30	800	Schiebersteuerung
2	7″ Salon . . .	9,7 2,1	210	33	770	Ventilsteuerung
3	10″vierteilige Semmeln. .	9,8 2,1	200	28	600	„
4	10″ Halbsteine	12,0 2,3	245	30	410	„
5	2 · 7″ Salon .	15,2 2,8	307	24	400	„

Nach der Tabelle 3 errechnen sich für η_p folgende Werte:

bei 7″ Vollsteinen und Schiebersteuerung . . . . = 0,465
„ 7″ Vollsteinen und Ventilsteuerung . . . . . . = 0,483
„ 10″ vierteiligen Semmeln und Ventilsteuerung . = 0,546
„ 10″ Halbsteinen und Ventilsteuerung . . . . = 0,722
„ 2 · 7″ Vollsteinen und Ventilsteuerung . . . . = 0,513

Der durchschnittliche Arbeitsbedarf wird bei 7″ Vollsteinen zu 33 PSih je t Briketts für Welzower Kohlen eingesetzt. Bemerkt kann werden, daß es sich bei den in der Aufstellung angegebenen ersten vier Brikettpressen um solche älterer Bauart handelt, die mit Eintrittsdampfspannungen von 10—12 atü und Gegendrücken von 2,1—2,4 atü arbeiten. Für elektrischen Pressenantrieb gibt Voigt folgende Werte an:

Brikettformat	Stromverbrauch in kWh je t Briketts
10″ fünfteilige Würfel	19
7″ Vollsteine	23
10″ Halbsteine	23,5
10″ fünfteilige Semmel	32

Der durchschnittliche Arbeitsbedarf für 7″ Vollsteine wird bei elektrischen Pressen mit 23 kWh für Welzower Kohlen und mit 24 kWh für Werminghoff-Kohle angegeben. Vigener (59) gibt den Kraftbedarf elektrisch angetriebener Pressen mit 25,3—28 kWh je t Briketts an.

Um den Kraftbedarf N_p und den thermodynamischen Wirkungsgrad η_p bei neuzeitlichen Brikettpressen zu ermitteln, sind an zwei derartigen Brikettpressen in einer Brikettfabrik der Ilse Bergbau A.-G., Grube Ilse N.-L., eingehende Versuche durchgeführt worden, deren Ausführung im Abschnitt XIII beschrieben wird. Es handelt sich dabei um eine Einstempel- und um eine Zwillingspresse, die beide mit Gegendruckdampfmaschinen gekuppelt sind. Die Dampfmaschinen sind für eine Eintrittsdampfspannung von 19 atü, eine Eintrittsdampftemperatur von 280—300° C und einem Gegendruck von 0,5—1,5 atü gebaut und besitzen Ventilsteuerung. Ihre Hauptabmessungen sind bei der

Einstempelpresse: Zylinderdurchmesser 375 mm, Hub 650 mm, größtes Brikettformat 10″,

Zwillingspresse: Zylinderdurchmesser 520 mm, Hub 700 mm, größtes Brikettformat 2×10″.

Die Versuche erfolgten an der Einstempelpresse mit 7″ Vollsteinen, 8″ Halbsteinen und 10″ fünfteiligen Semmeln, an der Zwillingspresse nur mit 7″ Vollsteinen. Außerdem sind bei jedem Brikettformat Versuche mit verschiedenem Gegendruck und verschiedener Umdrehungszahl durchgeführt.

Die Dampfmenge der Antriebsdampfmaschinen wurde, nach Niederschlagung des Abdampfes in einem Kondensator, durch Wägung des Kondensats festgestellt (siehe Abschnitt XIII „Zu 5"). Die Messung der Frischdampfmenge durch Dampfmesser hat sich als unmöglich erwiesen, da der Dampfstrom durch die Meßscheibe nicht gleichmäßig, sondern, entsprechend der Dampfentnahme der Dampfmaschine, pulsierend strömt. Eingehende Versuche mit verschiedenen Dampfmessern haben bei pulsierenden Dampfströmen erhebliche Meßfehler ergeben. Kreuzer (60) hat ebenfalls die Unmöglichkeit der Verwendung von Dampfmessern bei pulsierenden Dampfströmen durch besonders eingehende Versuche ermittelt.

Bei der Wägung des Kondensats kann der Dampfverlust durch Stopfbüchsen, Ein- und Auslaßventile nicht erfaßt werden. Er ist im Abschnitt XVIIe bzw. in Tabelle 8 auf Grund von besonderen Betriebsmessungen angegeben worden (Wert v'_{dp}).

Die Ergebnisse der Versuche sind in Tabelle 4 zusammengestellt. Die Versuchsdauer ist bei einigen Versuchen sehr groß. So hat sich Versuch Nr. 4 an der Zwillingspresse über 45 Stunden erstreckt, um die Verhältnisse während der Lebensdauer der Form festzustellen. Es hat sich aber gezeigt, daß nach Einstellung des Beharrungszustandes eine Versuchszeit von 1—2 Stunden genügt, doch müssen während dieser Zeit mindestens alle 3 Minuten Indikatordiagramme von beiden Zylinderseiten gleichzeitig genommen werden.

Tabelle 4. Hauptwerte von Versuchen an Brikettpressen.

1. Versuche an einer Einstempelpresse (Antriebsdampfmaschine mit Ventilsteuerung 375 mm Zyl. ⌀, 650 mm Hub, größtes Brikettformat 10″).

a) 7″ Vollsteine.

Versuch Nr.	1	2	3	4	5	6	7	8	9
Versuchsdauer in Min.	330	135	165	165	135	60	150	135	135
Frischdampfdruck in ata....	19,42	19,32	19,42	19,42	19,32	19,42	19,42	19,42	19,42
„ temp. in ° C.....	286	288	285,5	286	284,5	287	285,5	287	287,5
Gegendruck in ata	1,58	2,14	2,56	3,02	3,59	1,60	2,33	3,02	3,61
Minutl. Umdrehungszahl	105	104,5	104,5	104,6	105,5	113,9	115,3	115,1	115
N_p in PSih/t Briketts	28,3	28,3	29,4	29,4	29,6	31,1	29,6	29,4	30,4
Dampfverbr. in kg je t Briketts	333	347	358	375	402	334	343	378	408
η_p (thermodyn. Wirkungsgrad)	0,464	0,494	0,537	0,551	0,566	0,511	0,536	0,547	0,567
Durschnittswert N_p	29,5					30,1			

b) 8″ Halbsteine.

Versuch Nr.	1	2	3	4	5	6	7	8	9
Versuchsdauer in Min.	255	225	240	285	165	180	225	—	—
Frischdampfdruck in ata....	19,42	19,52	19,52	19,42	19,42	19,22	19,32	—	—
„ temp. in ° C....	291	289	289	288	286	289,5	289	—	—
Gegendruck in ata.........	1,58	2,08	2,57	3,06	2,09	2,61	3,06	—	—
Minutl. Umdrehungszahl	105,7	105,9	105,2	106,1	115,3	115,0	114,0	—	—
N_p in PSih/t Briketts	29,3	29,8	30,0	31,6	30,4	29,0	30,1	—	—
Dampfverbr.in kg je t Briketts	281	301	316	351	291	299	317	—	—
η_p	0,567	0,589	0,617	0,636	0,632	0,636	0,671	—	—
Durchschnittswert N_p.......	30,2				29,8			—	—

c) 10″ fünfteilige Semmel.

Versuch Nr.	1	2	3	4	5	6	7	8	9
Versuchsdauer in Min........	330	255	285	255	345	135	60	75	—
Frischdampfdruck in ata....	19,62	19,32	19,62	19,62	19,32	19,62	19,42	19,52	—
„ temp. in ° C....	283	284	284	282	284	284	286	287,5	—
Gegendruck in ata	1,57	2,08	2,53	3,05	3,54	1,53	1,53	1,53	—
Minutl. Umdrehungszahl	103,7	104,6	103,3	103,8	106,2	114,7	125	126,3	—
N_p in PSih/t Briketts.......	30,8	29,5	30,6	30,9	31,1	27,3	28,9	29,8	—
Dampfverbr. in kg je t Briketts	303	300	323	341	362	293	280	277	—
η_p	0,556	0,592	0,619	0,642	0,659	0,516	0,560	0,579	—
Durchschnittswert N_p.......	30,6					28,7			—

2. Versuche an einer Zwillingspresse (Antriebsdampfmaschine mit Ventilsteuerung 520 mm Zyl. ⌀, 700 mm Hub, größtes Brikettformat 2×10″)

7″ Vollsteine.

Versuch Nr.	1	2	3	4	5	6	7	8	9
Versuchsdauer in Min.......	75	225	420	2700	150	150	—	—	—
Frischdampfdruck in ata....	19,12	19,32	19,42	19,32	19,02	19,32	—	—	—
„ temp. in ° C....	311,5	293	301,5	287	306	304	—	—	—
Gegendruck in ata	1,6	1,71	2,63	2,9	3,23	3,76	—	—	—
Minutl. Umdrehungszahl	104,7	107,8	105,4	102,9	104,2	105,9	—	—	—
N_p in PSih/t Briketts	31,8	28,4	29,5	29,3	29,6	29,2	—	—	—
Dampfverbr. in kg je t Briketts	252	238	281	318	308	330	—	—	—
η_p	0,667	0,666	0,678	0,635	0,682	0,673	—	—	—
Durchschnittswert N_p... ..	29,6						—	—	—
„ η_p ohne Versuch Nr. 4	= 0,67						—	—	—

Wie die Tabelle 4 zeigt, sind die Schwankungen des Kraftbedarfs zur Herstellung einer Tonne Briketts bei den verschiedenen Brikettformaten und Umdrehungszahlen gering. Die Schwankungen um den Mittelwert betragen höchstens 2 vH. Bei Steigerung der minutlichen Pressenumdrehungszahl von 105 auf rund 115 stieg der Kraftbedarf bei 7″ Vollsteinen um etwa 2 vH, während er bei 8″ Halbsteinen um etwa 1,25 vH fiel. Bei den 10″ fünfteiligen Semmeln ist die minutliche Umdrehungszahl von 104 bis auf 126 gesteigert worden. Dabei ist eine Abnahme des Kraftbedarfs bis zu etwa 6 vH eingetreten.

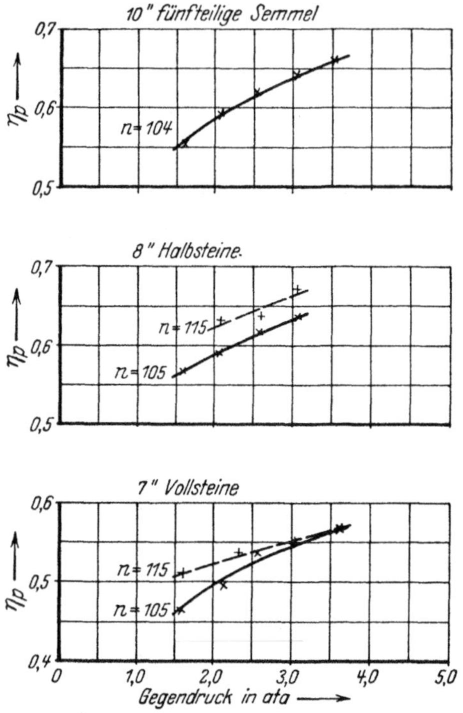

Abb. 37. Thermodynamische Wirkungsgrade η_p der Antriebsdampfmaschine einer Einstempelpresse bezogen auf die innere Leistung.

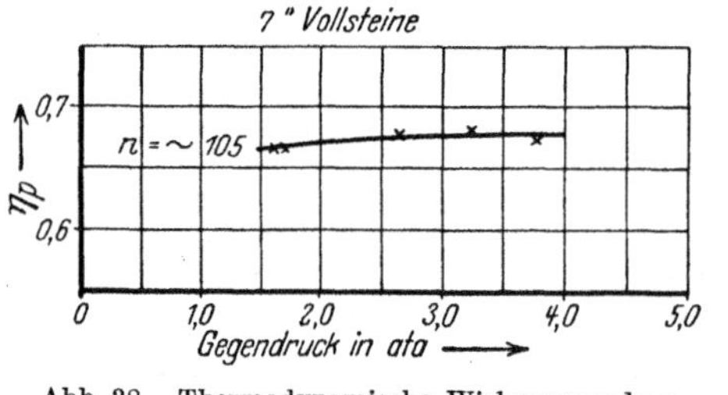

Abb. 38. Thermodynamische Wirkungsgrade η_p der Antriebsdampfmaschine einer Zwillingspresse bezogen auf die innere Leistung.

Auf Grund der Versuchsergebnisse läßt sich folgern, daß man mit Niederlausitzer Braunkohle bei Umdrehungszahlen von 100—120 und Herstellung von 7″ Vollsteinen, 8″ Halbsteinen und 10″ fünfteiligen Semmeln bei Einstempel- und Zwillingspressen mit einem Kraftbedarf N_p je t Briketts von rund 30 PSih rechnen kann.

Die Veränderung der thermodynamischen Wirkungsgrade η_p bei verschiedenem Gegendruck zeigen die Abb. 37 und 38. Bei der Einstempelpresse steigt η_p mit zunehmendem Gegendruck, mit zunehmendem Brikettgewicht je Stempelhub und ändert sich auch etwas mit der minutlichen Umdrehungszahl. Mit zunehmender Umdrehungszahl steigt η_p etwas an, und zwar solange, bis die Brikettpresse ihre normale Drehzahl bzw. ihre Normalleistung erreicht hat. Bei weiterer Steigerung der Umdrehungszahl oder Erhöhung der Normalleistung wird η_p wieder fallen. Die letzten beiden Sätze gelten auch für die Zwillingspresse.

Bei der Zwillingspresse ist ebenfalls eine Steigerung von η_p mit zunehmendem Gegendruck zu verzeichnen, wenn auch nicht in dem Maße wie bei der Einstempelpresse. Der thermodynamische Wirkungsgrad des 45-Stunden-Versuchs liegt unter der Wirkungsgradlinie der Abb. 38, weil gegen Versuchsende, infolge selbsttätiger Steuerungsverstellung, eine Verschlechterung im Dampfverbrauch eingetreten ist. Eine Neueinstellung der Steuerung ist nicht vorgenommen worden, weil es sich bei dem Versuch darum handelte, die Betriebsverhältnisse während der Lebensdauer der Brikettform festzustellen.

Die Versuchswerte ergeben, daß der thermodynamische Wirkungsgrad selbst neuzeitlicher Brikettpressen-Antriebsdampfmaschinen schlechter ist als man bisher meistens angenommen hat. Der Grund dafür ist in der zu großen Bemessung dieser Dampfmaschinen zu suchen. Die Brikettpresse soll imstande sein, das größte Brikettformat, für das sie gebaut ist, zu liefern. Meistens werden aber kleinere Formate hergestellt, die weniger Leistung erfordern, deshalb ist η_p bei Herstellung von kleinen Brikettformaten niedriger als bei der Herstellung von größeren Brikettformaten. Außerdem wird von vielen Bestellern verlangt, daß auch bei erheblichen Dampfdruckabsenkungen im Kesselhaus die Brikettpresse noch ihre volle Fabrikationsleistung hergeben soll. Die Antriebsdampfmaschine wird deshalb mit ihrem günstigsten Diagramm für eine viel zu hohe Leistung gebaut. So ist beispielsweise die Dampfmaschine der untersuchten Zwillingspresse für eine Leistung von 400 PSi gebaut und hat etwa bei dieser Leistung den günstigsten Dampfverbrauch. Bei der Herstellung von 7″ Vollsteinen ist jedoch die von der Dampfmaschine abzugebende Leistung nur rund 190 PSi.

Bei den Einstempelpressen liegen die Verhältnisse noch ungünstiger. Mit steigendem Gegendruck, also steigendem Dampfverbrauch je PSih, steigt daher ihr thermodynamischer Wirkungsgrad. Abb. 39 zeigt einige Diagramme von einer 10″-Einstempelpresse bei Herstellung von 7″ Vollsteinen und 10″ fünfteiligen Semmeln. Die Antriebsdampfmaschine dieser Presse hat einen Zylinderdurchmesser von 400 mm, einen Hub von 650 mm, ist für eine Eintrittsdampfspannung von 12 atü, eine Eintrittsdampftemperatur von 280° C und einen Gegendruck von 2 atü gebaut und besitzt Ventilsteuerung. Die oberen Indikatordiagramme der Abbildung sind nach dem Einstellen der Steuerung entnommen worden. Mit Ausnahme des Diagramms bei Herstellung von 10″ fünfteiligen Semmeln, bei der die Brikettleistung je Stempelhub um etwa 40vH höher ist als bei 7″ Vollsteinen, haben alle Diagramme eine kleine negative Arbeitsfläche. Eine bessere Steuerungseinstellung war nicht möglich. Man erkennt aus diesen Diagrammen, daß die Dampfmaschine für eine wesentlich höhere Leistung gebaut ist, als sie erforderlich ist. Wenn man die Dampfmaschine mehr dem tatsächlichen Kraftbedarf anpaßt, wird sich auch bei Einstempelpressen ein besserer thermodynamischer Wirkungsgrad erreichen lassen. Dieser Gesichtspunkt muß in Zukunft von den Maschinenfabriken besser beachtet werden.

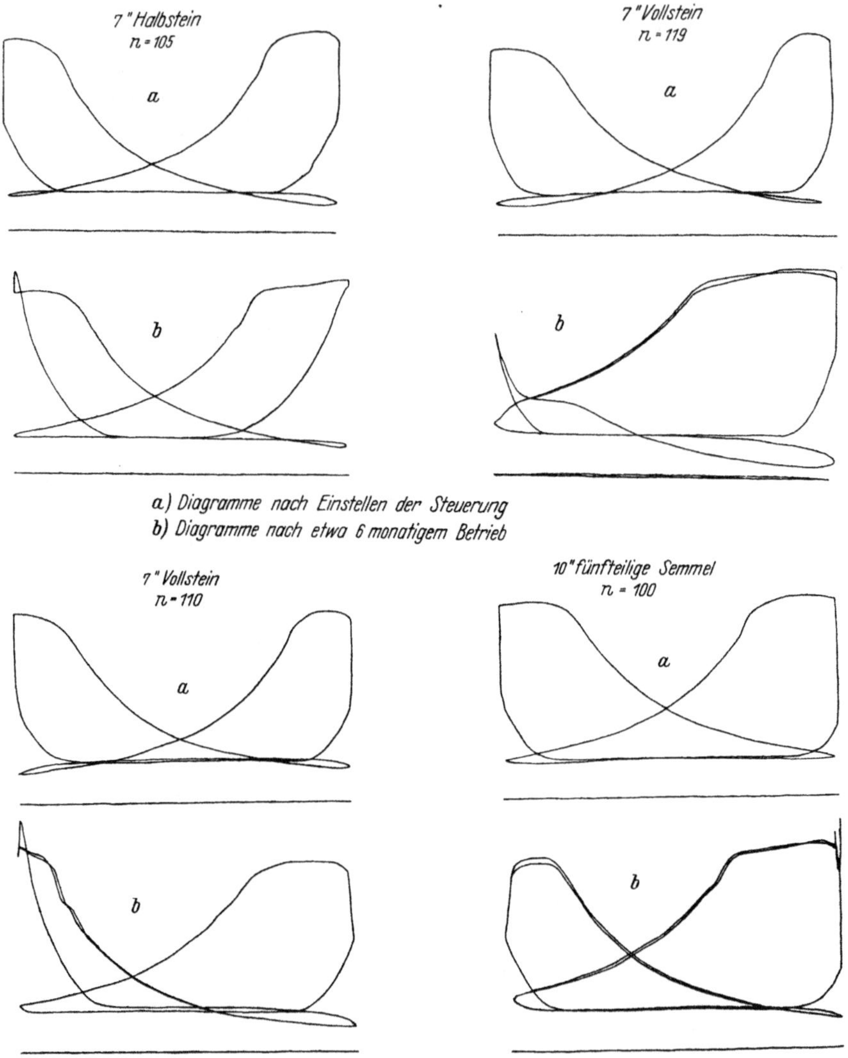

Abb. 39. Indikatordiagramme von der Antriebsdampfmaschine einer Einstempelpresse mit Ventilsteuerung.

Zylinder = 400 mm ⌀, Hub = 600 mm.

Die Diagramme der Abb. 39 stammen von einer älteren Brikettpresse. Die Diagramme der untersuchten neuzeitlichen Brikettpressen weisen negative Arbeitsflächen nicht auf. Die Abb. 39 soll vor allem zeigen, wie sich das Indikatordiagramm nach einer verhältnismäßig geringen Betriebszeit verändern kann. Dies liegt daran, daß

1. die Pressenwärter zuweilen eine Verstellung der Steuerung vornehmen,
2. die Steuerung sich manchmal selbsttätig verstellt,
3. eine Abnutzung von Steuerungsteilen, insbesondere von Bolzen, eintritt.

Es ist deshalb notwendig, die Dampfmaschinen der Brikettpressen häufiger zu indizieren als andere Dampfmaschinen, wenn auf geringen Dampfverbrauch Wert gelegt werden muß, wie es bei hohem Energiebedarf des Brikettwerkes der Fall ist. Die selbsttätige Verstellung der Steuerung, die bisher noch wenig bekannt war, läßt sich durch Anbringung ausreichender Sicherungen vermeiden.

Für die Berechnung von Brikettfabriken können die thermodynamischen Wirkungsgrade η_p der Antriebsdampfmaschinen von Brikettpressen nach Abb. 37 und 38 eingesetzt werden. Dabei ist zu berücksichtigen, daß bei größerem Brikettgewicht je Stempelhub auch η_p bei der Zwillingspresse etwas besser wird als Abb. 38 angibt, weil ihre Antriebsdampfmaschine den günstigsten Wirkungsgrad bei der Herstellung des größten Brikettformates hat. Allerdings wird diese Verbesserung des Wirkungsgrades bei der Zwillingspresse nicht so groß sein wie bei der Einstempelpresse, weil die Wirkungsgradkurve der Zwillingspresse nach Abb. 38 bereits sehr flach verläuft. Nach dieser Abbildung ist bei der Herstellung von 7″ Vollsteinen η_p rund 0,67. Schätzungsweise wird man bei der Herstellung

von 8″ Vollsteinen . . . . mit $\eta_p = 0{,}70$,
„ 10″ fünfteiligen Semmeln . . . . „ $\eta_p = 0{,}69$

rechnen können. Diese Werte beziehen sich auf das im Abschnitt XII angegebene Brikettgewicht je Stempelhub für die vorstehend angegebenen Brikettformate, das auch für die Kurven der Abb. 37 gilt. Bei Herstellung von Brikettformaten mit anderem Gewicht können die Wirkungsgrade η_p der Gewichtsdifferenz entsprechend interpoliert werden.

Wird die Antriebsdampfmaschine der Einstempelpresse für diejenigen Verhältnisse gebaut, unter denen sie später dauernd arbeitet, so läßt sich ihr Wirkungsgrad η_p ebenfalls verbessern. Der Besteller muß sich in diesem Falle über die Arbeitsverhältnisse der Brikettpresse klar sein und darf nicht verlangen, daß auch bei starkem Absinken des Frischdampfdruckes die Antriebsdampfmaschine noch ihre volle Leistung hergeben soll. Die Wirkungsgrade der Zwillingspressendampfmaschine wird die Einstempelpressendampfmaschine aber kaum erreichen, weil infolge ihrer etwa nur halb so großen Arbeitsleistung die Zylinderabmessungen und Füllungen nicht so gut bemessen werden können wie bei der Zwillingspressendampfmaschine. Für die thermodynamischen Wirkungsgrade η_p der Einstempelpressendampfmaschine, die unter den Verhältnissen arbeitet, für die sie gebaut ist, kann man zur Zeit etwa folgende Werte einsetzen:

bei der Herstellung von 7″ Vollsteinen	0,60
„ „ „ „ 8″ Halbsteinen	0,67
„ „ „ „ 10″ fünfteiligen Semmeln	0,65

Die Unterschiede dieser Wirkungsgrade für die angegebenen Brikettformate sind etwas geringer eingesetzt als diejenigen der Abb. 37, weil unter den vorstehend angegebenen Bedingungen eine flacher liegende Wirkungsgradkurve erwartet werden kann.

Die angegebenen Wirkungsgradwerte sind selbstverständlich nur ungefähre Durchschnittswerte, die für Dampfeintrittstemperaturen von 280—300° C gelten.

Der thermodynamische Wirkungsgrad η_p ließe sich noch etwas verbessern, wenn man von vornherein die Brikettpresse nur für die Herstellung eines Brikettformats bestellen könnte. Dies wird sich aber selten ermöglichen lassen, da der Bestellungseingang auf die einzelnen Brikettformate sehr verschieden ist.

XII. Berechnung der Leistung und des Dampfverbrauchs von Brikettpressen.

Es sei

g das Gewicht der bei einem Pressenhub hergestellten Briketts in kg,
n die minutliche Umdrehungszahl der Brikettpresse,
S die jährliche Arbeitsstundenzahl,

dann ist die stündliche Leistung einer Brikettpresse in Tonnen

$$P = 0{,}06 \cdot n \cdot g \tag{46}$$

und die jährliche Leistung

$$P'_j = 0{,}06 \cdot n \cdot g \cdot S \tag{47}$$

Von dieser Leistung gehen die Brikettverluste an Übergewicht $v_{k\ddot{u}}$ und an Grus usw. v_{kb} (siehe Abschnitt XVII c) ab. Außerdem sind die Zeiten für den Stillstand zum Einlegen von Formzeugen und für Reparaturen abzusetzen. Beträgt die Stillstandszeit v_z vH von S, so ist die jährlich zum Verkauf gelangende Leistung jeder Brikettpresse in Tonnen

$$P_j = [1 - 0{,}01\,(v_{k\ddot{u}} + v_{kb})] \cdot 0{,}06 \cdot n \cdot g \cdot (1 - 0{,}01\,v_z) \cdot S \tag{48}$$

Bei einer Jahresleistung von k_1 t Briketts ergibt sich demnach die Zahl der aufzustellenden Brikettpressen zu

$$B = \frac{k_1}{P_j} \tag{49}$$

Die erforderliche Leistung der Antriebsdampfmaschine der Brikettpresse beträgt in PSi

$$L = 0{,}06 \cdot n \cdot g \cdot N_p . \tag{50}$$

Bei Elektromotorenantrieb der Brikettpresse ist an den Generatorklemmen des Kraftzentralen-Turbosatzes eine Leistung in kW von

$$L_e = 0{,}06 \cdot n \cdot g \cdot N_{pe} \tag{51}$$

abzugeben, wobei

N_{pe} der Kraftbedarf der Brikettpresse für die Herstellung 1 t Briketts an den Generatorklemmen des Kraftzentralen-Turbosatzes in kWh

bedeutet. Ist

η_m der mechanische Wirkungsgrad der Brikettpressen-Antriebsdampfmaschine bis zur Kurbelwelle,

η_r der Wirkungsgrad des Riemen- oder Seiltriebes zwischen Antriebselektromotor und Brikettpresse,

η_{ep} der Wirkungsgrad des Antriebselektromotors einer Brikettpresse,

$\eta_ü$ der Wirkungsgrad für die Übertragung der elektrischen Energie von den Generatorklemmen des Kraftzentralen-Turbosatzes bis zu vorstehendem Elektromotor,

so ist

$$N_{pe} = \frac{0{,}736 \cdot N_p \cdot \eta_m}{\eta_r \cdot \eta_{ep} \cdot \eta_ü} . \tag{52}$$

Ist weiter

D_p die für den Antrieb der Brikettpressen erforderliche Dampfmenge für die Herstellung von k_1 t Briketts in kg,

i_1 der Wärmeinhalt von 1 kg Dampf in kcal vor dem Einlaßventil,

i_2 der Wärmeinhalt von 1 kg Dampf in kcal im adiabatisch erreichten Endzustand bezogen auf den Druck am Austrittsstutzen der Brikettpressen-Antriebsdampfmaschine,

so ist

$$D_p = \frac{632{,}3 \cdot k_1 \cdot N_p}{(i_1 - i_2) \cdot \eta_p} . \tag{53}$$

Zu dieser errechneten Dampfmenge ist noch der Dampfverlust durch Stopfbüchsen, Ein- und Auslaßventile (siehe Abschnitt XVII e bzw. Tabelle 8: Wert v'_{dp}) zuzuzählen.

Das Durchschnittsgewicht der je Pressenhub hergestellten Briketts beträgt beispielsweise bei der Einstempelpresse

für	7″ Vollsteine	rund 500 g
„	8″ Halbsteine	„ 800 g
„	10″ fünfteilige Semmeln.	„ 700 g.

Die jährliche Arbeitsstundenzahl S kann mit 7200—7320, je nach der Anzahl der Sonn- und Feiertage, eingesetzt werden. Die Stillstandsverluste v_z haben die Richtlinien (61) mit 10 vH angegeben. Diese Zahl deckt sich ungefähr mit eigenen Ermittlungen, die einen Wert von 8 vH in neueren Brikettfabriken ergeben haben. Die minutliche Pressenumdrehungszahl ist in den einzelnen Braunkohlengebieten, je nach der Art der Braunkohle und dem Brikettformat verschieden. Sie liegt in der Niederlausitz etwa zwischen 90 und 130.

Die Verluste $v_{k\,ü}$ und $v_{k\,b}$ sind im Abschnitt XVII c bzw. g angegeben. Über den Wert N_p und den Wirkungsgrad η_p siehe Abschnitt XI. Zahlenangaben über die anderen Wirkungsgrade sind im Abschnitt XVII h enthalten.

XIII. Ausführung von Versuchen an Brikettpressen mit Dampfmaschinenantrieb.

Dieser Abschnitt gibt an, wie die im Abschnitt XI erwähnten Versuche an Brikettpressen ausgeführt wurden und gibt gleichzeitig eine Unterlage für ähnliche Versuche. Das Versuchsprotokoll hat folgende Angaben zu enthalten:

Datum des Versuchs,
Bauart der Brikettpresse,
Größtes Brikettformat,
Brikettformat beim Versuch,
Zylinderdurchmesser in mm,
Hub in m,
Eintrittsdampfdruck in atü, }
Eintrittsdampftemperatur in ° C } für die die Antriebsdampfmaschine gebaut ist.
Gegendruck in atü . . . . . . }

Bei den Versuchen wurden folgende Werte gemessen:

a) Antriebsdampfmaschine:
1. Eintrittsdampfdruck in atü,
2. Eintrittsdampftemperatur in ° C,
3. Gegendruck in atü,
4. Abdampftemperatur in ° C,
5. Abdampfmenge in kg,
6. Leistung der Dampfmaschine durch Indizieren beider Zylinderseiten,
7. Umdrehungszahl.

b) Brikettpresse:
8. Kohlentemperatur vor dem Verpressen,
9. Korngrößenzusammensetzung der Kohle,
10. Gewicht der Briketts,
11. Biegungsfestigkeit der Briketts,
12. Druckfestigkeit der Briketts,
13. Wassergehalt der Briketts.

Die Versuchsdauer hat nach Erreichen des Beharrungszustandes mindestens eine Stunde betragen. Die meisten Versuche des Abschnitts XI sind jedoch mit einer wesentlich längeren Versuchsdauer ausgeführt worden (siehe Tabelle 4). Längere Versuche sind natürlich zur Ermittlung genauerer Durchschnittswerte empfehlenswerter. Bei kurzen Versuchen erfolgten die Ablesungen alle fünf Minuten, bei längeren alle zehn Minuten. Nach Ablauf jeder Viertelstunde wurde ein Abschluß der gemessenen Dampfmenge gemacht.

Zu den einzelnen Messungen wird folgendes bemerkt:

Zu 1 und 2. Die Messungen erfolgten vor dem zur Dampfmaschine gehörenden Dampfabsperrventil der Frischdampfleitung. Der Druck ist mit einem Kontrollmanometer, die Temperatur mit einem geeichten Quecksilberthermometer gemessen. Fadenkorrektion wurde berücksichtigt.

Zu 3 und 4. Diese Messungen sind nach den Auslaßventilen unmittelbar hinter dem Dampfmaschinenzylinder erfolgt. Im übrigen gelten für sie die Ausführungen des vorigen Absatzes.

Zu 5. Die Abdampfmenge ist in einem Kondensator niedergeschlagen und das Kondensat gewogen worden. Der gewünschte Gegendruck wurde durch ein in die Abdampfleitung vor dem Kondensator eingebautes Ventil eingestellt. Abb. 40 zeigt die bei den Versuchen benutzte Anordnung zum Wägen des niedergeschlagenen Kondensats. Sie entspricht derjenigen für die Wägung des Trocknerkondensats (siehe Abschnitt IX, zu 9 und Abb. 35), nur ist statt des Kondenswasserableiters ein Kondensator eingebaut.

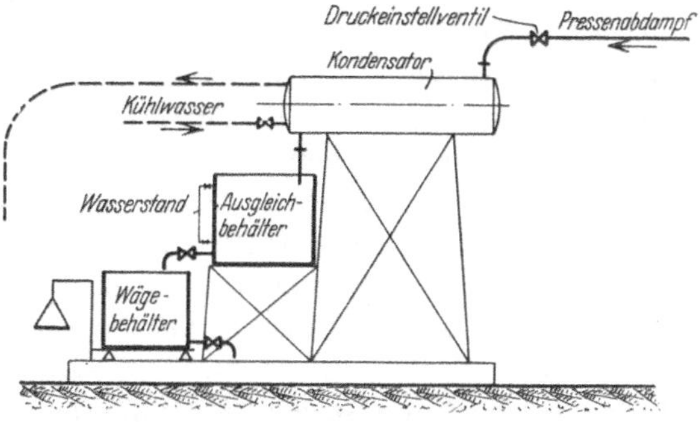

Abb. 40. Schema der Versuchsanordnung zum Messen des Pressenabdampfes.

Zu 6. Es wurden zwei Indikatoren verwendet, um zu gleicher Zeit von beiden Zylinderseiten Diagramme zu entnehmen. Kurz hintereinander entnommene Diagramme weichen manchmal erheblich voneinander ab. Es empfiehlt sich daher, zur genauen Feststellung des Arbeitens der Dampfmaschine, Indikatoren zu verwenden, die eine fortlaufende Diagrammaufnahme gestatten, wie dies bei einigen Versuchen geschehen st. Diese Diagramme geben manchmal wertvolle Aufschlüsse.

Zu 7. Die Umdrehungszahl während des ganzen Versuches ist mit einem Hubzähler gemessen worden. Die Ablesung erfolgte, je nach der Versuchsdauer, alle 5—10 Minuten.

Zu 8. Die Kohlentemperatur wurde durch ein Thermoelement gemessen, das an einer geeigneten Stelle des Pressenfüllrumpfes, in der Mitte des Kohlenstroms, eingebaut war. Damit es nicht vom Kohlenstrom mitgenommen wurde, ist als Ende der einen Leitung ein Kupferrohr verwendet worden, das isoliert durch den Pressenfüllrumpf geführt wurde. An dem unteren Ende des Kupferrohres wurde ein Konstantandraht angelötet, der dann isoliert durch das Kupferrohr nach außen ging. Das Kupferrohr wurde außerhalb des Füllrumpfes mit einer Kupferleitung verbunden, die zum Meßinstrument führte. Im übrigen wird auf die Ausführungen über Temperaturmessungen mit Thermoelementen des Abschnitts IX, Absatz „Zu 10“ verwiesen.

Zu 9. Die Feststellung der Korngrößenzusammensetzung von der zur Verpressung kommenden Kohle hatte den Zweck, den Einfluß verschiedener Korngrößen auf den Kraftbedarf der Brikettpresse und die Festigkeit der Briketts festzustellen. Bestimmte Schlußfolgerungen darüber haben die vorstehenden Versuche noch nicht ergeben. Hier müssen weitere Sonderversuche durchgeführt werden.

Zu 10—13. Es wurden alle fünf Minuten die Briketts von fünf Pressenhüben am Ende der Brikettrinne entnommen und gewogen. Nachdem die Briketts noch eine Stunde zur Abkühlung gelagert hatten, erfolgten die Festigkeitsbestimmungen. Bei Vollsteinen sind je zwei Biegungs- und drei Druckfestigkeitsbestimmungen, bei anderen Brikettformaten drei Druckfestigkeitsbestimmungen ausgeführt worden. Von den Briketts wurde außerdem eine Durchschnittsprobe in ein Pulverglas mit eingeschliffenem Stopfen getan und später ihr Wassergehalt bestimmt. Die zur Prüfung bestimmten Briketts wurden sofort nach Verlassen der Presse gekennzeichnet, um die Zusammengehörigkeit zwischen den Brikettprüfungen und den Indikatordiagrammen festzulegen.

Nachbemerkung. Die unter 8—13 aufgeführten Messungen sind, mit Ausnahme der Gewichtsbestimmung der Briketts, in dieser Arbeit nicht verwertet worden, weil der Einfluß der ermittelten Größen aufeinander und auf den Kraftbedarf der Presse durch diese Versuche noch nicht geklärt werden konnte. Hierzu müssen noch weitere Sonderversuche durchgeführt werden. Die Ausführung der Messungen wurde jedoch angegeben, um eine Grundlage für diese weiteren Versuche zu schaffen.

XIV. Dampfmaschinen- oder Elektromotorenantrieb von Brikettpressen.

Die Frage des zweckmäßigsten Brikettpressenantriebes wird noch heute umstritten. So schreibt Frerichs (62) in neuerer Zeit: „Der Streit darüber, ob Dampfantrieb oder elektrischer Antrieb wirtschaftlicher ist, geht aber immer noch weiter“.

Über die Vorteile des elektrischen Pressenantriebs und die dafür zweckmäßigsten Antriebsmotoren haben Schade (63) und Philippi (64) bereits früher nähere Ausführungen gemacht. Philippi hat auch schon die wärmewirtschaftliche Seite kurz erörtert. Bei den von ihm gemachten Annahmen ist bei gleichen Dampfverhältnissen der Dampfmaschinenantrieb dem Elektromotorenantrieb wärmewirtschaftlich überlegen.

Nach den im Abschnitt XI angegebenen Werten über den Kraftbedarf und den thermodynamischen Wirkungsgrad der Brikettpressen soll die Frage des wirtschaftlichsten Brikettpressenantriebes untersucht werden. Für die Untersuchung wird eine Zwillingspresse zugrunde gelegt, da diese bei Neuanlagen wohl meistens zur Aufstellung kommen wird.

Der durchschnittliche Kraftbedarf N_p für die Herstellung 1 t Briketts wird mit 30 PSih eingesetzt (siehe Tabelle 4). Der Wärmebedarf der Dampfmaschine je t Briketts ist dann $632{,}3 \cdot 30 = 18970$ kcal.

Beim Elektromotorenantrieb errechnet sich der an den Generatorklemmen abzugebende Kraftbedarf N_{pe} nach Gl 52. In dieser Gleichung sind noch die verschiedenen Wirkungsgrade unbekannt. Die Wirkungs-

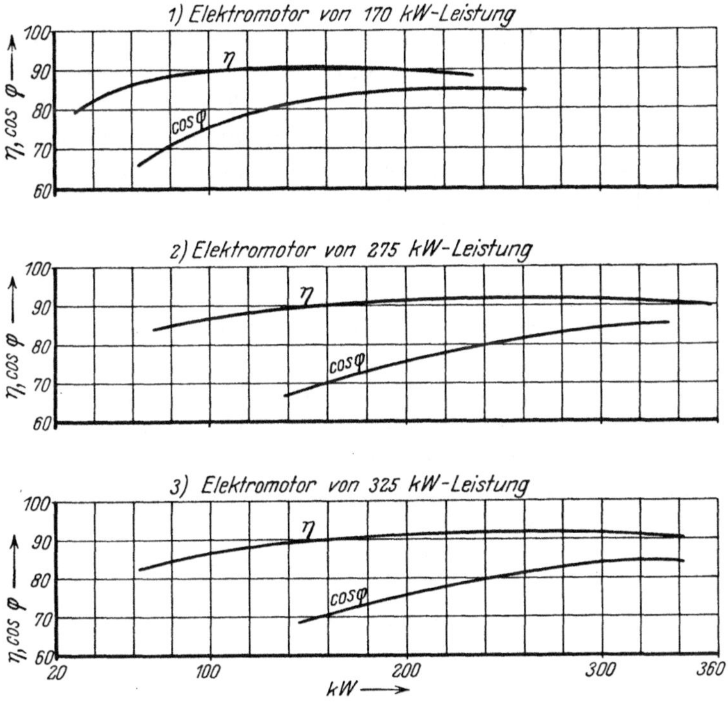

Abb. 41. Wirkungsgrade η_{ep} und $\cos\varphi$ für die Antriebs-Elektromotoren von Brikettpressen.

grade η_{ep} von Antriebselektromotoren für Einstempel- und Zwillingspressen zeigt Abb. 41, die Verfasser der AEG. verdankt. Für die zum Antrieb der Zwillingspresse erforderliche Durchschnittsleistung von rund 150 kW beträgt danach $\eta_{ep} = 0{,}90$. Weiter kann eingesetzt werden (siehe Abschnitt XVII h)

$$\eta_m = 0{,}95$$
$$\eta_r = 0{,}95$$
$$\eta_ü = 0{,}98\,.$$

Damit ergibt sich N_{pe} nach Gl 52 zu rund 25 kWh.

Ist

η_{tm} der mechanische Wirkungsgrad der Gegendruckturbine der Kraftzentrale,
η_g der Wirkungsgrad des mit vorstehender Turbine gekuppelten Generators,

so ist der Wärmebedarf zur Erzeugung der errechneten 25 kWh

$$\frac{860 \cdot 25}{\eta_{tm} \cdot \eta_g}.$$

η_{tm} kann man bei neuzeitlichen Gegendruckturbinen mit 0,99 einsetzen, η_g beträgt etwa 0,94. Damit wird die für den Preßvorgang bei der Herstellung 1 t Briketts in der Gegendruckturbine der Kraftzentrale aufzuwendende Wärmemenge 23100 kcal; sie ist also um 4130 kcal größer als beim Antrieb der Brikettpressen durch Gegendruckdampfmaschinen. Bei dieser Berechnung sind die Dampfverluste v'_{dt} durch Stopfbüchsen und Einlaßventile der Kraftzentralenturbinen und v'_{dp} durch Stopfbüchsen, Ein- und Auslaßventile der Brikettpressendampfmaschinen (siehe Abschnitt XVII e) unberücksichtigt geblieben, weil sie nach Tabelle 8 etwa gleich gesetzt werden können.

Zur weiteren Beurteilung soll der Dampfbedarf beider Antriebsarten je t Briketts festgestellt werden. Dabei wird als Eintrittsdampfdruck 19 atü, als Eintrittsdampftemperatur 300° C und als Gegendruck 2,0 atü zugrunde gelegt. Das zur Ausnutzung zur Verfügung stehende Wärmegefälle $(i_1—i_2)$ ist dann nach Mollier (65) 93,5 kcal/kg. Der thermodynamische Wirkungsgrad η_p soll mit 0,67 (siehe Tabelle 4), derjenige $\eta_{tw} \cdot \eta_{tm}$ (siehe Gl 73) für eine hochwertige Dampfturbine mit 0,80 eingesetzt werden. Nach Gl 53 ist der Dampfbedarf der Brikettpresse für die Herstellung 1 t Briketts

$$D_p = \frac{632{,}3 \cdot 30}{93{,}5 \cdot 0{,}67} = 303\,\text{kg}$$

und nach Gl 72 derjenige des Kraftzentralen-Turbosatzes mit $\eta_t = \eta_{tw} \cdot \eta_{tm}$, weil v''_{dt} gleich Null gesetzt werden soll,

$$D_t = \frac{860 \cdot 25}{93{,}5 \cdot 0{,}80 \cdot 0{,}94} = 306\ \text{kg}.$$

Unter Berücksichtigung der Verluste v_{dt} und v_{dp} für die Fortleitung des Dampfes vom Kesselhaus bis zu der Kraftzentralenturbine bzw. der Brikettpressenantriebsdampfmaschine (siehe Abschnitt XVII e und Tabelle 8) beträgt die im Kesselhaus zu erzeugende Dampfmenge für die Brikettpresse bei der Herstellung 1 t Briketts

beim Dampfmaschinenantrieb der Brikettpressen $(1 + 0{,}008) \cdot 303 = 305{,}4$ kg,
beim Elektromotorenantrieb der Brikettpressen $(1 + 0{,}001) \cdot 306 = 306{,}3$ kg.

Der Dampfbedarf für beide Antriebsarten ist also praktisch gleich. In beiden Antriebsfällen entsteht demnach keine Einbuße an elektrischer Energie, wohl aber ist beim Elektromotorenantrieb der Brikettpressen je t Briketts eine Wärmemenge von 4130 kcal mehr aufzuwenden. Diese Wärmemenge beträgt allerdings nur etwa 0,4 vH der für Niederlausitzer Verhältnisse aufzuwendenden Gesamtwärmemenge bei der Herstellung

1 t Briketts; ihr Anteil ist also sehr klein. Bei elektrischem Brikettpressenantrieb geht die gesamte für die Trocknung gebrauchte Dampfmenge durch die Kraftzentralenturbine. Ihr Dampfverlust v'_{dt} soll daher etwas kleiner eingesetzt werden als bei dampfangetriebenen Brikettpressen, indem nicht mit 4130, sondern nur mit 4100 kcal Mehrwärmemenge je t Briketts gerechnet wird. Diese Verringerung der Wärmemenge beträgt 0,73 vH, die in diesem Fall auch gleich der Verringerung der Dampfmenge ist. Es wird also v'_{dt} um 0,73 vH kleiner eingesetzt. Eine derartig große Verringerung des Dampfverlustes v'_{dt} wird natürlich nicht erreicht, wenn beim elektrischen Pressenantrieb nur etwa ein Drittel mehr Dampf durch die Turbine geht, so daß mit einem kleinen Vorteil für den elektrischen Pressenantrieb gerechnet wird.

Ist der thermodynamische Wirkungsgrad η_p kleiner als 0,67, wie dies bei älteren Brikettpressen der Fall ist, so steigt ihr Dampfverbrauch entsprechend. Dann kann beim Umbau der Brikettpressen vom Dampfantrieb auf elektrischen Antrieb in der Kraftzentralenturbine noch eine Zusatzenergiemenge erzeugt werden, weil jetzt die gesamte Dampfmenge durch diese Turbine geht. Der errechnete Wärmemehrbedarf bei elektrischem Pressenantrieb bleibt aber auch dann bestehen.

Rechnet man mit einer jährlichen Pressenbetriebsstundenzahl von $305 \cdot 24 = 7320$ und setzt die Stillstandsverluste v_z mit 10 vH, die minutliche Pressenumdrehungszahl mit 110, das Gewicht g bei Herstellung von 7″ Vollsteinen mit 1 kg ein, so ergibt sich nach Gl 48 die jährliche Leistung der Zwillingspresse

$$P'_j = 0{,}06 \cdot 110 \cdot 1 \cdot 0{,}9 \cdot 7320 = 43\,500 \text{ t},$$

Die Verluste $v_{k\ddot{u}}$ und v_{kb} sind Null gesetzt, da hier die wirkliche Pressenleistung, nicht die Verkaufsleistung, ermittelt werden muß.

Je t Briketts sind beim Elektromotorenantrieb der Brikettpresse rund 4100 kcal mehr Wärme aufzuwenden. Setzt man wieder, wie in Abschnitt VII, den Kesselwirkungsgrad η_k mit 0,65 und den unteren Heizwert H der Rohbraunkohle mit 2000 kcal/kg ein, so ist der jährliche Feuerkohlenmehraufwand in t

$$k_{fe} = \frac{43\,500 \cdot 4100}{1000 \cdot 0{,}65 \cdot 2000} = \text{rd. } 137 \text{ t}.$$

Bei einem Feuerkohlenpreis von 2,50 RM betragen die jährlichen Zusatzkosten 343 RM.

Die Kosten einer Zwillingsbrikettpresse mit Elektromotorenantrieb sind rund 15000 RM höher als die Kosten derselben Presse mit Dampfmaschinenantrieb. Die Mehrkosten der Frisch- und Abdampfleitungen jeder Brikettpresse gegenüber den Kosten für die elektrische Verteilungsanlage in der Kraftzentrale und den Kabelzuleitungen vom Generator über die Verteilungsanlage zu den Elektromotoren der Brikettpressen betragen je Zwillingspresse rund 6000 RM. Der Turbosatz muß um die zum Antrieb der Brikettpressen erforderliche Energiemenge größer sein. Je Zwillingspresse ist dafür ein Kostenmehraufwand von rund 6000 RM erforderlich, so daß sich dieser Kostenmehraufwand mit demjenigen für die Dampfleitungen der dampfangetriebenen Brikettpresse ausgleicht.

Rechnet man mit einer Abschreibung der Brikettpresse in 10 Jahren und mit 10 vH Verzinsung, so ist der hierfür erforderliche jährliche Kostenmehraufwand nach Gl 45

$$A + V_z = 15000 \cdot \left(1 + \frac{11}{2} \cdot \frac{10}{100}\right) : 10 = \text{RM. } 2325.—.$$

Nach Jahresbetriebsaufzeichnungen betragen je t Briketts die Kosten für Heißdampfzylinderöl rund 0,4 Pf, für Turbinenöl, umgerechnet auf die zur Herstellung 1 t Briketts erforderliche Energiemenge, rund 0,005 Pf. Die jährlichen Ölmehrkosten der Zwillingsbrikettpresse mit Dampfmaschinenantrieb sind also

$$43500 \cdot (0{,}004 - 0{,}00005) = \text{rund } 172 \text{ RM.}$$

Zusammengefaßt beträgt der jährliche Mehrkostenaufwand für eine Zwillingsbrikettpresse mit Elektromotorenantrieb gegenüber einer solchen mit Dampfmaschinenantrieb

$$343 + 2325 - 172 = \text{rund } 2500 \text{ RM.}$$

In diesen Kosten sind die Reparaturen an beiden Pressenarten nicht enthalten, weil ausreichendes Zahlenmaterial darüber dem Verfasser nicht vorliegt. Man kann aber annehmen, daß sich die Reparaturkosten für den Dampfmaschinenteil der Brikettpresse mit den Kosten für den Riemenverschleiß beim Elektromotorenantrieb und den Reparaturkosten an der elektrischen Einrichtung etwa ausgleichen. Ob beim elektrischen Pressenantrieb an Bedienungspersonal gespart wird, ist nicht sicher. Darüber hat auch Voigt (66) in seinem Aufsatz keine Angaben gemacht. Jedenfalls kann zur Zeit damit nicht gerechnet werden.

Trotz der ermittelten Mehrkosten beim Elektromotorenantrieb von Brikettpressen ist bei Neuanlagen der Einbau derartiger Pressen unbedingt zu empfehlen. Den Mehrkosten steht vor allem die Gewinnung von ölfreiem Abdampf entgegen, ein Vorteil, der nicht hoch genug in Rechnung gesetzt werden kann. Sämtliche Abdampfentöler arbeiten mit einem mehr oder weniger hohen Wirkungsgrad. Es kommt also beim Dampfmaschinenantrieb mit dem Abdampf Öl in die Trockner, das die Heizflächen verschmutzt und die spezifische Verdampfungsleistung verringert.

Der weitere Vorteil des ölfreien Abdampfes ist das ölfreie Kesselwasser. Besonders bei Hochdruckdampfkesseln muß darauf großer Wert gelegt werden. Es müssen dann außer den Abdampfentölern noch Sondervorrichtungen eingebaut werden, die eine möglichst weitgehende Entölung des Kesselspeisewassers gewährleisten. Diese Vorrichtungen und ihre Bedienung sind natürlich teuer.

Die von Schade (67) weiter angegebenen Vorteile des elektrischen Antriebes von Brikettpressen sind z. T. auch bei dampfangetriebenen Brikettpressen vorhanden. Es erübrigt sich, auf die einzelnen Punkte näher einzugehen, da sie dem Brikettfachmann bekannt sind.

XV. Zusammenfassung der Ergebnisse der Abschnitte XI bis XIV.

1. Nach Versuchsergebnissen beträgt der durchschnittliche Kraftbedarf N_p für die Herstellung 1 t Briketts von 7″ Vollsteinen, 8″ Halbsteinen und 10″ fünfteiligen Semmeln, mit Einstempel- oder Zwillingspressen, bei Umdrehungszahlen zwischen 100 und 120 und Verwendung Niederlausitzer Braunkohle rund 30 PSih.

2. Der thermodynamische Wirkungsgrad η_p steigt mit zunehmendem Gegendruck, besonders bei Einstempelpressen, und mit zunehmendem Brikettgewicht je Stempelhub.

Die Änderung der Umdrehungszahl der Brikettpressen hat ebenfalls einen Einfluß auf den Wirkungsgrad η_p. Dieser steigt mit zunehmender Umdrehungszahl etwas an, bis die Brikettpresse ihre normale Drehzahl bzw. ihre Normalleistung erreicht hat. Dann wird bei weiterer Steigerung der Umdrehungszahl oder Erhöhung der Normalleistung η_p wieder fallen.

Die Antriebsdampfmaschinen der Brikettpressen sind für eine viel zu hohe Leistung gebaut, daher ist ihr Betriebswirkungsgrad schlecht. Für die Berechnung von Brikettfabriken können die thermodynamischen Wirkungsgrade der Abb. 37 und 38 eingesetzt werden, die für Dampfeintrittstemperaturen von etwa 280—300° C gelten. Für Zwillingsbrikettpressen kann man bei diesen Dampftemperaturen für η_p etwa folgende Werte einsetzen:

bei der Herstellung von	7″ Vollsteinen	0,67
„ „ „ „	8″ Halbsteinen.	0,70
„ „ „ „	10″ fünfteiligen Semmeln .	0,69

Für Einstempelbrikettpressen, die annähernd unter den Verhältnissen arbeiten, für die sie gebaut sind, kann man für η_p etwa setzen:

bei der Herstellung von	7″ Vollsteinen	0,60
„ „ „ „	8″ Halbsteinen	0,67
„ „ „ „	10″ fünfteiligen Semmeln	0,65

Die angegebenen Wirkungsgrade beziehen sich auf das unter Punkt 4 dieses Abschnitts angegebene Gewicht je Stempelhub für die vorstehend aufgeführten Brikettformate. Bei Herstellung von Brikettformaten mit anderem Gewicht können die Wirkungsgrade entsprechend der Gewichtsdifferenz interpoliert werden.

3. Um den Dampfverbrauch der Brikettpressen auf seinem günstigsten Stand zu halten, ist es notwendig, die Antriebsdampfmaschinen häufig zu indizieren. Die Zeitzwischenräume zwischen zwei Indizierungen sollten acht Wochen nicht übersteigen.

4. Das Durchschnittsgewicht der je Pressenhub hergestellten Briketts beträgt bei der Einstempelpresse

für	7″ Vollsteine	rund	500 g,
„	8″ Halbsteine	„	800 g,
„	10″ fünfteilige Semmeln	„	700 g.

5. Beim Elektromotorenantrieb der Brikettpressen ist der Wärmebedarf um etwa 4000 kcal je t hergestellte Briketts höher als beim Dampfmaschinenantrieb. Dieser Mehrwärmeaufwand beträgt allerdings nur 0,4 vH der Gesamtwärmemenge zur Herstellung 1 t Briketts aus Niederlausitzer Braunkohle.

Der Dampfbedarf für die Herstellung einer gleichen Menge Briketts ist bei beiden Antriebsarten annähernd gleich, so daß in keinem Falle eine Einbuße an elektrischer Energieerzeugung entsteht.

Beim elektrischen Pressenantrieb sind die jährlich aufzuwendenden Kosten um etwa 2500 RM höher als bei dampfangetriebenen Brikettpressen.

Der große Vorteil der elektrisch angetriebenen Brikettpressen besteht in der Gewinnung von ölfreiem Abdampf und damit von ölfreiem Kesselwasser. Dies ist besonders bei Kesselanlagen für hohen Druck wichtig. Beim Arbeiten mit ölfreiem Abdampf wird sich voraussichtlich die spezifische Verdampfungsleistung der Trockner etwas erhöhen.

Für Neuanlagen wird daher der Einbau von elektrisch angetriebenen Brikettpressen unbedingt empfohlen.

C. Die Ableitung der Hauptgleichungen und Zahlenangaben zur Berechnung von Brikettfabriken.

XVI. Ableitung der Hauptgleichungen zur wärmetechnischen Berechnung von Brikettfabriken.

a) Ableitung der Gleichungen für den Dampf- und Wärmebedarf sowie für die Energieerzeugung im Gegendruckbetrieb.

Die Rohbraunkohlenmenge k in t aus der nach ihrer Trocknung die Brikettmenge k_1 in t hergestellt werden kann, errechnet sich, ohne die in der Brikettfabrik entstehenden Verluste v_k an getrockneter Kohle, nach Gl 2 und einschließlich dieser Verluste nach Gl 3 (siehe Abschn. III).

Die bei der Herstellung von k_1 t Briketts aus der Rohbraunkohle zu entfernenden Wassermengen errechnen sich ohne die Verluste v_k, aus den Gl 7 und 8 und die dabei von den Trocknern zu verdampfenden Wassermengen aus den Gl 9 und 10 (siehe Abschnitt IV c).

Die Abb. 3 und 4 zeigen die Werte der Gl 2, 7, 8, 9 und 10 graphisch. Über die Kohlenverluste v_k siehe Abschnitt XVII c.

Es mag hier einleitend bemerkt werden, daß sämtliche Verluste stets in vH von der betreffenden Gesamtmenge angegeben werden, wie dies heute in fast allen Brikettfabriken üblich ist, um nicht neue Begriffe einzuführen, die keine Vergleichsmöglichkeiten mit den Aufzeichnungen vorhandener Anlagen und den Angaben der Literatur zulassen.

Mit Berücksichtigung der in der Brikettfabrik entstehenden Verluste v_k an getrockneter Kohle ist die bei der Herstellung von k_1 t Briketts aus der Rohbraunkohle zu entfernende Wassermenge in t

$$W = (1 + 0{,}01\, v_k) \cdot \frac{w - w_1}{100 - w} \cdot k_1 \qquad (54)$$

und die dabei von den Kohletrocknern zu verdampfende Wassermenge in t

$$W' = (1 + 0{,}01\, v_k) \cdot \frac{w - w'_1}{100 - w} \cdot k_1 . \qquad (55)$$

Die Gl 55 gilt für die Entstaubungsfälle 1, 2a und 2b (siehe Abschn. II), nur ist in jedem Fall der Verlustwert v_k entsprechend einzusetzen. Im Entstaubungsfall 2c ist eine andere Wassermenge zu verdampfen.

Ist

v_f die in der Filteranlage zurückgewonnene Kohle in vH von k_1,
w_2 ihr Wassergehalt in vH,

so ist die aus dieser Kohle zu verdampfende Wassermenge in t

$$W_f = 0{,}01\, v_f \cdot \frac{w_2 - w'_1}{100 - w_2} \cdot k_1 \qquad (56)$$

und demnach die in diesem Fall von den Trocknern zu verdampfende Gesamtwassermenge in t

$$W'_f = \left[(1 + 0{,}01\, v_k) \cdot \frac{w - w'_1}{100 - w} + 0{,}01 \cdot v_f \cdot \frac{w_2 - w'_1}{100 - w_2}\right] \cdot k_1 . \qquad (57)$$

Zum Verdampfen von 1 kg Wasser aus der Kohle werden i_{tr} kcal gebraucht (siehe Abschnitt IV b und i). Dann ist die gesamte bei der Herstellung von k_1 t Briketts von den Trocknern aufzuwendende Wärmemenge in kcal

$$J_{tr} = 1000 \cdot W' \cdot i_{tr} . \qquad (58)$$

Für den Entstaubungsfall 2c ist in Gl 58 für W' der Wert W'_f einzusetzen.

Ist, außer den bereits im Abschnitt XII aufgeführten Abkürzungen,

J^1_{tr} die bei der Herstellung von 1 t Briketts zur Kohletrocknung aufzuwendende Wärmemenge in kcal,

E^1 die bei der Herstellung von 1 t Briketts im Gegendruckbetrieb erzeugbare elektrische Energie an den Generatorklemmen des Kraftzentralen-Turbosatzes in kWh, abzüglich derjenigen zum Antrieb der Brikettpressen und Kesselspeisepumpen,

E die gesamte an den Generatorklemmen im Gegendruckbetrieb erzeugbare elektrische Energie bei der Herstellung von k_1 t Briketts in kWh,

η_{tm} der mechanische Wirkungsgrad der Gegendruckturbine der Kraftzentrale,

η_g der Wirkungsgrad des mit vorstehender Turbine gekuppelten Generators,

N_s der theoretische Kraftbedarf der Kesselspeisepumpe für 1 t Brikettleistung in kWh (siehe Gl 76),

η_{pu} der Wirkungsgrad der Kesselspeisepumpe,

η_{sm} der mechanische Wirkungsgrad der Antriebsdampfturbine der Kesselspeisepumpe,

η_{es} der Wirkungsgrad des Antriebselektromotors für die Kesselspeisepumpe,

$\eta_{üs}$ der Wirkungsgrad für die Übertragung der elektrischen Energie von den Generatorklemmen des Kraftzentralen-Turbosatzes zum Antriebsmotor der Kesselspeisepumpe,

v_v die Wärmeverluste der Brikettfabrik, ausschließlich derjenigen der Trockner und der Dampfkessel, in vH der Gesamtwärmemenge,

so ist die insgesamt zur Herstellung von k_1 t Briketts aufzuwendende Gesamtwärmemenge im Antriebsfall 1 (siehe Abschnitt II)

$$J = \frac{k_1}{1 - 0{,}01\, v_v}\left[J^1_{tr} + 860\left(\frac{E^1}{\eta_{tm}\cdot\eta_g} + \frac{N_s}{\eta_{sm}\cdot\eta_{pu}}\right) + 632{,}3\cdot N_p\right]. \tag{59}$$

Der indizierte Kraftbedarf N_p der Brikettpressen ist nicht in kWh sondern in PSih eingesetzt, weil es heute noch durchweg üblich ist, ihn in PSih anzugeben. Um ihn in kWh auszudrücken, ist N_p mit 0,736 zu multiplizieren.

Im Antriebsfall 2 ist für η_{sm} der Wert $\eta_{es}\cdot\eta_{üs}\cdot\eta_{tm}\cdot\eta_g$ einzusetzen. Werte für v_v für die verschiedenen Antriebsfälle siehe Abschnitt XVII f.

Für den Antriebsfall 3 wird

$$J = \frac{k_1}{1 - 0{,}01\, v_v}\cdot\left[J^1_{tr} + 860\left(\frac{E^1 + N_{pe}}{\eta_{tm}\cdot\eta_G} + \frac{N_s}{\eta_{sm}\cdot\eta_{pu}}\right)\right]. \tag{60}$$

Im Antriebsfall 4 ist in Gl 60 für η_{sm} wieder der Wert $\eta_{es}\cdot\eta_{üs}\cdot\eta_{tm}\cdot\eta_g$ einzusetzen.

Die im Abschnitt III aufgeführte, bei der Herstellung von k_1 t Briketts insgesamt im Gegendruckbetrieb erzeugte indizierte Energiemenge von N kWh läßt sich nach vorstehendem durch folgende Gleichung ausdrücken:

$$N = \left(\frac{E^1}{\eta_{tm}\cdot\eta_g} + \frac{N_s}{\eta_{sm}\cdot\eta_{pu}} + 0{,}736\cdot N_p\right)\cdot k_1. \tag{61}$$

Weiter sind die im Abschnitt III aufgeführten Wärmeverluste

$$V = 0{,}01\, v_v\cdot J \tag{62}$$

Die Gl 59 und 60 können nur zur Berechnung der für die Herstellung von k_1 t Briketts insgesamt aufzuwendenden Wärmemenge dienen, wenn der Dampfbedarf für die im Gegendruckbetrieb erzeugte Energiemenge gleich der Trockendampfmenge oder kleiner als diese ist. Es darf also kein Auspuffbetrieb erfolgen. Da bei einer bestimmten Brikettfabrik N_p und N_s bekannt sind, bzw. berechnet werden können, so kann E^1 nicht beliebig groß gewählt werden, sondern ist bei Gegendruckbetrieb, gegebenen Dampfverhältnissen und bekanntem Wirkungsgrad des Turbosatzes der Kraftzentrale bestimmt. Der Kraftbedarf N_p der Brikettpressen ergibt sich aus Tabelle 4 bzw. Abschnitt XI, der theoretische Kraftbedarf N_s der Kesselspeisepumpen errechnet sich nach Gl 76.

Die für die Trocknung der Braunkohle erforderliche Dampfmenge ermittelt sich wie folgt:

Ist
i'' der Wärmeinhalt von 1 kg Dampf vor den Trocknern in kcal,
i' der Wärmeinhalt von 1 kg Kondenswasser beim Abfluß aus den Trocknern in kcal,

so ist die erforderliche Dampfmenge in kg für 1 kg Wasserverdampfung aus der Braunkohle

$$d_{tr} = \frac{i_{tr}}{i'' - i'} \tag{63}$$

und die zur Trocknung der Braunkohle für k_1 t Briketts notwendige Dampfmenge in kg

$$D_{tr} = 1000\, W' \cdot d_{tr} \tag{64}$$

oder mit Gl 58

$$D_{tr} = \frac{J_{tr}}{i'' - i'}. \tag{65}$$

Die in den Kesseln zu erzeugende Dampfmenge D ist um die Dampfverluste bis zu den Trocknern größer. Bezeichnet man die Gesamtdampfverluste mit v_d (siehe später im Abschnitt XVII e) und drückt sie in vH der zu erzeugenden Dampfmenge aus, so ist diese Dampfmenge in kg

$$D = \frac{D_{tr}}{1 - 0{,}01\, v_d} \tag{66}$$

oder mit Berücksichtigung der Gl 55, 63 und 64

$$D = \frac{(1 + 0{,}01\, v_k)}{(1 - 0{,}01\, v_d)} \cdot \frac{i_{tr}}{i'' - i'} \cdot \frac{w - w'_1}{100 - w} \cdot 1000\, k_1. \tag{67}$$

Im Entstaubungsfall 2c ist in Gl 64 für W' der Wert W'_f aus Gl 57 einzusetzen und D nach Gl 66 zu berechnen. Die Pressen-, Pressenmaul- und Innenentstaubungen beeinflussen nur die Höhe des Wertes v_k.

An dieser Stelle soll erwähnt werden, daß die Antriebsdampfmaschinen der Brikettpressen nur mit Dampftemperaturen bis zu 300° C betriebssicher arbeiten. Da die Turbinen aus energiewirtschaftlichen Gründen zweckmäßigerweise mit höheren Dampfeintrittstemperaturen arbeiten, so wird in den Antriebsfällen 1 und 2 (siehe Abschnitt II) in den Kesselhäusern der Brikettfabriken die Dampfmenge für den Dampfmaschinen- und diejenige für den Dampfturbinenbetrieb mit verschieden hohen Überhitzungstemperaturen erzeugt. Dabei müssen die Dampfeintrittstemperaturen an den Kraftmaschinen so gewählt werden, daß der Trockendampf in allen Fällen noch mindestens trocken gesättigt in die Kohletrockner gelangt. Er muß also beim Austritt aus den Kraftmaschinen, je nach den Abkühlungsverhältnissen, noch eine Überhitzung von etwa 10—20° C besitzen.

Hat das betreffende Brikettwerk nur den Bedarf an Eigenenergie zu erzeugen, so wird man mit dem Kesseldruck und der Frischdampftemperatur nur so hoch gehen, daß die Eigenenergie erzeugt werden kann. Dabei ist natürlich evtl. späterer Mehrverbrauch an Energie zu berücksichtigen.

Erfolgt aber von dem Brikettwerk elektrische Energieabgabe an Fremdverbraucher, so wird man von vornherein mit dem Kesseldruck und mit der Dampftemperatur so hoch gehen, wie es technisch und wirtschaftlich möglich ist, um mit dem für die Trocknung erforderlichen Dampf das Maximum an elektrischer Energie im Gegendruckbetrieb zu erzeugen. Wenn auch zunächst die dabei erzeugte Energiemenge nicht verbraucht wird, so dauert es erfahrungsgemäß nicht lange, bis sämtliche Energie abgegeben werden kann, weil der Bedarf an elektrischer Energie dauernd steigt.

Es sei weiter

D_t die für den Antrieb der Gegendruckturbinen der Kraftzentrale zur Verfügung stehende Dampfmenge bei der Herstellung von k_1 t Briketts und

D_p die für den Antrieb der Brikettpressen,

D_s die für den Antrieb der Kesselspeisepumpen erforderliche Dampfmenge für die Herstellung von k_1 t Briketts in kg,

v_{dk} der Dampfverlust der Kessel in vH von D,

v_{dt} der Dampfverlust von der Kesselanlage bis zu den Gegendruckturbinen der Kraftzentrale in vH von D_t,

v_{dp} der Dampfverlust von der Kesselanlage bis zu den Brikettpressen in vH von D_p,

v_{ds} der Dampfverlust von der Kesselanlage bis zu den Kesselspeisepumpen in vH von Ds,

d_t der Dampfverbrauch der Gegendruckturbinen der Kraftzentrale bezogen auf die Klemmenleistung der Generatoren in kg/kWh.

Die gesamte mit der Dampfmenge D erzeugbare elektrische Energiemenge in kWh ist zunächst, ohne Berücksichtigung der Dampfverluste,

$$E = \frac{D - (D_p + D_s)}{d_t} \tag{68}$$

Es ist nun

$$(1 - 0{,}01\, v_{dk}) \cdot D = (1 + 0{,}01\, v_{dt}) \cdot D_t + (1 + 0{,}01\, v_{dp}) \cdot D_p + (1 + 0{,}01\, v_{ds}) \cdot D_s \qquad (69)$$

demnach

$$D_t = \frac{1}{1 + 0{,}01\, v_{dt}} \cdot \left\{ \left(1 - 0{,}01\, v_{dk}\right) \cdot D - \left[\left(1 + 0{,}01\, v_{dp}\right) \cdot D_p + \left(1 + 0{,}01\, v_{ds}\right) \cdot D_s \right] \right\}. \qquad (70)$$

Damit ergibt sich die mit der Dampfmenge D erzeugbare elektrische Energiemenge in kWh mit Berücksichtigung sämtlicher Dampfverluste zu

$$E = \frac{1}{(1 + 0{,}01\, v_{dt}) \cdot d_t} \cdot \left\{ \left(1 - 0{,}01\, v_{dk}\right) \cdot D - \left[\left(1 + 0{,}01\, v_{dp}\right) \cdot D_p + \left(1 + 0{,}01\, v_{ds}\right) \cdot D_s \right] \right\}. \qquad (71)$$

Diese Gleichung gilt allgemein für sämtliche 4 Antriebsfälle (siehe Abschnitt II), nur ist im Antriebsfall 2 der Wert $D_s = 0$, im Antriebsfall 3 der Wert $D_p = 0$ und im Antriebsfall 4 sind die Werte D_p und $D_s = 0$.

Ist

i_1 der Wärmeinhalt von 1 kg Dampf in kcal vor dem Einlaßventil,

i_2 der Wärmeinhalt von 1 kg Dampf in kcal im adiabatisch erreichten Endzustand bezogen auf den Druck am Austrittsstutzen der Gegendruckturbine,

v''_{dt} der Dampfverlust an der vorderen Stopfbüchse und den Einlaßventilen der Gegendruckturbine in vH von der Dampfmenge D_t,

und außer den bereits aufgeführten Wirkungsgraden

η_{tw} der thermodynamische Wirkungsgrad der Gegendruckturbine bezogen auf die innere Leistung,

η_t der thermodynamische Wirkungsgrad der Gegendruckturbine bezogen auf die Generatorkupplung einschließlich der Dampfverluste v'_{dt},

η_{tk} der thermodynamische Wirkungsgrad des Turbosatzes der Kraftzentrale bezogen auf seine Klemmenleistung, einschließlich der Dampfverluste v'_{dt},

so ist der Dampfverbrauch des Turbosatzes für jede an den Generatorklemmen abgegebene kWh in kg

$$d_t = \frac{860}{(i_1 - i_2) \cdot \eta_t \cdot \eta_g}. \qquad (72)$$

In dieser Gleichung ist

$$\eta_t = (1 - 0{,}01\, v''_{dt})\, \eta_{tw} \cdot \eta_{tm} \qquad (73)$$

und

$$\eta_{tk} = \eta_t \cdot \eta_g. \qquad (74)$$

Das von der Gegendruckturbine ausgenutzte Wärmegefälle je kg Dampf ist in kcal

$$i'_t = (i_1 - i_2) \cdot \eta_{tw} \qquad (75)$$

Die Berechnung des Kraftbedarfs der Kesselspeisepumpe ergibt sich wie folgt:

Ist noch

v_{wk} der Verlust an Kesselwasser in der Brikettfabrik in vH von D,
h die gesamte manometrische Förderhöhe der Kesselspeisepumpe in m,
N_{sw} der wirkliche Kraftbedarf der Kesselspeisepumpe an ihrer Kupplung für eine Brikettfabrik von k_1 t Brikettleistung in kWh, so ist zunächst

$$N_s = \frac{(1 + 0{,}01\, v_{wk}) \cdot D \cdot h}{3600 \cdot 102 \cdot k_1} \tag{76}$$

und

$$N_{sw} = \frac{N_s \cdot k_1}{\eta_{pu}} = \frac{(1 + 0{,}01\, v_{wk}) \cdot D \cdot h}{3600 \cdot 102 \cdot \eta_{pu}} \tag{77}$$

Bei Turbokesselspeisepumpen ist der Dampfverbrauch in kg, wenn

η_s den thermodynamischen Wirkungsgrad der Antriebsturbine, einschließlich der Stopfbüchsendampfverluste v'_{ds} (siehe später), bezogen auf diePumpenkupplung, bedeutet,

$$D_s = \frac{860\, N_{sw}}{(i_1 - i_2) \cdot \eta_s} = \frac{(1 + 0{,}01\, v_{wk}) \cdot D \cdot h}{3600 \cdot 102 \cdot \eta_{pu}} \cdot \frac{860}{(i_1 - i_2) \cdot \eta_s}. \tag{78}$$

Beim Elektromotorenantrieb der Kesselspeisepumpen ist in kWh ab Generatorklemmen des Kraftzentralen-Turbosatzes

$$N'_{sw} = \frac{N_s \cdot k_1}{\eta_{üs} \cdot \eta_{es} \cdot \eta_{pu}} = \frac{(1 + 0{,}01\, v_{wk}) \cdot D \cdot h}{3600 \cdot 102 \cdot \eta_{üs} \cdot \eta_{es} \cdot \eta_{pu}}. \tag{79}$$

Setzt man für k_1 die Stundenleistung der Brikettfabrik ein, so ergeben auch sämtliche andern Gleichungen Stundenwerte. In den Gl 71, 77 und 79 ist dann die errechnete Energiemenge in kWh auch gleichzeitig die erforderliche Energie in kW.

Um den Gesamtdampfverlust v_d durch die Einzeldampfverluste ausdrücken zu können, ist zu bedenken, daß der Dampfverlust durch Stopfbüchsen und Einlaßventile an den Dampfturbinen bzw. durch Stopfbüchsen, Ein- und Auslaßventile an den Dampfmaschinen im Dampfverbrauch der betreffenden Kraftmaschine enthalten ist.

Bezeichnet man noch mit

v'_d den Verlust an Dampf vom Austrittsstutzen sämtlicher Kraftmaschinen bis zu seinem Eintritt in die Kohletrockner in vH von D,

v'_{dt} den Dampfverlust an Stopfbüchsen und Einlaßventilen der Kraftzentralenturbinen in vH von D_t,

v'_{dp} den Dampfverlust an Stopfbüchsen, Ein- und Auslaßventilen der Brikettpressendampfmaschinen in vH von D_p,

v'_{ds} den Dampfverlust an Stopfbüchsen und Einlaßventilen der Kesselspeisepumpenturbinen in vH von D_s,

so ist

$$v_d = v_{dk} + v'_d + \frac{1}{D}\Big[\Big(v_{dt} + v'_{dt}\Big) \cdot D_t + \Big(v_{dp} + v'_{dp}\Big) \cdot D_p + \Big(v_{ds} + v'_{ds}\Big) \cdot D_s\Big]. \tag{80}$$

Die Wärmeverluste v_v entstehen

a) durch die Dampfverluste v_d,

b) durch die Kessel- und Kondenswasserverluste v_w,

c) durch Abkühlung v_c.

Der Wärmeinhalt i_d der an verschiedenen Stellen verloren gehenden Dampfmengen sowie derjenige i_w der ebenfalls an verschiedenen Stellen verloren gehenden Heißwassermengen ist für jede Teilmenge verschieden groß. Es ist allgemein

$$v_v = \sum v_d \cdot i_d + \sum v_w \cdot i_w + \sum v_c, \tag{81}$$

wobei in dieser Gleichung v_d, v_w und v_c die verschiedenen Einzelverluste bedeuten sollen (Näheres über v_v siehe Abschnitt XVII f).

Sämtliche bisher abgeleiteten Gleichungen gelten nur, wenn eine Zwischenüberhitzung des Turbinenarbeitsdampfes nicht notwendig ist. Bei Anwendung hoher Damfspannungen wird sie aber nicht zu umgehen sein. Erfolgt die Zwischenüberhitzung mit kondensierendem Frischdampf, wie sie bei Neuanlagen allgemein bevorzugt wird, und ist

D_z die zur Zwischenüberhitzung des Arbeitsdampfes erforderliche Dampfmenge in kg,

v_{dz} der Dampfverlust an Frischdampf bis zum Zwischenüberhitzer in vH von D_z,

so ist zu der Gl 66 bzw. 67 noch das Glied $(1 + 0{,}01\, v_{dz}) \cdot D_z$ hinzuzufügen. Die Gl 71 ist dann zur Berechnung der Energiemenge nur zu verwenden, wenn der Faktor D nicht die zur Zwischenüberhitzung erforderliche Dampfmenge enthält und d_t der Dampfverbrauch der mit zwischenüberhitztem Arbeitsdampf arbeitenden Turbine in kg/kWh ist.

In vorstehenden Ableitungen für den Dampf- und Wärmeverbrauch von Brikettfabriken sind auch nicht die Dampf- bzw. Wärmemengen enthalten, die für Nebenanlagen der Brikettwerke, beispielsweise zur Erwärmung des Wassers für die Fabrikbäder, zur Heizung im Winter usw., erforderlich sind. Da dieser Wärmebedarf je nach der Anlage und den hygienischen Einrichtungen verschieden ist, außerdem auch zum Brikettfabrikbetrieb nicht unmittelbar gehört, findet er im Rahmen dieser Arbeit keine Berücksichtigung. Es ist lediglich der Vollständigkeit halber dieser Hinweis gemacht.

b) Ableitung der Gleichungen für den Feuerkohlenverbrauch der Brikettfabriken.

Die für die Brikettfabrik erforderliche Dampfmenge D wird meistens mit verschieden hohen Überhitzungstemperaturen erzeugt, je nachdem sie zum Betrieb von Turbinen oder der Dampfmaschinen für die Brikettpressen dient.

Ist

i_t der Wärmeinhalt von 1 kg im Kesselhaus für den Turbinenbetrieb erzeugten Dampf in kcal,

i_p der Wärmeinhalt von 1 kg im Kesselhaus für den Dampfmaschinenbetrieb der Brikettpressen erzeugten Dampf in kcal,

q die Flüssigkeitswärme des in die Kessel gelangenden Speisewassers in kcal/kg,

η_k der Wirkungsgrad der Kesselanlage,

H der untere Heizwert der Rohbraunkohle in kcal/kg,

so ist zunächst die zur Herstellung von k_1 t Briketts erforderliche Feuerkohlenmenge für die Antriebsfälle 3 und 4 (siehe Abschnitt II) in t

$$k_f = \frac{D\,(i_t - q)}{1000 \cdot \eta_k \cdot H}\,. \tag{82}$$

Um die Feuerkohlenmenge für die Antriebsfälle 1 und 2 berechnen zu können, ersetzt man die Dampfmenge D durch die Teildampfmengen für die einzelnen Arbeitsmaschinen nach Gl 69 und erhält

$$k_f = \frac{1}{1000 \cdot \eta_k \cdot H}\left[\frac{1}{1 - 0{,}01\, v_{dk}}\left\{\left[\left(1 + 0{,}01\, v_{dt}\right) \cdot D_t \right.\right.\right.$$
$$\left.\left.\left. + \left(1 + 0{,}01\, v_{ds}\right) \cdot D_s\right]\left(i_t - q\right) + \left(1 + 0{,}01\, v_{dp}\right) \cdot D_p\left(i_p - q\right)\right\}\right]\cdot \tag{83}$$

Setzt man noch für D_t den Wert aus Gl 70 ein, so erhält man

$$k_f = \frac{1}{1000 \cdot \eta_k \cdot H} \cdot \left[D\left(i_t - q\right) - \frac{1 + 0{,}01\, v_{dp}}{1 - 0{,}01\, v_{dk}} \cdot D_p\left(i_t - i_p\right)\right]\cdot \tag{84}$$

Diese Gleichung ist für die 4 Antriebsfälle allgemein gültig, nur wird in den Antriebsfällen 3 und 4 der Wert D_p gleich Null. Es geht dann Gl 84 in Gl 82 über.

Bei Verwendung von Dampfdrücken über 20 atü werden auch bei Neuanlagen die Antriebsdampfmaschinen der Brikettpressen nicht mehr unmittelbar mit Kesseldampf, sondern mit Dampf von höchstens 20 atü Druck betrieben, weil sonst die Füllung zu klein wird. Bei vorhandenen Anlagen müssen bei Erhöhung des Kesseldruckes diese Dampfmaschinen weiterhin Dampf von demjenigen Druck erhalten, mit dem sie bisher gearbeitet haben. Es wird also in diesen Fällen notwendig sein, in der Kraftzentrale eine Anzapfgegendruckturbine aufzustellen. Dann wird in Gl 84 der Wert D_p ebenfalls Null, weil die gesamte Dampfmenge zuerst für den Turbinenbetrieb verwendet wird.

Ist bei hohem Frischdampfdruck Zwischenüberhitzung notwendig, so kommt nach Vorstehendem ein unmittelbarer Antrieb der Pressendampfmaschinen mit Kesseldampf nicht mehr in Betracht. Erfolgt die Zwischendampfüberhitzung mit kondensierendem Frischdampf, so ist die nach vorigem Abschnitt mehrzuerzeugende Dampfmenge $(1 + 0{,}01\, v_{dz}) \cdot D_z$. Ist q_z die Flüssigkeitswärme des aus dem Zwischenüberhitzer in die Kessel zurückgelangenden Kondenswassers und bedenkt man, daß sich jetzt der Dampfverlust v_{dk} auch auf die zusätzlich zu erzeugende Dampfmenge $(1 + 0{,}01\, v_{dz}) \cdot D_z$ erstreckt, so ist die gesamte Feuerkohlenmenge in t in diesem Fall

$$k_f = \frac{1}{1000 \cdot \eta_k \cdot H} \left[D\left(i_t - q\right) + \frac{1 + 0{,}01\, v_{dz}}{1 - 0{,}01\, v_{dk}} \cdot D_z\left(i_t - q_z\right)\right]. \qquad (85)$$

Die Flüssigkeitswärme des Kesselspeisewassers ergibt sich nach der Mischungsregel aus der Flüssigkeitswärme des aus den Kohletrocknern kommenden Kondenswassers und derjenigen des erforderlichen Zusatzwassers. 1 kg Kondenswasser hat bei seinem Austritt aus den Trocknern den Wärmeinhalt i' kcal (siehe Gl 63) und beim Eintritt in die Kessel bzw. Vorwärmer durch Abkühlungsverluste v_{tw} in vH von i', einen Wärmeinhalt in kcal von

$$i'_w = (1 - 0{,}01\, v_{tw}) \cdot i'. \qquad (86)$$

Das Zusatzwasser kommt mit einer Temperatur t_w, die unter 100° C liegt, zum Kondenswasser. Damit wird der Wärmeinhalt von 1 kg Kesselspeisewasser in kcal

$$q = \frac{[1 - 0{,}01\,(v_d + v_w - v_{wk})] \cdot i'_w + 0{,}01\,(v_d + v_w) \cdot t}{1 + 0{,}01\, v_{wk}}$$

$$= \frac{[100 - (v_d + v_w - v_{wk})] \cdot i'_w + (v_d + v_w) \cdot t}{100 + v_{wk}}. \qquad (87)$$

Das Zusatzwasser ist in Gl 87 mit der Temperatur einzusetzen, mit der es der Kesselanlage zufließt, nicht mit derjenigen, mit der es aus dem Wasserreiniger kommt. Muß das Zusatzwasser für die Reinigung erwärmt werden, so ist diese Wärme ebenfalls von der Kesselanlage aufzubringen.

Zu berücksichtigen ist noch der Entstaubungsfall 2b (siehe Abschnitt II), bei dem die Filterkohle als Feuerkohle verwendet wird. Ihr Heizwert ist wegen des etwas geringeren Wassergehaltes, mit dem sie gewonnen wird, entsprechend höher als der der Rohbraunkohle, andererseits ist aber der Feuerungswirkungsgrad bei ihrer Verbrennung geringer. Diese beiden Faktoren sollen als sich gegenseitig ausgleichend angenommen werden, so daß ihr Heizwert gleich dem der Rohbraunkohle eingesetzt werden kann. Dann ist

$$k'_f = k_f - 0{,}01 \cdot v_f \cdot k_1 \qquad (88)$$

(v_f siehe Abschnitt XVII d). Weiter ist noch der Fall zu betrachten, wo Brikettgrus und Bruch- bzw. Abfallbriketts auf den Kesselfeuerungen verbrannt werden (siehe Abschnitt XVII c), deren Heizwerte unter sich gleich sind. Ist

H_1 der untere Heizwert der Briketts in kcal/kg und
v_{kb} die zur Verbrennung kommende Brikettmenge in vH von k_1,

so ist die Feuerkohlenmenge in t

$$k_f'' = k_f - 0{,}01 \cdot v_{kb} \cdot k_1 \cdot \frac{H_1}{H}. \tag{89}$$

Kommen die beiden letzten Fälle zusammen in Betracht, so ist schließlich die Feuerkohlenmenge in t

$$k_f''' = k_f - \left(0{,}01\, v_f + 0{,}01\, v_{kb} \cdot \frac{H_1}{H}\right) \cdot k_1. \tag{90}$$

Sämtliche abgeleiteten Gleichungen enthalten nicht den Feuerkohlenverbrauch für das Stillsetzen und Anheizen der Brikettfabrik, das an jedem Sonn- und Feiertag erfolgt. Ebenso ist der Verbrauch an Feuerkohle zur Erzeugung der notwendigen elektrischen Energie für den Sonntagsbetrieb nicht enthalten. Die Höhe dieser Energieerzeugung, die entweder im Kondensations- oder Auspuffbetrieb erfolgt, ist sehr verschieden. Weiter liegen einwandfreie Unterlagen für die Wärmeverluste durch Stillsetzen und Anheizen der Brikettfabrikbetriebe noch nicht vor. Da der vorliegende Aufsatz nur den Vollbetrieb von Brikettfabriken behandeln soll, so können weitere Ausführungen über die erwähnten Verluste und über den Sonntagsbetrieb entfallen.

c) Der Wirkungsgrad von Brikettfabriken.

Es war

H der untere Heizwert von 1 kg Rohbraunkohle in kcal,
H_1 der untere Heizwert von 1 kg Briketts in kcal.

Mit dem für 1 t Briketts erforderlichen Trockendampf sollen, nach Abzug der für die Brikettfabrik gebrauchten Energiemenge, E_a^1 kWh hergestellt werden. Die dafür gleichwertige Wärmemenge ist $860 \cdot E_a^1$ kcal. Damit wird die gesamte die Brikettfabrik verlassende Wärmemenge bei der Herstellung von k_1 t Briketts

$$J_b = (1000 \cdot H_1 + 860\, E_a^1) \cdot k_1. \tag{91}$$

Die Gesamtkohlenmenge für die Herstellung von k_1 t Briketts ist K t (siehe Gl 1) mit einem unteren Heizwert von H kcal/kg.

Bezeichnet man das Verhältnis zwischen der in die Brikettfabrik als Rohbraunkohle hineingesandten Wärmemenge zu der die Brikettfabrik als Briketts und elektrische Energie verlassenden Wärmemenge als den wärmetechnischen Wirkungsgrad η der Brikettfabrik, so ist

$$\eta = \frac{(1000 \cdot H_1 + 860\, E_a^1) \cdot k_1}{1000 \cdot K \cdot H}. \tag{92}$$

Über die Heizwerte von Rohbraunkohlen und Briketts siehe näheres im Abschnitt XVII a.

d) Berechnung der erforderlichen Kesselheizfläche von Brikettfabriken.

Ist k_b die Kesselbelastung in kg/m² · h, so ist die für die Herstellung von k_1 t Briketts je Stunde erforderliche Kesselheizfläche

$$H_k = \frac{D}{k_b}. \quad (93)$$

Der Wert D errechnet sich aus Gl 67, wobei k_1 in t/h einzusetzen ist.

Die Kesselbelastung k_b kann bei Wasserrohrkesseln bis zu 25 atü, die ohne Speisewasser-Vorwärmer arbeiten, mit 25—30 kg/m² · h eingesetzt werden. Bei höheren Kesselbelastungen wird ohne Speisewasser-Vorwärmer der Abgasverlust zu hoch, ebenso bei Kesseln mit hohem Betriebsdruck. Baut man Speisewasser-Vorwärmer ein, kann man die Kesselbelastung wie folgt wählen:

bei	20 atü	Kesselkonzessionsdruck . . .	40 kg/m² · h
„	40 „	„	50 „
„	60 „	„	60 „
„	120 „	„	100 „

Zur weiteren Ausnutzung der Abgase können außer den Speisewasser-Vorwärmern noch Lufterhitzer eingebaut werden. Die Heizflächen dieser beiden Apparate sind so groß zu wählen, daß die Abgastemperatur noch etwa 250° C beträgt. Eine weitere Abkühlung der Abgase ist bei dem verhältnismäßig billigen Braunkohlenpreis oftmals nicht mehr wirtschaftlich. Die unterste Grenze für die Abgastemperatur wird am zweckmäßigsten durch eine Wirtschaftlichkeitsberechnung ermittelt, die sich in jedem Fall unbedingt empfiehlt, weil bei den verschiedenen Brikettwerken abweichende Verhältnisse vorliegen.

XVII. Zahlenangaben über Wassergehalte und Heizwerte von Rohbraunkohlen und Briketts, den elektrischen Eigenenergiebedarf von Brikettwerken, die verschiedenen Verluste und Wirkungsgrade.

Die in vorstehenden Abschnitten entwickelten Gleichungen sind für die Berechnung sämtlicher Brikettfabriken anwendbar. Um mit ihnen rechnen zu können, sollen für verschiedene Buchstabenwerte zahlenmäßige Angaben gemacht werden. Diese Angaben stützen sich teils auf Veröffentlichungen, teils auf eigene Messungen in neuzeitlichen Brikettfabriken. An Veröffentlichungen sind im allgemeinen nur diejenigen seit 1920 berücksichtigt, weil solche älteren Datums fast durchweg überholt sind. Frühere Veröffentlichungen sind nur angeführt, wenn die darin gemachten Angaben noch heute einen Wert, zum mindesten einen

Vergleichswert, besitzen. Bei Berechnung neuer Brikettfabriken wird man die besten der angegebenen Werte einsetzen können, während die Nachrechnung bestehender Brikettfabriken mit den angegebenen Bestwerten im Vergleich mit den wirklich erreichten Zahlen einen Maßstab für die Güte der Brikettfabrik gibt. Die Zahlenangaben über die Verluste stützen sich nicht in allen Fällen auf einwandfreie Messungen und sind dann nur als angenähert zu betrachten; sie geben aber für die Berechnung einen Anhalt. Schließlich ist noch zu erwähnen, daß sich die angegebenen geringsten Verlustzahlen nur auf den heutigen Stand der Wärmewirtschaft in neuzeitlichen Brikettfabriken beziehen und sie sich durch weitere Verbesserungen noch verringern lassen. Von diesen Verbesserungen sind einige bereits in den Abschnitten VII und VIII angeführt, während weitere noch im Abschnitt XVIII angegeben werden.

In wärmetechnisch gut geleiteten Brikettfabriken wird heute durch selbsttätig aufschreibende oder zählende Meßinstrumente mindestens festgestellt:

1. die Speisewassermenge,
2. die Zusatzwassermenge zur Kesselspeisung, die ein Maß für die im Wärmekreislauf auftretenden Dampf-, Kesselwasser- und Kondenswasserverluste ist,
3. die Abgastemperatur im Hauptfuchs der Kesselanlage,
4. der Kohlensäuregehalt im Hauptfuchs der Kesselanlage,
5. die elektrische Energieerzeugung.

Darüber hinaus werden in verschiedenen Brikettfabriken weitere Dauermessungen vorgenommen, um die Stellen zu ermitteln, wo noch größere Verluste entstehen.

Die in die Brikettfabrik gehende Kohlenmenge wird fast auf keinem Werk dauernd gewogen, weil die Dauerwägung der sehr großen Kohlenmengen bisher Schwierigkeiten machte. Der Einbau zuverlässiger Waagen in vorhandene Anlagen scheitert auch vielfach an dem Platzbedarf und nicht zuletzt an den hohen Anschaffungskosten. Man stellt daher die Kohlenmenge noch fast durchweg volumetrisch durch Zählen der in die Brikettfabrik gehenden gefüllten Kohlenwagen fest. Dabei entstehen bei Kleinwagenförderung erhebliche Meßfehler, die aber selbst bei der heute immer mehr zur Einführung kommenden Großraumförderung beträchtlich sein können. Zu begrüßen wäre es durchaus, wenn betriebssichere und genau arbeitende Waagen zur Dauermessung der in die Brikettfabrik gehenden Kohlenmengen eingebaut würden.

a) Rohbraunkohle und Briketts.

Für die größten Braunkohlengewinnungsstätten Deutschlands sollen zunächst einige Hauptwerte für Rohbraunkohlen angegeben werden.

Tabelle 5. Durchschnittswerte über den Wasser- und Aschegehalt sowie über den Heizwert von Rohbraunkohle.

Gewinnungsstätte	Wassergehalt w in vH	Aschegehalt in vH	Unterer Heizwert H in kcal/kg
Niederlausitz	58	3,0	2000
Mitteldeutschland			
Zeitz-Borna	54	4,0	2250
Halle-Bitterfeld	51	6,5	2470
Rheinland	60	2,6	1900

Die Umrechnung des Heizwertes der Braunkohle vom Wassergehalt w auf einen neuen Wassergehalt w_1 ergibt sich nach früheren Ableitungen des Verfassers (68) mit der auf 0° C bezogenen Verdampfungswärme des Wassers von rund 600 kcal/kg zu

$$H_1 = \frac{100 - w_1}{100 - w}\left(H + 6\,w\right) - 6\,w_1 . \tag{94}$$

Die Anwendung dieser Gleichung zur Berechnung des Heizwertes von getrockneter Braunkohle oder von Briketts aus demjenigen der Rohbraunkohle setzt voraus, daß beim Trockenvorgang außer Wasser keine anderen Bestandteile der Kohle entfernt werden.

Tabelle 6. Durchschnittswerte über den Wasser- und Aschegehalt sowie über den Heizwert von Briketts.

Gewinnungsstätte	Wassergehalt w_1 in vH	Aschegehalt in vH	Unterer Heizwert H_1 in kcal/kg
Niederlausitz	14	6,1	
Mitteldeutschland			4700 bis 4800
Zeitz-Borna	14	7,5	
Halle-Bitterfeld	14	11,4	
Rheinland	14	5,6	

b) Der elektrische Eigenenergiebedarf von Brikettwerken.

Er setzt sich zusammen

1. aus dem Energiebedarf für die Kohlengewinnung im Abraum und in der Grube,

2. aus dem Energiebedarf für die Kohlenförderung von der Grube zur Brikettfabrik und für die Kohlenverarbeitung in derselben.

In dem unter 2 aufgeführten Energiebedarf wird auch derjenige für die Nebenbetriebe und Nebenanlagen, wie Reparaturwerkstätten, Koloniebeleuchtung usw. eingerechnet.

Der elektrische Energiebedarf für den Abraum- und Grubenbetrieb hängt in erster Linie von dem Verhältnis zwischen Decke und Kohle ab. Er wird weiter von der Menge der Wasserzuflüsse und dem Grad der

Elektrifizierung der Betriebe beeinflußt. Für mitteldeutsche Tagebauverhältnisse kann er mit 11—13 kWh, für Niederlausitzer Tagebauverhältnisse mit 20—22 kWh je t Briketts eingesetzt werden.

Der elektrische Energiebedarf der Brikettfabriken ist je nach den Antriebsfällen (siehe Abschnitt II) verschieden. Für den Antriebsfall 1 beträgt er durchschnittlich 13—15 kWh, für den Antriebsfall 3 durchschnittlich 38—40 kWh je t Briketts. Für den Antriebsfall 2 ist zum Energiebedarf des Antriebsfalles 1 und für den Antriebsfall 4 zu demjenigen des Antriebsfalles 3 noch der Energiebedarf für den Kesselspeisepumpenantrieb nach Gl 79 hinzuzufügen.

c) Kohlenverluste v_k.

Diese Verluste setzen sich zusammen aus

1. Verlusten v_{ks} an Trocken- und Staubkohle,
2. Verlusten v_{kb} durch Brikettgrus, Brikettbruch und Abfallbriketts,
3. Verlusten $v_{kü}$ durch Übergewicht.

Zu 1. Die Entstaubungsanlagen (siehe Abschnitt II) entfernen aus den abziehenden Brüden bzw. aus der abgesaugten Luft den darin enthaltenen Staub nicht restlos. Bei der Beförderung der Trockenkohle in der Brikettfabrik und von dieser zur Kühlanlage und zurück, sowie bei ihrem Durchgang durch die Kühlanlage, entstehen Verluste.

Zu 2. Bei der Beförderung der Briketts durch die Brikettrinnen zum Verladeschuppen entsteht Grus. Beim Anpressen, Umstellen des Brikettstranges auf andere Brikettrinnen usw. entstehen Verluste durch Bruch- und Abfallbriketts. Ein Teil des Brikettgruses und der Bruchbriketts wird verkauft, erscheint somit als Brikettfabrikleistung und kommt als Verlust nicht in Betracht. Der Rest kommt gewöhnlich auf die Kesselfeuerungen.

Zu 3. Jeder ausgehende Eisenbahnwagen erhält ein bestimmtes Übergewicht, das in der Regel zwischen 1 und 2 vH von k_1 liegt.

Die gesamten Kohlenverluste v_k werden meistens mit 5 vH von der Brikettmenge k_1 (69, 70, 71, 72) eingesetzt. Von dieser Verlustmenge setzen Frerichs (73) und Franke (74) für Übergewicht $v_{kü} = 2$ vH, für Abgang durch Staub und Briketts $(v_{ks} + v_{kb}) = 3$ vH von k_1 ein. Linke (75) gibt v_k mit 3 vH von k_1 an, worin $v_{kü}$ mit 2 vH enthalten ist, so daß $v_{ks} + v_{kb} = 1$ vH von k_1 betragen.

Die von den Brüden mitgeführte Staubmenge hängt im wesentlichen

1. vom Unterdruck am Trocknerende (siehe auch Tabelle von Franke [14]),
2. vom Feinheitsgrad der Trockenkohle,
3. vom Wassergehalt der Trockenkohle,
4. von der Art der Kohlenausfallvorrichtung am Trocknerende ab.

Je nach der Güte der Entstaubung ist die aus den Brüden zurückgewonnene Staubmenge verschieden groß. Nach Fischer (76) ist v_{ks} für Röhrentrockner in neuzeitlichen Brikettfabriken, die mit 2 mm WS Unterdruck am Trocknerende arbeiten,

im Entstaubungsfall 1 (siehe Abschnitt II) bei elektrischer Brüdenentstaubung = 0,25 vH von k_1,
in den Entstaubungsfällen 2a und 2b = 4 vH von k_1,
im Entstaubungsfall 2c = 1,42 vH von k_1.

Über die Filterkohlenmenge v_f, die im Entstaubungsfall 2a weggeleitet, im Entstaubungsfall 2b als Feuerkohle verwendet wird, siehe Abschnitt XVII d.

Zu den Staubverlusten durch die Brüden kommen noch die Verluste an Staub und Trockenkohle bei der Trockenkohlenförderung in der Brikettfabrik, die mit etwa 0,5 vH von k_1 eingesetzt werden können. Mit den von Fischer angegebenen Werten ergibt sich somit für v_{ks}

im Entstaubungsfall 1 bei elektrischer Brüdenentstaubung = 0,75 vH von k_1,
in den Entstaubungsfällen 2a und 2b = 4,5 vH von k_1,
im Entstaubungsfall 2c = rund 2 vH von k_1.

Über den Anfall an Brikettgrus, Brikettbruch und Abfallbriketts konnten gesonderte Angaben in der Literatur nicht ermittelt werden. Nach eigenen Feststellungen beträgt er etwa 1 vH von k_1. Von dieser Menge werden etwa 0,5 vH verkauft, erscheinen also als Brikettfabrikleistung, 0,3 vH kommen als Feuerkohle auf die Kesselfeuerungen (siehe Abschnitt XVI b), die nur für die Trocknung als Verlust in Betracht kommen, während ein wirklicher Verlust von etwa 0,2 vH entsteht.

Da der Verlust durch Übergewicht $v_{kü}$ zwischen 1 und 2 vH von k_1 schwankt, so sind nach Vorstehendem die gesamten Kohlenverluste v_k, die mehr zu trocknen sind,

im Entstaubungsfall 1, bei elektrischer Brüdenentstaubung, 2,25 bis 3,25 vH von k_1,
in den Entstaubungsfällen 2a und 2b = 6—7 vH von k_1,
im Entstaubungsfall 2c = 3,5—4,5 vH von k_1.

d) Filterkohle.

Ihre Menge v_f (siehe Gl 56) hängt bei gleichmäßig guter Entstaubung von denselben Faktoren ab, wie der Staubverlust. Fischer gibt sie für eine neuzeitliche Niederlausitzer Brikettfabrik mit 3,58 vH von k_1 an. Ihr Anfangswassergehalt w_2 ist etwa 45 vH. Im Durchschnitt kann man für Niederlausitzer Verhältnisse bei guter Entstaubung etwa mit v_f = 3,5 vH von k_1 bei einem Anfangswassergehalt w_2 = 45 vH rechnen. Linke (77) rechnet für mitteldeutsche Brikettfabriken mit 20000 kg Filterkohle von 60 vH Wassergehalt bei einer Brikettfabrikleistung von 600 t/24 Stunden. Dies ergibt, auf den Wassergehalt der Brikettierkohle bezogen, für $v_f = 1{,}55$ vH von k_1, also einen Wert, der wohl nur für Brikettfabriken mit wenig gut arbeitenden Entstaubungsanlagen Gültigkeit hat.

e) Dampfverlust v_d, Kesselwasser- und Kondenswasserverlust v_w.

Die Verluste v_d und v_w werden gewöhnlich durch Messung der Zusatzwassermenge zur Kesselspeisung festgestellt. Sie hängen in erster Linie von der Anzahl und der Dauer der unvermeidlichen Störungen im Brikettfabrikbetriebe und von der Notwendigkeit eines vorübergehenden Auspuffbetriebes bei Spitzenbelastungen der Kraftzentrale (siehe Abschnitt I) ab, der natürlich unbedingt zu vermeiden gesucht werden muß. Sie sind für die einzelnen Antriebsfälle (siehe Abschnitt II) verschieden groß. Ihre Größe wird außerdem von dem Zustand der Rohrleitungen und Dampfturbinen bzw. Dampfmaschinen, von dem Kesseldruck und von der wärmewirtschaftlichen Überwachung der Anlage beeinflußt.

Beim Antrieb der Brikettpressen durch Gegendruckdampfmaschinen (Antriebsfälle 1 und 2, siehe Abschnitt II) gibt Foos (78) für $v_d = 10$ vH von der Dampfmenge D an. Frerichs (79) rechnet mit demselben Wert, setzt ihn jedoch auch gleich der Zusatzwassermenge, so daß nach ihm $v_d + v_w = 10$ vH von D ist. Er bemerkt noch, daß diese Verluste in der Praxis nur um 1—2 vH nach oben oder unten schwanken. Steinert (80) rechnet sogar mit $v_d = 12$ vH, von D. Franke (81) setzt v_d mit 10 vH von D ein, während die „Richtlinien" (82) $v_d + v_w$ mit 10 vH von D angeben.

Bei Elektromotorenantrieb der Brikettpressen (Antriebsfälle 3 und 4) gibt Voigt (83) v_d mit 2—3 vH von D, $v_d + v_w$ mit 7 vH von D an.

Nach eigenen Dauermessungen, die sich über die Jahre 1923—1928 erstrecken, ergeben sich im Antriebsfall 1 für $(v_d + v_w)$ die Jahresdurchschnittswerte nach Tabelle 7 (siehe auch Abb. 1), die außerdem noch den gemessenen Durchschnittsdampfverbrauch D je t Briketts enthält.

Nach der Zusammenstellung hat sich $(v_d + v_w)$ in der Brikettfabrik A bis auf rund 2,1 vH von D vermindern lassen. Allerdings hat diese Brikettfabrik in der Kraftzentrale nur eine Kolbendampfmaschine von kleiner Leistung und setzt den fehlenden Trockendampf unmittelbar aus der Frischdampfleitung zu. Daher entstehen hier nicht die Stopfbüchsendampfverluste eines Turbinenbetriebes. Weiter kommt ein Auspuffbetrieb bei kurzzeitigen Spitzenbelastungen der Kraftzentrale nicht vor, wie dies bei den Brikettfabriken B, C, D und E mehr oder weniger der Fall ist. Für die Festsetzung der Verluste $v_d + v_w$ kann also die Brikettfabrik A nicht dienen, dagegen die Brikettfabrik D

Tabelle 7. Dampfverbrauch D in t je t Briketts, Dampf-, Kondenswasser- und Kesselwasserverluste $(v_d + v_w)$ in t und in vH der Dampfmenge D.

Jahr	Brikett-fabrik	Dampf-druck in atü	Dampfverbrauch D je t Briketts in t	$v_d + v_w$ je t Briketts in t	$v_d + v_w$ in vH von D
1923	A	13	1,780	0,154	8,65
	B	13	—	0,185	—
	C	14	1,767	0,133	7,52
	D	14	1,632	0,098	6,00
	E	20	1,848	0,153	8,28
1924	A	13	1,639	0,138	8,41
	B	13	1,670	0,151	9,04
	C	14	1,670	0,112	6,70
	D	14	1,570	0,087	5,54
	E	20	1,820	0,133	7,30
1925	A	13	1,600	0,088	5,50
	B	13+34	1,550	0,169	10,90
	C	14	1,570	0,099	6,30
	D	14	1,560	0,063	4,04
	E	20	1,660	0,093	5,60
1926	A	13	1,592	0,046	2,89
	B	13+34	1,570	0,101	6,44
	C	14	1,544	0,095	6,15
	D	14	1,490	0,067	4,50
	E	20	1,630	0,098	6,00
1927	A	13	1,573	0,034	2,16
	B	13+34	1,499	0,073	4,86
	C	14	1,559	0,097	6,21
	D	14	1,491	0,078	5,23
	E	20	1,631	0,100	6,13
1928	A	13	1,483	0,031	2,09
	B	13+34	1,413	0,085	6,00
	C	14	1,510	0,099	6,55
	D	14	1,446	0,093	6,43
	E	20	1,492	0,101	6,77

im Jahre 1925, wo der gesamte Frischdampf, der nicht zum Antrieb der Brikettpressen diente, durch eine Kraftzentralenturbine durchgesetzt wurde, die in diesem Jahre fast keine Spitzenbelastungen aufzunehmen hatte. Trotzdem sind, bei den unvermeidlichen Störungen im Brikettfabrikbetrieb, auch in dieser Fabrik Auspuffverluste aufgetreten, die in der Verlustangabe, die den Jahresdurchschnitt gibt, enthalten sind. In späteren Jahren sind auch hier, wie in den andern Brikettfabriken, Spitzenbelastungen in der Kraftzentrale erfolgt. Durch Erhöhung des Dampfdrucks in der Brikettfabrik A und Bau einer neuen

Kraftzentrale wird nach Inbetriebnahme derselben, die gesamte elektrische Energie für die angegebenen Brikettfabriken, die elektrisch gekuppelt sind, einschließlich der Spitzenbelastungen, wieder im Gegendruckbetrieb erzeugt werden können, so daß sich dann sämtliche Verlustziffern für $v_d + v_w$ denjenigen der Brikettfabrik D im Jahre 1925 nähern werden. Bemerkenswert ist auch die Steigerung der Verlustziffer $v_d + v_w$ bei der Brikettfabrik B nach Einbau einer 34-atü-Anlage im ersten Betriebsjahr.

Die dauernde Abnahme des Gesamtdampfverbrauchs je t Briketts ist sowohl aus Abb. 1 als auch aus Tabelle 7 erkennbar. Da die Verlustzahlen für $v_d + v_w$ in vH vom Gesamtdampfverbrauch angegeben sind, wie dies durchweg üblich ist, ist ihre prozentuale Abnahme natürlich geringer als die absolute. Jedenfalls zeigt die Tabelle deutlich, was sich durch eine Dauerüberwachung von Anlagen und durch Abstellung der dadurch festgestellten Verluste erreichen läßt.

Auf Grund der Tabelle 7 kann man heute für neuzeitliche, wärmetechnisch gut geleitete oder neu zu erbauende Brikettfabriken, in denen ein Auspuffbetrieb wochentags nur bei Störungen des Brikettfabrikbetriebes vorkommt, mit einem Durchschnittsverlust $v_d + v_w =$ rund 4 vH von D rechnen. Dieser Wert läßt sich noch verringern, wie im Abschnitt XVIII gezeigt wird.

Es ist nun noch anzugeben, wie sich dieser Gesamtverlust auf den Dampfverlust v_d und den Kesselwasser- und Kondenswasserverlust v_w verteilt und wie der Dampfverlust v_d auf die Einzelverluste der Gl 80 zu verteilen ist. Wenn die Verluste v_{wk} an Wasser aus den Kesseln klein gehalten werden, so ist auch v_w gegenüber v_d verhältnismäßig klein, weil die Verluste an Kondenswasser vom Trockneraustritt bis zum Kondenswasser-Sammelbehälter gering sind. Unter Zugrundelegung obiger Verlustzahl kann unter vorstehenden Bedingungen

$$v_d \text{ mit } 3{,}5\,\text{vH}, \quad v_w \text{ mit } 0{,}5\,\text{vH von } D$$

eingesetzt werden. v_{wk} ist in diesem Fall mit etwa 0,2 vH von D anzunehmen.

Von den Einzeldampfverlusten kann der Dampfverlust v_{dk} an den Kesseln klein gehalten werden, wenn man den Betriebsdruck so tief unter den Konzessionsdruck legt, daß die Sicherheitsventile nie oder doch nur selten zum Abblasen kommen (Näheres darüber siehe Abschnitt XVIII). Die Fortleitungsverluste v_{dt}, v_{dp} und v_{ds}, die durch Undichtigkeiten der Flanschverbindungen und Absperrorgane entstehen, sind zwar sehr klein, aber doch vorhanden, da eine im Wochentagsbetriebe auftretende Undichtigkeit, wenn sie keinen größeren Umfang annimmt, erst bei Stillstand der Anlage am Sonntag beseitigt werden kann. Größer sind die Dampfverluste v'_{dt}, v'_{dp} und v'_{ds} durch Stopfbüchsen usw. an den Kraftmaschinen, am größten ist aber der Dampfverlust v'_d vom Austrittsstutzen sämtlicher Kraftmaschinen bis zum Dampfeintritt in die Trockner, weil bei Störungen, die zum vorübergehenden Stillstand der Fabrik führen, der Trockendampf ins Freie geblasen werden muß. Andererseits blasen die Sicherheitsventile ab, wenn der Druck in der Trockendampfleitung steigt, was der Fall ist, wenn die Kraftmaschinen mehr Abdampf geben, als zur Kohlentrocknung gebraucht wird.

Der Dampfverlust v'_{dt} kann bei neuzeitlichen vielstufigen Gegendruckturbinen für Eintrittsdampfdrücke bis zu 40 atü und Stundendampfmengen von etwa 25—50 t mit etwa 2—2,5 vH von D_t angenommen werden. Bei größeren Stundendampfmengen wird v'_{dt} etwas geringer. Für v'_{dp} gibt Foos (84) 3,2 vH von D_p an, ein Wert, der nach eigenen Messungen bei neuzeitlichen Dampfmaschinen etwas zu hoch ist. Danach kann mit etwa 2—2,5 vH gerechnet werden. Für v'_{ds} kann man 1,5 vH von D_s einsetzen. Bei Berechnung neuer Brikettfabriken können die Dampfverluste v'_{dt} und v'_{ds} aus den Garantiezahlen entnommen und mit einem Sicherheitszuschlag eingesetzt werden. Für v'_{dp} wird eine Garantie nicht abgegeben.

Die oben angegebene Verlustziffer v_d mit 3,5 vH von D gibt weiter die Möglichkeit, die Verluste zu verteilen. Die Kraftzentralenturbine älterer Bauart der Brikettfabrik D hat nach Messungen nur einen Stopfbüchsendampfverlust v'_{dt} von 1 vH von D_t. Da etwa $^2/_3$ der Gesamtdampfmenge durch die Turbinenzentrale gehen und die Kesselspeisepumpen rund 4 vH davon verbrauchen, so betragen die Verluste v'_{dt}, v'_{dp} und v'_{ds}, unter Berücksichtigung vorstehender Ausführungen, etwa 1,5 vH von D, so daß die übrigen Verluste noch 2 vH von D betragen. Diese können wie folgt verteilt werden:

$v_{dk} = 0{,}2$ vH von D $\qquad$ $v_{ds} = 0{,}1$ vH von D_s
$v_{dt} = 0{,}1$ vH von D_t $\qquad$ $v'_d = 1{,}5$ vH von D.
$v_{dp} = 0{,}8$ vH von D_p

Diese Verteilung der Verlustziffern ist selbstverständlich nur angenähert, gibt aber wenigstens einen guten Anhalt zur Berechnung von Brikettfabriken. Bei Zwischenüberhitzung des Arbeitsdampfes kann v_{dz} mit 0,1 vH von D_z eingesetzt werden.

Auf Grund vorstehender Ausführungen ist Tabelle 8 über die Dampf-, Kesselwasser- und Kondenswasserverluste in neuzeitlichen, wärmetechnisch gut geleiteten Brikettfabriken aufgestellt, in denen kein Frischdampf der Trockendampfleitung zugesetzt wird. Diese Tabelle gilt für Kesseldrücke bis zu 40 atü, wobei zu berücksichtigen ist, daß die Brikettpressendampfmaschinen nur bis zu Eintrittsdampfdrücken von 20 atü gebaut werden (siehe Abschnitt XVI b).

Tabelle 8. **Dampf-, Kesselwasser- und Kondenswasserverluste in Brikettfabriken.**

(Bedeutung der Abkürzungen siehe Text oder Abkürzungszusammenstellung.)

Antriebsfall (s. Abschnitt II.)	Dampfverluste									Kessel- u. Kondenswasserverluste v_w in vH von D
	Kesselverl. v_{dk} in vH von D	v_{dt} in vH von D_t	v_{dp} in vH von D_p	v_{ds} in vH von D_s	v'_{dt} in vH von D_t	v'_{dp} in vH von D_p	v'_{ds} in vH von D_s	Verluste zwischen Maschinen und Trocknern v'_d in vH von D	Gesamtverluste v_d in vH von D	
1	0,2	0,1	0,8	0,1	2—2,5	2—2,5	1,5	1,5	etwa 4—4,5	0,5
2	0,2	0,1	0,8	—	2—2,5	2—2,5	—	1,5	„ 4—4,5	0,5
3	0,2	0,1	—	0,1	1,8—2,5	—	1,5	1,5	„ 3,6—4,3	0,5
4	0,2	0,1	—	—	1,8—2,5	—	—	1,5	„ 3,6—4,3	0,5

Für höhere Kesseldrücke müssen die Dampfverlustziffern für Kessel und Rohrleitungen erhöht werden. Erfahrungen über diese Zahlen liegen heute noch nicht vor. Die Dampfverluste v'_{dt} gelten etwa für vielstufige Gegendruckturbinen, bei denen kein Stopfbüchsendampf zurückgewonnen wird. Wird ein Teil der Stopfbüchsendampfmenge in die Trockendampfleitung geführt, so tritt eine entsprechende Verminderung von v'_{dt} ein. Bei bekanntem v'_{dt} und v'_{ds} sind selbstverständlich diese Werte einzusetzen. Für den Dampfverlust v''_{dt} kann man etwa 0,8—0,9 des Dampfverlustes v'_{dt} einsetzen.

f) Der Wärmeverlust v_v (siehe Gl 59 und 60) und v_{tw} (siehe Gl 86).

Außer den durch Dampf-, Kesselwasser- und Kondenswasserverlust hervorgerufenen Wärmeverlusten treten noch weitere Wärmeverluste durch Abkühlung der Rohrleitungen usw auf. Nachstehend sind die Gesamtwärmeverluste v_v von Brikettfabriken in vH der zur Brikettherstellung erforderlichen Gesamtwärmemenge für die 4 Antriebsfälle (siehe Abschnitt II) angegeben. Für die Antriebsfälle 1 und 2 ist v_v durch Betriebsmessungen ermittelt, während für die Antriebsfälle 3 und 4 v_v durch Abzug der Rohrleitungs- und Dampfverluste für dampfangetriebene Brikettpressen von den Wärmeverlusten der Antriebsfälle 1 und 2 berechnet wurde. Es beträgt v_v

für die Antriebfälle 1 und 2 . . . . . 6,7—7,3 vH,
„ „ „ 3 und 4 . . . . . 6,4—7,0 „

von der zur Brikettherstellung erforderlichen Gesamtwärmemenge. Die angegebenen Werte gelten nur für Kesseldrücke bis zu höchstens 30 atü und für Brikettfabriken, in denen kein Frischdampf dem Trockendampf zugesetzt wird. Beim Arbeiten mit höheren Kesseldrücken muß eine Erhöhung der Werte eintreten, doch können darüber zur Zeit noch keine Angaben gemacht werden. Für den Wärmeverlust v_{tw} kann man etwa 1,5 vH von i' einsetzen, wenn die Leitungen für die Abführung des Trocknerkondensats auch in der Brikettfabrik isoliert sind.

g) Zusammenfassung der Zahlenangaben der Abschnitte XVII a bis f.

1. Durchschnittswerte über den Wasser- und Aschegehalt sowie über den Heizwert von Rohbraunkohle und Briketts siehe Tabellen 5 und 6.

2. Der elektrische Eigenenergiebedarf beträgt für Grube und Abraum

für mitteldeutsche Tagebauverhältnisse durchschnittlich 11—13 kWh je t Briketts,

für Niederlausitzer Tagebauverhältnisse durchschnittlich 20—22 kWh je t Briketts.

Der elektrische Eigenenergiebedarf beträgt für Brikettfabriken mit Nebenbetrieben und Nebenanlagen

für den Antriebsfall 1 (siehe Abschnitt II) durchschnittlich 13 bis 15 kWh je t Briketts,

für den Antriebsfall 3 (siehe Abschnitt II) durchschnittlich 38 bis 40 kWh je t Briketts,

für den Antriebsfall 2 ist zum Energiebedarf des Antriebsfalles 1,

für den Antriebsfall 4 ist zum Energiebedarf des Antriebsfalles 3 noch derjenige für den Antrieb der Kesselspeisepumpen nach Gl 79 hinzuzufügen.

3. Kohlenverluste v_k

im Entstaubungsfall	1	2a u. 2b	2c	
v_{ks}	0,75	4,5	2,0	vH von k_1
v_{kb}		0,5		„ „ k_1
$v_{kü}$		1,0—2,0		„ „ k_1
v_k	2,25—3,25	6,0—7,0	3,5—4,5	vH von k_1

4. Filterkohlenmenge v_f für Niederlausitzer Verhältnisse 3,5 vH von k_1. Anfangswassergehalt $w_2 = 45$ vH.

5. Dampf-, Kesselwasser- und Kondenswasserverluste siehe Tabelle 8.

v''_{dt} = 0,8 bis 0,9 von v'_{dt},
v_{wk} = 0,2 vH von D,
v_{dz} = 0,1 vH von D_z.

6. Wärmeverlust v_v (Gl 59 und 60) siehe vorigen Abschnitt. Wärmeverlust v_{tw} (Gl 86) etwa 1,5 vH von i'.

h) Wirkungsgrade.

Diese Angaben sind nur als angenähert anzusehen und sollen lediglich einen Anhalt zur Berechnung von Braunkohlenbrikettfabriken mit den entwickelten Gleichungen geben. Wenn man bereits Angebote von Lieferfirmen besitzt, so können die dort angegebenen Garantiewerte für die Wirkungsgrade, nach Abzug der geforderten Toleranz, eingesetzt werden, weil diese in den meisten Fällen doch beansprucht wird. Es können eingesetzt werden für

η_{ep} die Werte nach Abb 41.

$\eta_{es} = 0{,}90$.

$\eta_g = 0{,}94$.

$\eta_k = 0{,}65$ beim Arbeiten ohne Speisewasser-Vorwärmer und Kesselbelastungen von etwa 25 kg/m² • h,
$= 0{,}74$ beim Arbeiten mit Abgastemperaturen von 250°C
$= 0{,}77$ beim Arbeiten mit Abgastemperaturen von 200°C
} Betriebswirkungsgrade.

$\eta_m = 0{,}95$.

η_p siehe Abschnitt XI.

$\eta_{pu} = 0{,}60$ für Wassermengen von 20 bis etwa 50 t/Std. und Förderhöhen bis etwa 400 m.

$\eta_{pu} = 0{,}65$ für Wassermengen über 50 t/Std. und Förderhöhen bis etwa 800 m. Für Wassermengen über 100 t/Std. kann η_{pu} bis zu 0,70 steigen, für Förderhöhen von 1000 m und darüber nimmt η_{pu} dagegen wieder etwas ab.

$\eta_r = 0{,}95$ für Spannrollengetriebe, wie diese beim Brikettpressenantrieb erforderlich sind.

$\eta_s = 0{,}40$ bis 0,70 je nach der Güte der Antriebsturbine und ihrer Leistungsgröße. Bei hohem Energiebedarf ist der Einbau einer hochwertigen Antriebsturbine wirtschaftlich richtig.

$\eta_{sm} = 0{,}98$.

$\eta_t = 0{,}80$ für neuzeitliche Turbinen und ausreichend großem Dampfdurchsatz. Bei Turbinen von sehr großer Leistung wird dieser Wert auch noch etwas überschritten.

$\eta_{tm} = 0{,}99$.

η_{tk} und η_{tw} errechnen sich mit den angegebenen Werten für η_t, η_{tm} und η_g aus den Gl 73 und 74.

η_{tr} siehe Abb. 21.

$\eta_{ü}$ und $\eta_{üs} = 0{,}98$.

XVIII. Einige Möglichkeiten zur Verringerung der Dampf- und Wärmeverluste.

Die Isolierung der Dampfleitungen, Flanschverbindungen und Armaturen sind Möglichkeiten zur Verringerung der Wärmeverluste, die heute in Brikettfabriken allgemein durchgeführt werden. Diese Möglichkeiten sollen daher hier nicht mehr behandelt werden.

Eine immerhin wesentliche Dampfersparnis läßt sich erzielen, wenn man dafür sorgt, daß die Kesselsicherheitsventile nie oder doch nur selten zum Abblasen kommen. Bei Hochdruckkesseln muß das Abblasen der Sicherheitsventile besonders vermieden werden, da der

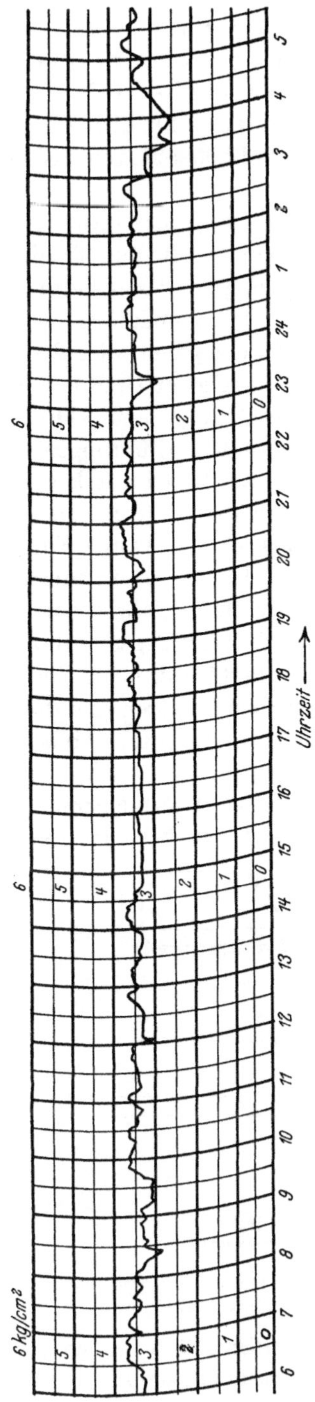

Abb. 42. Trockendruckdiagramm einer Brikettfabrik bei Handregelung.

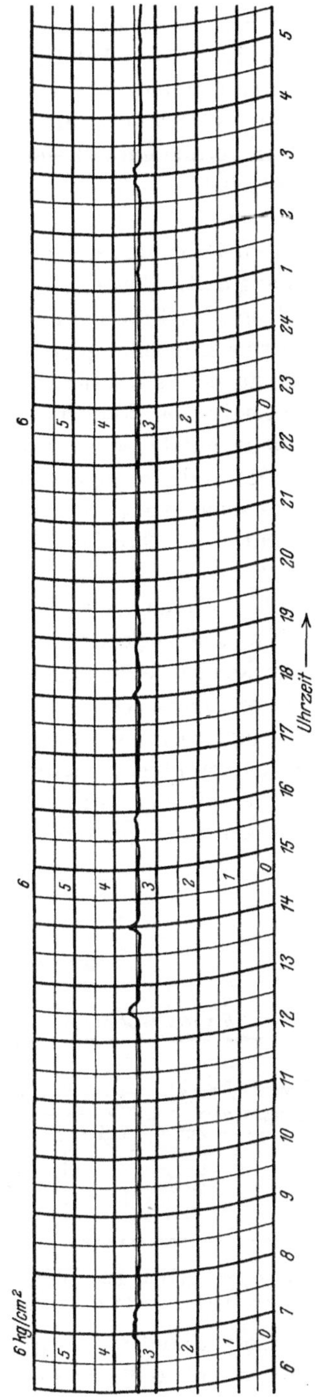

Abb. 43. Trockendruckdiagramm einer Brikettfabrik bei Regelung des Dampfdrucks durch eine Druckregleranlage.

Hochdruckdampf in verhältnismäßig kurzer Zeit Rillen in Sitz und Kegel der Ventile bläst. Auf Grund von Erfahrungen mit Kesseln der verschiedensten Dampfdrücke wird vorgeschlagen, den Betriebsdruck mindestens 5 vH unter dem Konzessionsdruck zu halten, also die Kessel von vornherein mit einem entsprechend höheren Konzessionsdruck zu bestellen.

Weitere Dampfersparnisse lassen sich durch Einbau einer selbsttätigen Dampfdruckregelanlage erzielen, die den Trockendruck konstant hält. Meistens erfolgt die Regelung des Trockendruckes durch Zusetzen von Frischdampf von Hand. Dabei entstehen unvermeidliche Druckschwankungen, die den Endwassergehalt der Kohle beeinflussen, da sie die Leistung der Trockner bei gleicher Umdrehungszahl nicht beeinflussen können (siehe unter Abschnitt V und Abb. 22). Wegen der dabei entstehenden Nachteile wird auf die Ausführungen von Gebhardt (85) und Schmitt (86) verwiesen. Bei Unachtsamkeit des Bedienungspersonals steigt der Dampfdruck zuweilen zu hoch, und die Sicherheitsventile der Trockendampfleitung blasen ab. Durch Einbau einer Dampfdruckregelanlage werden diese Nachteile vermieden. Abb. 42 zeigt das Trockendruckdiagramm einer Brikettfabrik bei Regelung des Trockendruckes von Hand während eines Tages. Abb. 43 zeigt das Trockendruckdiagramm derselben Brikettfabrik nach Einbau einer Druckregelanlage. Die noch vorhandenen Druckspitzen sind durch Spitzenbelastungen der Kraftzentrale entstanden, die ihren Abdampf an das Trockendampfnetz abgibt.

Arbeitet die mit der Brikettfabrik verbundene Kraftzentrale mit anderen Kraftzentralen parallel oder ist sonst großer Bedarf an elek-

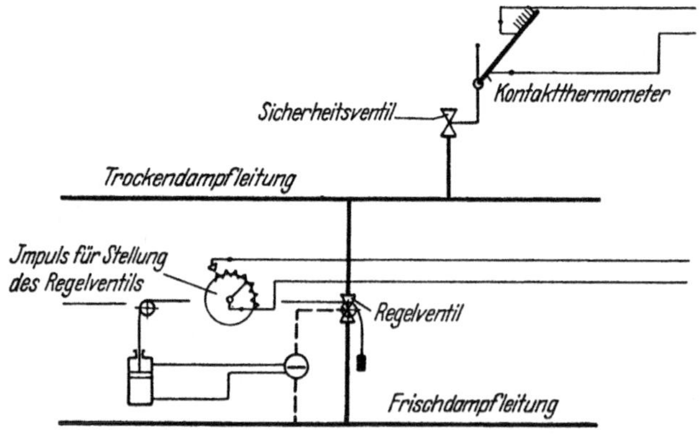

Abb. 44. Vorrichtung zur Übermittlung der Reglerventilstellung und des Abblasens des Sicherheitsventils der Trockendampfleitung nach der Kraftzentrale.

trischer Energie vorhanden, so wird im Gegendruckbetrieb eine so hohe Belastung angestrebt, daß der Abdampf der Kraftzentralenturbine mit dem Abdampf der Brikettpressendampfmaschinen und der Antriebsturbinen der Kesselspeisepumpen möglichst gleich dem erforderlichen Trockendampfbedarf der Brikettfabrik ist. Bei selbsttätiger Regelung des Trockendruckes weiß aber der Maschinist der Kraftzentrale nicht, ob er noch Belastung aufnehmen kann, da ein Sinken des Trockendruckes nicht eintritt. Andererseits darf er keine so hohe Belastung aufnehmen, daß zuviel Abdampf in die Trockendampfleitung gelangt, da sonst der Druck in dieser steigt und die Sicherheitsventile abblasen. Um dem Maschinisten der Kraftzentrale die Verhältnisse im Trockenhaus der Brikettfabrik schnell zu übermitteln, hat Verfasser eine Vorrichtung in einige Brikettfabriken einbauen lassen, die Abb. 44 schematisch zeigt. Mit dem Reglerventil für den Frischdampfzusatz ist ein Ringrohrferngeber verbunden, der auf einer Anzeigevorrichtung in der Kraftzentrale die Stellung dieses Ventils angibt. Der Maschinist sieht nun, ob der Regler Frischdampf zusetzt, also noch eine Belastung der Turbogenera-

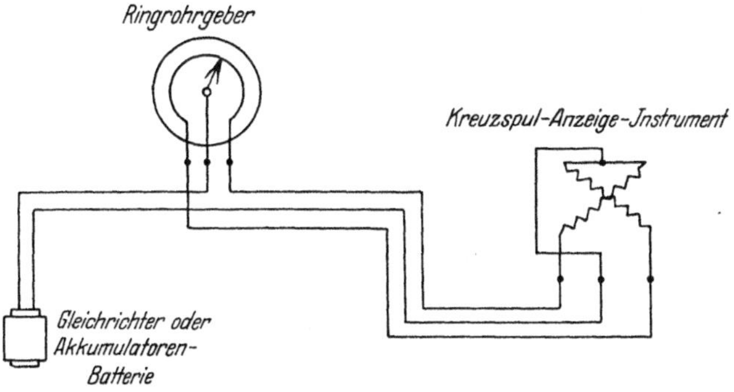

Abb. 45. Schaltschema für die Übertragung der Reglerventilstellung.

toren möglich ist. Ist das Regelventil geschlossen, und wird die Belastung der Turbogeneratoren erhöht, so öffnet sich das Sicherheitsventil der Trockendampfleitung. In der Dampfabführungsleitung des Sicherheitsventils ist nun ein Kontaktthermometer eingebaut. Strömt durch diese Leitung etwas Dampf, was bereits beim leichten Öffnen des Sicherheitsventils erfolgt, so steigt die Quecksilbersäule des Thermometers bis zum Kontakt, der Stromkreis wird geschlossen, und in der Kraftzentrale leuchtet eine rote Lampe auf. Um das Abblasen der großen auf der Trockendampfleitung sitzenden Sicherheitsventile möglichst zu vermeiden, wird zweckmäßigerweise noch ein kleines Sicherheitsventil mit einer Dampfabführungsleitung eingebaut, in der sich das Kontaktthermometer befindet. Dieses kleine Sicherheitsventil wird so eingestellt, daß es etwas früher abbläst als die großen Sicherheitsventile. Auf diese Weise läßt sich der Dampfverlust weiter verringern. Abb. 45 und 46 zeigen die elektrischen Schaltungsschemata für die beschriebene Vorrichtung.

Selbstverständlich ist ein Abblasen der Trockendampfleitung nicht zu vermeiden, wenn Spitzenbelastungen von der Kraftzentrale aufgenommen werden müssen.

Eine weitere Möglichkeit Dampf- und Wärmeverluste zu verringern, kann durch Niederschlagung und Messung des Stopfbüchsendampfes der Kraftzentralenturbinen herbeigeführt werden. Der gesamte Stopfbüchsendampf wird in einen Kondensator geleitet, dort kondensiert, das Kondenswasser durch einen Wassermesser gemessen und dann in den Kondenswassersammelbehälter für das Trocknerkondensat gepumpt. Eine Vergrößerung der Stopfbüchsendampfverluste kann auf diese Weise sofort festgestellt und beseitigt werden. Außerdem gewinnt man das Kondensat zurück und braucht diese Menge nicht durch gereinigtes Zusatzwasser zu ersetzen. Das ist besonders für Hochdruckdampfanlagen wichtig, da diese nur mit Kondensat gespeist werden dürfen (87) und das Zusatzwasser deshalb durch Verdampferanlagen hergestellt werden muß, was natürlich teuer ist.

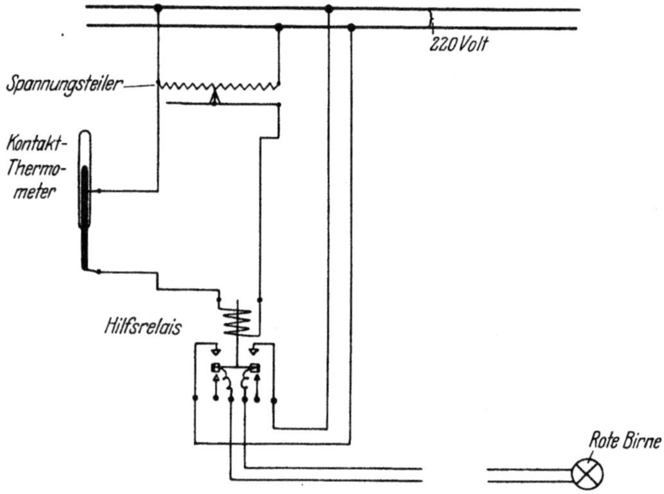

Abb. 46. Schaltschema zur Anzeige des Abblasens der Sicherheitsventile.

Eine weitere erhebliche Wärmeersparnis in Brikettfabriken läßt sich durch Ausnutzung der Brüdenwärme erreichen. Professor Dr. Gensecke (88) hat auf Grund eingehender Versuche den Vorschlag gemacht, den Wärmeinhalt der Brüden in Wärmeaustauschern zum größten Teil an Wasser zu übertragen und durch teilweise Verdampfung des erzeugten Heißwassers in einem Verdampfer unter Vakuum Dampf für den Betrieb einer im Vakuumgebiet arbeitenden Abwärmeturbine zu erzeugen. Dieser Betrieb erfordert allerdings große Kühlwassermengen von niederer Temperatur (etwa 10° C) für die Kondensation, um ein hohes Vakuum zu erzeugen und damit mit der zur Verfügung stehenden Dampfmenge geringen Anfangsdruckes eine Höchstmenge elektrischer Energie zu erzeugen.

In neuerer Zeit ist nach dem Vorschlag von Gensecke von der Metallgesellschaft Frankfurt a. M. in der Brikettfabrik Böhlen der Aktiengesellschaft Sächsischer Werke eine solche Anlage eingebaut worden, bei der aber die Brüdenwärme zur Vorwärmung des Kesselspeisewassers für das Kraftwerk Böhlen ausgenutzt und dabei die Zusatzwassermenge aus den Brüden gewonnen wird.

Beide Möglichkeiten zur Verwertung der erheblichen in den Brüden enthaltenen Wärmemengen sind durchaus beachtenswert und ihre Anwendung ist zu erwägen, wenn die Voraussetzungen dafür gegeben sind.

XIX. Übersicht über die wichtigsten Gleichungen zur Berechnung von Braunkohlen-Brikettfabriken.

a) Berechnung der Kohletrockner.

Wassermenge W' in t, die bei der Herstellung von k_1 t Briketts aus der Rohbraunkohle von den Kohletrocknern zu verdampfen ist siehe Gl 55 und 57, S. 81.

Wärmemenge i_{tr} zur Verdampfung von 1 kg Wasser aus der Rohbraunkohle in kcal siehe Gl 5, S. 11 und Abb. 20, S. 26.

Wirkungsgrad η_{tr} von Röhrentrocknern siehe Gl 36, S. 28.

Röhrentrocknerheizfläche H_t in m² für die Herstellung von k_1 t Briketts in 24 Stunden siehe Gl 38, S. 31.

Leistung eines Röhrentrockners an Trockenkohle in t/Std. siehe Gl 40, S. 33.

b) Berechnung der Brikettpressen.

Diese Berechnung ist im Abschnitt XII enthalten.

c) Berechnung der Wärme- und Dampfmengen.

Gesamtwärmemenge J in kcal zur Herstellung von k_1 t Briketts siehe Gl 59 und 60, S. 82.

Dampfmenge D in kg, die bei der Herstellung von k_1 t Briketts in der Kesselanlage zu erzeugen ist, siehe Gl 67, S. 83.

d) Berechnung der Kesselspeisepumpen.

Kraftbedarf N_{sw} einer Kesselspeisepumpe an der Pumpenkupplung für eine Brikettfabrik von k_1 t Brikettleistung in kWh siehe Gl 77, S. 86.

Dampfverbrauch D_s einer Turbokesselspeisepumpe von vorstehender Größe in kg siehe Gl 78, S. 86.

Kraftbedarf N'_{sw} einer Kesselspeisepumpe vorstehender Größe mit Elektromotorenantrieb ab Generatorklemmen des Kraftzentralen-Turbosatzes in kWh siehe Gl 79, S. 86.

e) Berechnung des Rohbraunkohlenverbrauchs.

Insgesamt erforderliche Rohbraunkohlenmenge k in t für die Herstellung von k_1 t Briketts siehe Gl 1, S. 6.

Rohbraunkohlenmenge k in t, aus der nach ihrer Trocknung die Brikettmenge k_1 in t hergestellt wird, siehe Gl 3, S. 7.

Feuerkohlenmenge k_f in t für die Herstellung von k_1 t Briketts siehe Gl 84, 85, 88, 89, 90, S. 88—90.

f) Berechnung der Kesselheizfläche.

Diese Berechnung ist im Abschnitt XVI d enthalten.

g) Wärmetechnischer Wirkungsgrad.

Wärmetechnischer Wirkungsgrad einer Brikettfabrik siehe Gl 92, S. 90.

h) Abschreibungs- und Verzinsungskosten.

Jährliche Abschreibungs- und Verzinsungskosten eines Anlagekapitals über die Abschreibungsjahre gleichmäßig verteilt siehe Gl 45, S. 42.

D. Berechnungsbeispiele.

XX. Zahlenbeispiel für die Berechnung einer Braunkohlen-Brikettfabrik.

a) Aufgabe.

Es sind die Dampf- und Energieverhältnisse einer Niederlausitzer Brikettfabrik für 1500 t Brikettagesleistung zu berechnen, die nur ihren elektrischen Eigenenergiebedarf herzustellen hat. Gearbeitet soll mit einem Trockendampfdruck von 3,5 ata und einem Unterdruck am Trocknerende von 2 mm WS werden. Eingebaut werden Röhrentrockner von 3 m Durchmesser, 8 m Länge und 1190 m² Heizfläche, außerdem Zwillingsbrikettpressen. Die Brikettfabrik erhält elektrische Brüdenentstaubung. Der aus dieser Entstaubung zurückgewonnene Staub wird der Brikettierkohle wieder zugeführt (Entstaubungsfall 1a, siehe Abschnitt II).

b) Berechnung der Kohletrockner.

Nach Tabelle 5 soll der Wassergehalt w Niederlausitzer Braunkohle mit 58 vH, nach Tabelle 6 derjenige w_1 der Briketts mit 14 vH eingesetzt werden. Der Wassergehalt w_1' der Trockenkohle beim Verlassen der

Trockner wird mit 16 vH (siehe auch Abschnitt IV c, Bem. zu Abb. 8) eingesetzt. Nach Abschnitt XVII c bzw. g ist der Kohlenverlust $v_k = 2{,}25$—$3{,}25$ vH von der zu erzeugenden Brikettmenge k_1 t. Gerechnet wird mit $v_k = 2{,}75$ vH von k_1. Damit ist nach Gl 55 die von den Kohletrocknern zu verdampfende Wassermenge

$$W' = \left(1 + 0{,}0275\right) \frac{58 - 16}{100 - 58} \cdot 1500 = 1541 \text{ t}.$$

Nach Abb. 22 ist bei 3,5 ata Trockendampfdruck und 2 mm WS Unterdruck am Trocknerende die stündliche Verdampfungsleistung v_s von Röhrentrocknern 4,35 kg je m² Trocknerheizfläche. Damit ergibt sich nach Gl 38 die erforderliche Röhrentrocknerheizfläche zu

$$H_t = \frac{1000 \cdot 1541}{24 \cdot 4{,}35} = 14\,760 \text{ m}^2.$$

Da Röhrentrockner von 1190 m² Heizfläche verwendet werden sollen, sind 12,4, also 13 Röhrentrockner einzubauen. Damit ergibt sich eine gesamte Trockenheizfläche von $13 \cdot 1190 = 15\,470$ m², also eine um 4,8 vH größere Heizfläche als nach der Rechnung. Da man mit 1—2 vH Erhöhung im allgemeinen auskommt (siehe Bem. zu Gl 38) ist die Heizfläche reichlich. Man könnte sich nun mit Rücksicht auf die hohen Anlagekosten für Röhrentrockner entschließen, nur 12 Röhrentrockner einzubauen und dann entweder mit etwas höherem Trockendampfdruck oder etwas höherem Unterdruck am Trocknerende zu arbeiten. Bei 12 Röhrentrocknern ist die Gesamtheizfläche 14280 m². Rechnet man davon 1 vH ab, so bleiben rund 14120 m² Heizfläche. Die spezifische Verdampfungsleistung der Trockner müßte dann nach Gl 38

$$v_s = \frac{1000 \cdot 1541}{24 \cdot 14\,120} = 4{,}55 \text{ kg/m}^2 \cdot h$$

betragen. Nach Abb. 22 wäre es bei dieser Verdampfungsleistung beispielsweise notwendig, bei gleichbleibendem Unterdruck am Trocknerende mit etwa 3,8 ata Trockendampfdruck oder bei gleichbleibendem Trockendampfdruck mit 3 mm WS Unterdruck am Trocknerende zu arbeiten. Man könnte natürlich auch beide Faktoren so ändern, daß die gewünschte Leistung erreicht wird.

Behält man die größere Heizfläche bei, so kann man entweder den Trockendampfdruck oder den Unterdruck am Trocknerende oder beide Faktoren entsprechend erniedrigen. Der weitere Berechnungsgang soll jedoch mit den in der Aufgabe angegebenen Werten für den Trockendampfdruck und den Unterdruck durchgeführt werden.

Es soll nun noch die aus einem Röhrentrockner abziehende Brüdenmenge nach den Gl 25, 26 und 28 berechnet werden, um ihre Anwendung an einem Zahlenbeispiel zu zeigen. Die Temperatur t_l der Luft beim Trocknereintritt wird nach Abschnitt IV f zu rund 40° C, ihr Wassergehalt $\varphi_l \cdot \gamma_{ls}$ mit 10 g/m³, der Barometerstand b mit 750 mm QS eingesetzt. Legt man die bei den Trocknerversuchen bestehenden Verhältnisse zugrunde (siehe Abschnitt IV), so ist nach Abb. 9 die Temperatur t_b der Brüden am Trocknerende 105° C, diejenige t_t ihres Taupunktes 83,4° C. Nach Abb. 13 ist der zur Taupunktstemperatur t_t gehörende Wasserdampfdruck $p' = 407$ mm QS und das dazu gehörige Gewicht des Wasserdampfes $\gamma' = 335$ g/m³.

Nach Gl 17a ist dann

$$\gamma = \frac{273 + 83{,}4}{273 + 105} \cdot 335 = 316\,\text{g/m}^3.$$

Nach Gl 25 ergibt sich damit für jedes kg Luft eine Wasserdampfaufnahme von

$$G'_D = 2{,}16\left(\frac{273 + 105}{750 - 407} \cdot 316 - \frac{273 + 40}{750} \cdot 10\right) = 743\ \text{g}.$$

Um 1 kg Wasser aufzunehmen, sind dann nach Gl 26

$$G_l = \frac{1000}{743} = 1{,}346\ \text{kg}$$

Luft erforderlich. Das Volumen der Brüden, die 1 kg aus der Kohle verdampftes Wasser mit sich führen, ist nach Gl 28

$$v_b = 2{,}16\,\frac{273 + 105}{750 - 407} \cdot 1{,}346 = 3{,}205\ \text{m}^3\ (105/750).$$

Jeder Röhrentrockner hat nun in 1 Sekunde

$$\frac{1000 \cdot 1541}{24 \cdot 3600 \cdot 13} = 1{,}372\ \text{kg}$$

Wasser zu verdampfen, also beträgt die sekundlich von ihm abzuführende Brüdenmenge

$$1{,}372 \cdot 3{,}205 = 4{,}400\ \text{m}^3\ (105/750).$$

Das Gewicht der Brüden, die 1 kg aus der Kohle verdampftes Wasser mit sich führen, berechnet sich nach Gl 30 zu

$$G_b = 1{,}346 \cdot \left(1 + 2{,}16\,\frac{273 + 40}{1000 \cdot 750} \cdot 10\right) + 1 = 2{,}358\ \text{kg}$$

und ihr spezifisches Gewicht nach Gl 31 zu

$$\gamma_b = \frac{2{,}358}{3{,}205} = 0{,}736.$$

Berechnet man das spezifische Gewicht der Brüden unmittelbar nach Gl 32, so ist

$$\gamma_b = 0{,}001 \cdot 316 + 0{,}465\,\frac{750 - 407}{273 + 105} = 0{,}738;$$

es ergibt sich also praktisch derselbe Wert.

c) Berechnung der Brikettpressen.

Es wird angenommen, daß die Tagesleistung von 1500 t Briketts bei Herstellung von 7″ Vollsteinen erreicht werden muß. Das Gewicht g der bei einem Pressenhub hergestellten Briketts ist dann nach Abschnitt XII = 1 kg. Die jährliche Arbeitsstundenzahl S wird mit $24 \cdot 305 = 7320$, die Stillstandsverluste v_z werden mit 10 vH, die Verluste an Übergewicht $v_{k\ddot{u}}$ mit 1,5 vH, an Brikettabfall v_{kb} mit 0,5 vH von k_1 nach Abschnitt XVII c bzw. g eingesetzt. Die jährlich zum Verkauf gelangende Leistung einer Brikettpresse ist dann bei durchschnittlich 115 minutlichen Umdrehungen nach Gl 48

$$P_j = [1 - 0{,}01\,(1{,}5 + 0{,}5)] \cdot 0{,}06 \cdot 115 \cdot 1 \cdot (1 - 0{,}01 \cdot 10) \cdot 7320 = 44\,550\,\text{t}$$

und demnach die Zahl der aufzustellenden Zwillingsbrikettpressen nach Gl 49

$$B = \frac{305 \cdot 1500}{44\,550} = 10{,}27, \text{ also } 11.$$

Hier könnte man mit 10 Zwillingsbrikettpressen auskommen, wenn man sie bei Herstellung von 7″ Vollsteinen mit $n = 118$ minutlichen Umdrehungen arbeiten ließe, was bei der Verpressung Niederlausitzer Braunkohle ohne weiteres möglich ist. Es ist wohl auch weiter damit zu rechnen, daß einige Brikettpressen größere Brikettformate herstellen müssen, wodurch ihre Leistung etwas gesteigert wird.

Setzt man den Kraftbedarf N_p der Brikettpressen für die Herstellung von 1 t Briketts nach Abschnitt XI bzw. XV mit 30 PSih ein, so muß die Leistung der Antriebsdampfmaschine nach Gl 50 im normalen Betriebe mindestens

$$L = 0{,}06 \cdot 115 \cdot 1 \cdot 30 = 207\ \text{PS}_i$$

betragen. Wegen des größeren Kraftbedarfs beim Anpressen ist diese Leistung natürlich höher zu wählen, desgleichen, wenn die Brikettpresse auch noch größere Brikettformate herstellen soll. Der Dampfverbrauch der Antriebsdampfmaschine kann erst berechnet werden, nachdem die Eintrittsdampfverhältnisse bekannt sind, deren Berechnung im Abschnitt XX d erfolgt.

Bei elektrischem Pressenantrieb ist der an den Generatorklemmen des Kraftzentralen-Turbosatzes aufzubringende Kraftbedarf N_{pe} nach Gl 52 zu berechnen. Setzt man nach Abschnitt XVII h für $\eta_m = 0{,}95$, $\eta_r = 0{,}95$, $\eta_{\ddot{u}} = 0{,}98$ ein und entnimmt man aus Abb. 41 für $0{,}736 \cdot 207$ = rund 152 kW η_{ep} mit 0,90, so ist

$$N_{pe} = \frac{0{,}736 \cdot 30 \cdot 0{,}95}{0{,}95 \cdot 0{,}90 \cdot 0{,}98} = \text{rd. } 25\,\text{kWh je t Briketts,}$$

und die an den Generatorklemmen aufzubringende Leistung nach Gl 51

$$L_e = 0{,}06 \cdot 115 \cdot 1 \cdot 25 = 172{,}5\ \text{kW}.$$

d) Berechnung der Dampfmenge, des Frischdampfzustandes und des Kraftzentralen-Turbosatzes im Antriebsfall 4.

Zunächst soll der einfachste Antriebsfall 4 (siehe Abschnitt II) berechnet werden. Außer den bereits im Abschnitt XX b angegebenen Werten soll der Gesamtdampfverlust v_d nach Tabelle 8 mit 3,6 vH von der Gesamtdampfmenge D eingesetzt werden.

Nach Abb. 20 ist die Gesamtwärmemenge i_{tr} zur Verdampfung von 1 kg Wasser im Röhrentrockner bei 3,5 ata Trockendampfdruck und 2 mm WS Unterdruck am Trocknerende 708 kcal. Rechnet man damit, daß der Trockendampf trocken gesättigt in die Trockner und das Kondenswasser mit der Dampfsättigungstemperatur aus den Trocknern kommt, so ist nach Mollier (65) $i'' = 653{,}4$ kcal/kg, $i' = 138{,}4$ kcal/kg. Die weitere Berechnung wird, um große Zahlen zu vermeiden, zunächst für 1 t Briketts durchgeführt.

Setzt man vorstehende Werte in Gl 67 ein, so erhält man als Dampfmenge für die Herstellung von 1 t Briketts

$$D = \frac{1 + 0{,}0275}{1 - 0{,}036} \cdot \frac{708}{653{,}4 - 138{,}4} \cdot \frac{58 - 16}{100 - 58} \cdot 1000 = 1464{,}5 \text{ kg}.$$

Da unter Abschnitt *b* bereits W' berechnet war, kann man auch die Gesamtdampfmenge zur Herstellung von 1500 t Briketts nach den Gl 58, 65 und 66 berechnen. Nach Gl 58 ergibt sich zunächst

$$J_{tr} = 1000 \cdot 1541 \cdot 708 \text{ kcal}$$

und unter Berücksichtigung der Gl 65 und 66

$$D = \frac{1000 \cdot 1541 \cdot 708}{(1 - 0{,}036) \cdot (653{,}4 - 138{,}4)} = 2\,196\,500 \text{ kg}.$$

Nach Obigem werden für die Herstellung von 1 t Briketts 1464,5 kg Dampf gebraucht, demnach für die Herstellung von 1500 t Briketts $1500 \cdot 1464{,}5 =$ rund 2196500 kg, also der gleiche Wert.

Nach Abschnitt XVII b bzw. g ist für den Antriebsfall 4 der elektrische Eigenenergiebedarf des Brikettwerkes ohne Kesselspeisepumpenantrieb für Niederlausitzer Verhältnisse 58—62 kWh je t Briketts. Gerechnet soll mit der größeren Zahl werden. Dazu ist dann noch der Kraftbedarf der Kesselspeisepumpe zu rechnen, der zunächst auf 2 kWh je t Briketts geschätzt wird.

Die Turbinendampfmenge D_t berechnet sich aus Gl 70. Die Dampfmenge D_p zum Antrieb der Brikettpressen und diejenige D_s zum Antrieb der Kesselspeisepumpe ist im Antriebsfall 4 gleich Null. Nach Tabelle 8 kann v_{dt} mit 0,1 vH von D_t, v_{dk} mit 0,2 vH von D eingesetzt werden. Dann ist

$$D_t = \frac{1}{1 + 0{,}001}\left(1 - 0{,}002\right) \cdot 1464{,}5 = 1460 \text{ kg/t Briketts}.$$

Die Dampfverluste an den Kesseln und Rohrleitungen betragen also nur 4,5 kg je t Briketts, da sie nach Abschnitt XVII e im normalen Betriebe nicht vorhanden sind. Man muß sie aber doch berücksichtigen, weil stets Störungen im Brikettfabrikbetriebe, die zum Abblasen der Sicherheitsventile führen, und Undichtigkeiten an den Rohrleitungen vorkommen. Bei 1500 t Brikettagesleistung betragen diese Dampfverluste übrigens 6750 kg je Tag, haben also immerhin eine beachtenswerte Höhe.

Da je t Brikettherstellung 64 kWh im Gegendruckbetrieb zu erzeugen sind, kann der Dampfverbrauch der Gegendruckturbine

$$d_t = \frac{1460}{64} = \text{rd. } 22{,}8 \text{ kg/kWh}$$

betragen. Dieser zulässige Dampfverbrauch ist sehr hoch, so daß eine Gegendruckturbine mit einem Curtisrad zur Aufstellung kommen kann, wodurch an Anlagekosten gespart wird. Der thermodynamische Wirkungsgrad η_{tk}, bezogen auf die Klemmenleistung, soll mit 0,65 eingesetzt werden. Setzt man nach Abschnitt XVII h noch η_g mit 0,94, η_{tm} mit 0,99, nach Tabelle 8 den Dampfverlust v'_{dt} mit 1,8 vH von D_t und nach Abschnitt VII g den Wert $v''_{dt} = 0{,}9\, v'_{dt}$ ein, so ist nach Gl 73 und 74 der thermodynamische Wirkungsgrad, bezogen auf die innere Leistung

$$\eta_{tw} = \frac{0{,}65}{(1 - 0{,}01 \cdot 0{,}9 \cdot 1{,}8) \cdot 0{,}94 \cdot 0{,}99} = \text{rd. } 0{,}71\,.$$

Das bei der Herstellung 1 kWh von der Gegendruckturbine auszunutzende Wärmegefälle je kg Dampf beträgt

$$i'_t = \frac{860}{22{,}8} = 37{,}7 \text{ kcal}.$$

Damit ergibt sich nach Gl 75 das notwendige adiabatische Wärmegefälle je kg Dampf

$$i_1 - i_2 = \frac{37{,}7}{0{,}71} = 53{,}1 \text{ kcal}.$$

Hieraus läßt sich nun der Eintrittsdampfdruck und die Eintrittsdampftemperatur, mit der die Gegendruckturbine arbeiten muß, mit der JS-Tafel konstruieren. Abb. 47 gibt einen Ausschnitt aus der JS-Tafel für Wasserdampf von Mollier (65), in die die Konstruktion eingetragen ist.

Bei der Konstruktion sind die Druck- und Abkühlungsverluste des Dampfes vom Abdampfstutzen der Gegendruckturbine bis zum Trocknereintritt zu berücksichtigen. Es soll mit einem durchschnittlichen Druckverlust von 0,2 at und einem Temperaturverlust von 10° C gerechnet werden. Da der Trockendampfdruck 3,5 ata betragen soll, ist in der JS-Tafel der Punkt *a* (siehe Abb. 47) bei 3,7 ata und rund

150° C einzutragen. Das von der Gegendruckturbine je kg Dampf ausgenutzte Wärmegefälle $i'_t = 37{,}7$ kcal wird nun senkrecht über a aufgetragen, also $a - b = 37{,}7$ kcal. Von b aus trägt man senkrecht nach unten das adiabatische Wärmegefälle ab, also $b - c = 53{,}1$ kcal. Durch c zieht man eine horizontale Linie, die die Drucklinie von 3,7 ata

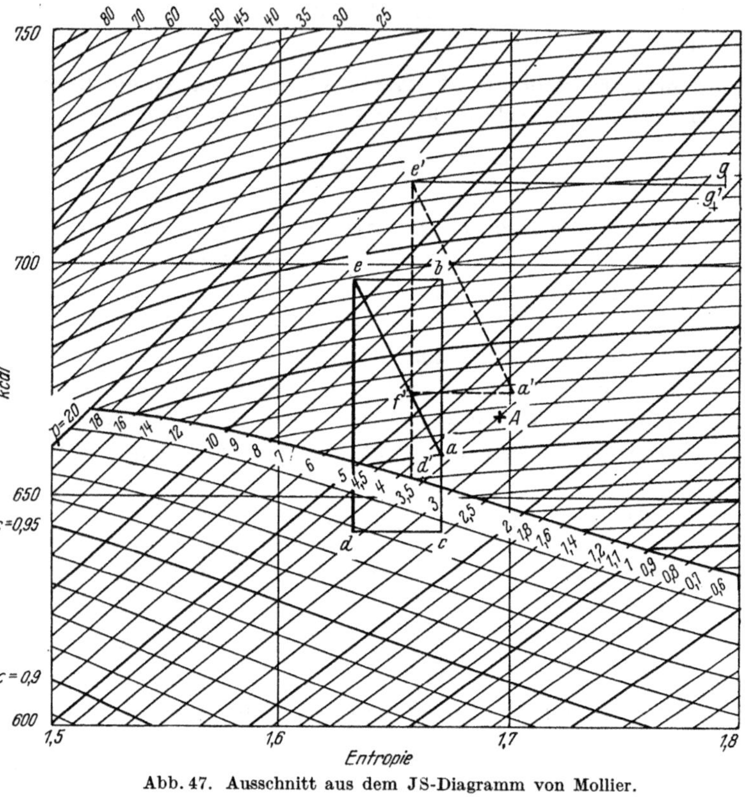

Abb. 47. Ausschnitt aus dem JS-Diagramm von Mollier.

im Punkte d schneidet. Über d errichtet man wieder eine Senkrechte, die die horizontale Linie durch b im Punkte e schneidet. Der Punkt e ist dann der gesuchte Anfangszustand des Dampfes beim Eintritt in die Turbine. Wie die Abb. 47 zeigt, ist er rund 11,5 ata und 240° C.

Mit diesem Dampfzustand müßte man also am Eintrittsstutzen der Gegendruckturbine arbeiten, um gerade den elektrischen Eigenenergiebedarf des Brikettwerkes zu erzeugen. Da aber im Betriebe Spitzenbelastungen auftreten, bei denen ein Abblasen der Trockendampfleitung nicht erfolgen soll, wird man die gefundenen Werte nach oben abrunden. Gewählt wird deshalb ein Eintrittsdampfdruck von 13 ata und eine Eintrittsdampftemperatur von 280° C.

Die Eintrittsdampftemperatur von 280° C ist auch mit Rücksicht darauf so hoch gewählt worden, um bei evtl. später steigendem Energiebedarf eine hochwertigere Turbine einbauen zu können, ohne daß sich der Abdampf beim Erreichen der Trockner bereits im Sattdampfgebiet befindet.

Das jetzt je kg Dampf zur Verfügung stehende adiabatische Wärmegefälle $i_1 - i_2$ ergibt sich nach der JS-Tafel zu 64 kcal (siehe gestrichelte Linie $e' - d'$, Abb. 47), wovon nach Gl 75 in der Turbine

$$i'_t = 64 \cdot 0{,}71 = 45{,}4 \text{ kcal}$$

ausgenutzt werden. Macht man $e' - f'$ der Abb. 47 = 45,4 kcal und zieht durch f' eine Horizontale, die die Drucklinie von 3,7 ata in a' schneidet, so gibt a' die Temperatur an, mit der der Dampf die Turbine verläßt. Sie beträgt rund 175° C. Rechnet man wieder mit 10° C Temperatur- und 0,2 at Druckabfall bis zu den Trocknern, so ist der Wärmeinhalt i'' des Dampfes beim Trocknereintritt rund 667 kcal (siehe Punkt A in Abb. 47).

Für die Kohletrocknung steht nun eine größere Wärmemenge je kg Trockendampf, und zwar 667 — 138,4 = 528,6 kcal, zur Verfügung. Damit ermäßigt sich die zur Herstellung von 1 t Briketts erforderliche Dampfmenge auf

$$D = \frac{653{,}4 - 138{,}4}{528{,}6} \cdot 1464{,}5 = \text{rd. } 1427 \text{ kg},$$

und es ergibt sich nach Gl 70 die Turbinendampfmenge D_t zu rund 1423 kg je t Briketts.

Der Dampfverbrauch der Gegendruckturbine beträgt nach Gl 72, 73 und 74 mit dem vorstehend angegebenen Wirkungsgrad $\eta_{tk} = 0{,}65$

$$d_t = \frac{860}{64 \cdot 0{,}65} = 20{,}7 \text{ kg/kWh},$$

so daß mit der für den Turbinenbetrieb zur Verfügung stehenden Dampfmenge je t Briketts

$$E = \frac{1423}{20{,}7} = \text{rd. } 69 \text{ kWh},$$

erzeugt werden können.

Die Brikettagesleistung der Brikettfabrik ist 1500 t. Damit ist der Turbosatz für eine Leistung von

$$\frac{1500}{24} \cdot 69 = 4315 \text{ kW}$$

zu bemessen. Gewählt werden 2 Turbosätze zu je 4500 kW Leistung, wovon der eine zur Reserve dient. Eine Unterteilung in 3 Turbosätze, von denen einer Reserve ist, stellt sich stets teuer.

Die für das Brikettwerk erforderliche elektrische Eigenenergiemenge ist rund 64 kWh je t Briketts, also beträgt die Belastung des Turbosatzes

$$E = \frac{1500}{24} \cdot 64 = 4000 \text{ kW}$$

oder rund 90 vH der Vollast, so daß er Spitzen von 500 kW über seine Durchschnittsbelastung aufnehmen kann. Man kommt im allgemeinen aus, wenn man die Durchschnittsbelastung des Turbosatzes mit etwa 90 vH der Vollast wählt. Der Dampfverbrauch der Gegendruckturbine je kWh wird allerdings dann etwas höher als bei Vollast, jedoch ist der Gesamtdampfverbrauch des gewählten Turbosatzes bei seiner Durchschnittsbelastung immer noch geringer als bei der Belastung, die dem Trockendampfbedarf der Brikettfabrik entspricht. Außerdem fällt der Wirkungsgrad von Gegendruckturbinen mit einem Curtisrad bei Teillasten nur unwesentlich ab. Anders verhält es sich bei vielstufigen Gegendruckturbinen, bei denen der Wirkungsgrad bei Teillasten erheblich stärker abfällt (siehe Abb. 53). Hier wird man deshalb den günstigsten Wirkungsgrad bei dem Dampfdurchsatz legen, der der Trockendampfmenge entspricht, um mit dieser im Bedarfsfalle die Höchstmenge an elektrischer Energie zu erzeugen. Dabei ist jedoch zu berücksichtigen, daß die Trockendampfmenge um etwa $\pm$ 5 vH um den berechneten Wert schwanken kann, je nach den Schwankungen des Wassergehalts der Rohbraunkohle, die bei gleichbleibenden Verhältnissen in der Grube vom Wetter abhängig sind. Weitere Ausführungen über die zweckmäßigste Lage des günstigsten Wirkungsgrades von Gegendruckturbinen in Brikettfabriken, die mit Höchstenergieerzeugung arbeiten, werden im Abschnitt XXII d gemacht.

Die gesamte Trockendampfmenge wird zur Erzeugung der erforderlichen Eigenenergiemenge im vorliegenden Fall nicht gebraucht. Daher muß ein Teil des Frischdampfes reduziert und der Trockendampfleitung zugesetzt werden. Der Wärmeinhalt des Trockendampfes wird dadurch etwas höher und demnach die erforderliche Trockendampfmenge noch etwas geringer, als oben berechnet wurde. Setzt man bei der je t Brikettherstellung zu erzeugende Eigenenergiemenge von 64 kWh den berechneten Dampfverbrauch von 20,7 kg je kWh ein, indem man also annimmt, daß der Gesamtwirkungsgrad des Turbosatzes von 0,65 gerade bei dieser Belastung vorhanden ist, so ist die in die Turbine gehende Dampfmenge je t Briketterzeugung

$$64 \cdot 20{,}7 = 1325 \text{ kg}.$$

Der Dampfverlust v'_{dt} durch Stopfbüchsen und Einlaßventile der Turbine war mit 1,8 vH von D_t eingesetzt. Der Dampfverlust v'_d zwischen der Turbine und den Trocknern wird nach Tabelle 8 zu 1,5 vH eingesetzt, so daß von der die Turbine je t Briketterzeugung verlassenden Dampfmenge $(1 - 0{,}033) \cdot 1325 = 1281{,}5$ kg in die Trockner treten. Dieser Dampf hat nach früheren Ausführungen dieses Abschnittes beim Trocknereintritt einen Wärmeinhalt von 667 kcal/kg.

Der fehlende Trockendampf muß in der Kraftzentrale aus der Frischdampfleitung zugesetzt werden. Der Frischdampf hat hier einen Druck von 13 ata, eine Temperatur von 280° C und nach der JS-Tafel einen Wärmeinhalt von 717,5 kcal/kg (Punkt e' in Abb. 47). Diesen Wärmeinhalt behält er bei seiner Reduzierung auf 3,7 ata bei, so daß seine Temperatur nach der Reduzierung 266° C beträgt (Punkt g in Abb. 47). Bis zum Trocknereintritt soll der aus Turbinenabdampf und Frischdampfzusatz gemischte Dampf wieder einen Druckabfall von 0,2 at und einen Temperaturabfall von 10° C haben. Man kann in dem vorliegenden Druckbereich, ohne einen Fehler zu begehen, auch für den der Trockendampfleitung zugesetzten Frischdampf mit dem gleichen Druck- und Temperaturabfall rechnen, um seinen Wärmeinhalt am Trocknereintritt zu ermitteln. Nach der JS-Tafel ergibt er sich an dieser Stelle zu 712,5 kcal/kg (Punkt g' in Abb. 47).

Beträgt die am Trocknereintritt vom Zusatzdampf zur Verfügung stehende Dampfmenge x kg, so gilt nach Gl 67

$$1281{,}5\,(667 - 138{,}4) + x \cdot (712{,}5 - 138{,}4) = (1 + 0{,}0275) \cdot 708 \cdot \frac{58 - 16}{100 - 58} \cdot 1000\,.$$

Hieraus ergibt sich

$$x = 87 \text{ kg je t Briketterzeugung.}$$

Der Dampfverlust v'_{dt} kommt für diese Dampfmenge nicht in Betracht. Im Kesselhaus ist demnach für den vorliegenden Fall je t Briketts eine Dampfmenge

$$D = \frac{1281{,}5}{1 - 0{,}036} + \frac{87}{1 - 0{,}036 + 0{,}018} = 1418 \text{ kg}$$

zu erzeugen, gegenüber 1427 kg, wenn der gesamte für die Trocknung gebrauchte Dampf durch die Turbine geht. Der Unterschied ist im vorliegenden Fall also nicht sehr groß, doch sollte an Hand eines Beispiels gezeigt werden, wie sich die Trockendampfmenge bei Frischdampfzusatz errechnet.

Die stündlich zu erzeugende Dampfmenge beträgt jetzt

$$\frac{1500 \cdot 1418}{24} = 88\,620 \text{ oder rd. } 88\,700 \text{ kg}\,.$$

e) Berechnung der Kesselanlage.

Der Dampfzustand an Eintrittsstutzen des Kraftzentralen-Turbosatzes beträgt nach dem vorigen Abschnitt 13 ata und 280° C. Wird die

Dampfleitung zwischen dem Kesselhaus und der Kraftzentrale für einen Druckabfall von 1 at bemessen und ergibt die isolierte Leitung einen Temperaturverlust von 10° C, so ist in den Kesseln Dampf von 14 ata und 290° C zu erzeugen. Nach Abschnitt XVIII ist der Kesselkonzessionsdruck 5 vH über den Betriebsdruck zu legen, demnach sind die Dampfkessel für einen Kesselkonzessionsdruck von 15 ata zu bestellen. Die Überhitzer wird man zweckmäßigerweise für die Überhitzung des Sattdampfes auf 300° C bestellen und gegebenenfalls nicht alle Rohrschlangen einbauen.

Zur Herstellung 1 t Briketts ist nach vorigem Abschnitt im Kesselhaus eine Dampfmenge von 1427 kg herzustellen, wenn der gesamte zur Trocknung erforderliche Dampf durch die Turbine geht. Bei der Brikettagesleistung von 1500 t sind demnach stündlich

$$D = \frac{1500 \cdot 1427}{24} = \text{rd. } 89\,200 \text{ kg}$$

Dampf herzustellen. Wählt man die Kesselbelastung k_b nach Abschnitt XVI c zu 25 kg/m²·h, so ist die erforderliche Kesselheizfläche nach Gl 93

$$H_k = \frac{89\,200}{25} = 3568 \text{ m}^2 .$$

Gewählt werden Kessel von 500 m² Heizfläche, so daß also 7 Kessel zur Aufstellung kommen müssen; damit steigt die Kesselbelastung auf 25,5 kg/m²·h. Mit Rücksicht auf Kesselreinigungs- und Reparaturarbeiten wird man einen weiteren Kessel zur Reserve aufstellen.

Der Einbau von Speisewasservorwärmern wird nicht vorgesehen, weil das Speisewasser bereits mit einer Temperatur von rund 130° C (siehe Abschnitt XX h) in die Kessel gelangt. Der Einbau von Lufterhitzern könnte erwogen werden.

f) Berechnung der Kesselspeisepumpen.

Eingebaut werden für die Kesselspeisung 3 Kreiselpumpen, von denen eine im Betrieb ist, also 2 zur Reserve stehen. Nach den „Allgemeinen polizeilichen Bestimmungen über die Anlegung von Landdampfkesseln“ (89) gilt die Leistungsfähigkeit für die Speisevorrichtungen als erfüllt, wenn ein Zusammenwirken von je zwei Speisevorrichtungen möglich ist und je 2 zusammen die in diesen Bestimmungen vorgeschriebene Förderleistung ergeben. Es müssen danach 2 Kesselspeisepumpen der Kesselanlage doppelt soviel Wasser zuführen als der normalen Verdampfungsfähigkeit der Kessel entspricht. Demnach würde es genügen, wenn jede Pumpe nur eine so große Förderleistung hat, als der Dampfbedarf der Brikettfabrik beträgt.

Mit Rücksicht auf die eintretenden Schwankungen in der Speisung empfiehlt es sich aber, die Leistung jeder Kesselspeisepumpe um etwa 20 vH höher zu bemessen. Eine noch weitergehende Leistungserhöhung würde den Wirkungsgrad der Kreiselpumpe bei ihrer Normalleistung ungünstig beeinflussen. Da die normale Pumpenleistung in der vorliegenden Brikettfabrik rund 90 t/h beträgt, wird man jede Kesselspeisepumpe für eine Höchstleistung von rund 110 t/h bestellen.

Für den Antrieb der 3 Kreiselpumpen sind nach den erwähnten Vorschriften zwei zuverlässige Vorrichtungen vorzusehen, die nicht von derselben Betriebsvorrichtung abhängig sein dürfen. Man kann aber sämtliche 3 Pumpen mit Gegendruckdampfturbinen antreiben, was im vorliegenden Fall am zweckmäßigsten sein würde, da auf eine Höchstenergieerzeugung mit der zur Verfügung stehenden Trockendampfmenge kein Wert zu legen ist und wärmewirtschaftlich der Dampfturbinenantrieb etwas günstiger liegt als der Elektromotorenantrieb (siehe Abschnitt XIV, Dampfmaschinen- oder Elektromotorenantrieb von Brikettpressen). Entschließt man sich zum Elektromotorenantrieb, so ist wenigstens eine der Pumpen mit Dampfturbinenantrieb vorzusehen.

Die Kesselspeisepumpen müssen bei ihrer Höchstleistung einen Druck in der Speiseleitung halten, der so hoch über dem Kesselbetriebsdruck liegt, daß noch eine einwandfreie Kesselspeisung gewährleistet ist. Da der festgesetzte Kesselbetriebsdruck auf den Konzessionsdruck steigen kann, muß dieser zugrunde gelegt werden. Bei dem hier vorliegenden Kesseldruck wird in der Speiseleitung am Pumpenaustrittsstutzen ein Druck von 4 at über dem höchsten Kesselbetriebsdruck ausreichend sein. Demnach muß an dieser Stelle in der Speiseleitung bei jeder in Betracht kommenden Pumpenleistung ein Druck von mindestens 18 atü gehalten werden, da der Kesselkonzessionsdruck 14 atü beträgt.

Beim Dampfturbinenantrieb der Pumpen kann der erwähnte Druck in der Speiseleitung bei jeder Förderleistung gehalten werden, wenn die Pumpencharakteristik nach der Nullförderung zu einen stetig steigenden Verlauf nimmt, also keinen abfallenden Ast hat, indem die Umdrehungszahl der Pumpe durch einen Differenzdruckregler beeinflußt wird. Dieser regelt die Dampfzufuhr zur Pumpe und damit ihre Umdrehungszahl so, daß die Differenz zwischen Kessel- und Speiseleitungsdruck konstant bleibt. Beim Antrieb der Pumpen durch Elektromotoren ist im allgemeinen keine Drehzahländerung möglich. Bei Förderleistungen der Pumpe, die unter ihrer Höchstleistung liegen, wird daher bei der vorerwähnten Pumpencharakteristik der Druck in der Speiseleitung ansteigen. Dies wird aber auch bei Pumpen mit solchen Charakteristiken der Fall sein, die von einer bestimmten Förderleistung nach der Nullförderung zu abfallen. Hier wird beim Arbeiten in dem

Gebiet zwischen der Höchstleistung und der Förderleistung bei der die Pumpencharakteristik abfällt, bei elektrisch angetriebenen Pumpen der Druck mit abnehmender Förderleistung ansteigen und bei weiterem Zurückgehen derselben dann stark fallen. Ein Arbeiten der Pumpe in dem nach der Nullförderung zu abfallenden Art der Charakteristik muß vermieden werden.

In Abb. 51 sind Charakteristiken für verschiedene Kesselspeisepumpen gezeichnet, die sämtlich einen nach der Nullförderung zu steigenden Verlauf haben. Man bezeichnet sie als Pumpen mit stabiler Charakteristik.

Die für die berechnete Brikettfabrik vorgesehenen Pumpen haben eine Höchstleistung von 110 t/h und müssen bei dieser Leistung das Wasser mit 18 atü in die Speiseleitung drücken. Im normalen Betrieb haben sie aber nur rund 90 t Wasser je Stunde zu fördern. Beim Elektromotorenantrieb der Pumpen würde bei dieser Leistung der Druck am Pumpenaustrittsstutzen nach Abb. 51 auf 19,5 atü steigen, während er beim Dampfturbinenantrieb mit 18 atü bestehen bleibt.

Das Kesselspeisewasser, das aus etwa 95 vH Trocknerkondensat besteht, fließt den Pumpen unter dem Trockendampfdruck zu, der im vorliegenden Fall 2,5 atü beträgt. Da das Kondensat fast die Sattdampftemperatur dieses Druckes besitzt, muß der Kondensatsammelbehälter so hoch über den Kesselspeisepumpen stehen, daß noch eine ausreichende Zulaufhöhe vorhanden ist. Unter 5 m Höhenunterschied zwischen Sammelbehälter und Pumpenmitte sollte man auf keinen Fall gehen, um ein Abreißen, besonders von Turbokesselspeisepumpen, mit Sicherheit zu vermeiden. Mit diesem Höhenunterschied wird auch hier gerechnet jedoch sollen 2 m WS für Widerstände in der Pumpensaugeleitung eingesetzt werden. Die gesamte manometrische Förderhöhe der Kesselspeisepumpen bei Elektromotorenantrieb beträgt demnach

$$h = 195 + 2 - (25 + 5) = 167 \text{ m}.$$

Gerechnet wird mit $h = 170$ m.

Setzt man nach Abschnitt XVII g 5 die Kesselwasserverluste v_{wk} mit 0,2 vH von D, nach Abschnitt XVII h den Wirkungsgrad η_{pu} der Kesselspeisepumpe mit 0,65 und nach vorigem Abschnitt den Dampfbedarf D der Brikettfabrik in kg/h ein, so ist der Kraftbedarf an der Kupplung einer Kesselspeisepumpe nach Gl 77

$$N_{sw} = \frac{(1 + 0{,}01 \cdot 0{,}2) \cdot 88\,700 \cdot 170}{3600 \cdot 102 \cdot 0{,}65} = 63{,}2 \text{ kWh}.$$

Da für D die Stundendampfmenge eingesetzt wurde, ist die errechnete Energiemenge auch gleich dem Energiebedarf der Kesselspeisepumpe in kW.

Wird die Kesselspeisepumpe durch einen Elektromotor angetrieben, und setzt man nach Abschnitt XVII h den Wirkungsgrad $\eta_{üs}$ mit 0,98, denjenigen η_{es} mit 0,90 ein, so ist nach Gl 79 der Energiebedarf der Kesselspeisepumpe an den Generatorklemmen des Kraftzentralen-Turbosatzes

$$N'_{sw} = \frac{63{,}2}{0{,}98 \cdot 0{,}90} = 71 \text{ kW}.$$

Je t Briketts beträgt demnach die für den Kesselspeisepumpenantrieb erforderliche Energiemenge

$$\frac{71 \cdot 24}{1500} = 1{,}2 \text{ kWh}.$$

Gerechnet war im Abschnitt XX d mit einem geschätzten Wert von 2 kWh/t Briketts. Um Umrechnungen zu vermeiden, soll mit dem eingangs eingesetzten Eigenenergiebedarf des Brikettwerks von 64 kWh je t Briketts beim Elektromotorenantrieb der Kesselspeisepumpen weiterhin gerechnet werden. Es ist dann die von der Kraftzentralenturbine stündlich durchzusetzende Dampfmenge bei Erzeugung des Eigenenergiebedarfs

$$\text{im Antriebsfall 3 } D_t = \text{rd.} \frac{1500}{24} \cdot 63 \cdot 20{,}7 = 81\,500 \text{ kg}.$$

$$\text{im Antriebsfall 4 } D_t = \frac{1500}{24} \cdot 64 \cdot 20{,}7 = 82\,800 \text{ kg}.$$

Die Größe des Antriebselektromotors ist nach der Höchstleistung jeder Pumpe, also für 110 t Stundenleistung, zu berechnen. Nach Gl 77 ergibt sich

$$N_{sw} = \frac{110\,000 \cdot 170}{3600 \cdot 102 \cdot 0{,}65} = 78 \text{ kW, also rd. } 80 \text{ kW}.$$

Beim Antrieb der Kesselspeisepumpen durch Gegendruckdampfturbinen errechnet sich der Dampfverbrauch D_s nach Gl 78. Die manometrische Förderhöhe beträgt hier $h = 180 + 2 - (25 + 5) = 152$ oder rund 155 m. Setzt man nach Abschnitt XVII h für $\eta_s = 0{,}4$ und weiter das gleiche adiabatische Wärmegefälle wie für deu Turbinenbetrieb der Kraftzentrale, also $i_1 - i_2 = 64$ kcal/kg (sehe gestrichelte Linie $e' - d'$, Abb. 47) ein, so ist bei der Pumpennormalleistung

$$D_s = \frac{(1 + 0{,}01 \cdot 02) \cdot 88\,700 \cdot 155}{3600 \cdot 102 \cdot 0{,}65} \cdot \frac{860}{64 \cdot 0{,}4} = 1940 \text{ kg/h}.$$

Die Kraftzentralenturbine hat im Antriebsfall 3 einen Dampfverbrauch D_t von $(64 - 1{,}2) \cdot 20{,}7 = 1300$ kg je t Briketterzeugung. Der Dampfverlust v'_{dt} war mit 1,8 vH von D_t, derjenige v'_d mit 1,5 von D eingesetzt. Es stehen also vom Turbinendampf am Trocknereintritt

(1—0,033) · 1300 = 1257 kg Dampf je t Briketterzeugung zur Verfügung. Im Antriebsfall 4 war nach Abschnitt XX d die Turbinenabdampfmenge am Trocknereintritt 1281,5 kg je t Briketterzeugung. Setzt man nach Tabelle 8 den Verlust $v'_{d\,s}$ der Pumpenantriebsturbine mit 1,5 vH von D_s und für v'_d den gleichen Wert wie vor ein, so ist die Pumpendampfmenge am Trocknereintritt (1 — 0,03) · 1940 = 1882 kg/h oder rund 30 kg je t Briketterzeugung.

Im Antriebsfall 3 gibt die Kraftzentralenturbine 1281,5 — 1257 = 24,5 kg/h weniger Abdampf in die Trockner als im Antriebsfall 4. Die Pumpenturbine gibt dagegen 30 kg Abdampf in die Trockner, so daß in diesem Antriebsfall 30—24,5 = 5,5 kg weniger Frischdampf in die Trockendampfleitung zuzusetzen sind.

Der Abdampf der Pumpenturbine hat, wegen der schlechteren Dampfausnutzung, einen höheren Wärmeinhalt als der Abdampf der Kraftzentralenturbine. Dagegen sind die Wärmeverluste in der langen und im Durchmesser kleinen Abdampfleitung vom Pumpenhaus bis zur Trockendampfleitung größer als diejenigen in der wesentlich kürzeren und im Durchmesser erheblich größeren Abdampfleitung von der Kraftzentralenturbine bis zu den Trocknern. Außerdem ist beim Turbopumpenbetrieb etwas weniger Frischdampf zuzusetzen. Es kann daher angenommen werden, daß der Wärmeinhalt des Dampfes beim Eintritt in die Trockner im Antriebsfall 3 der gleiche ist wie im Antriebsfall 4.

g) Berechnung des Dampfverbrauchs der Brikettpressen.

In den Antriebsfällen 1 und 2 (siehe Abschnitt II) werden die Brikettpressen durch Gegendruckdampfmaschinen angetrieben. Da sie gewöhnlich unter den Kohletrocknern angeordnet sind, soll hier nur mit einem Druckverlust von 0,1 at und einem Temperaturverlust von 5° C des Abdampfes vom Austritt der Dampfmaschinen bis zum Trocknereintritt gerechnet werden. Die Antriebsdampfmaschinen arbeiten dann also mit 3,6 ata Gegendruck. Hat der Dampf vor dem Eintrittsventil der Dampfmaschine wieder einen Druck von 13 ata und eine Temperatur von 280° C, so beträgt das zur Verfügung stehende adiabatische Wärmegefälle $i_1 - i_2$ je kg Dampf nach der JS-Tafel 65 kcal. Setzt man nach Abschnitt XI N_p zu 30 PSih je t Briketts und η_p mit 0,67 ein, so ist der stündliche Dampfverbrauch der Antriebsdampfmaschinen sämtlicher Zwillingsbrikettpressen nach Gl 53

$$D_p = \frac{632{,}3 \cdot 1500 \cdot 30}{24 \cdot 65 \cdot 0{,}67} = \text{rd. } 27\,250 \text{ kg}.$$

Zu dieser Dampfmenge kommen noch die Dampfverluste $v'_{d\,p}$, die nach Tabelle 8 mit 2 vH eingesetzt werden sollen. Damit ergibt sich der stündliche Dampfverbrauch sämtlicher Brikettpressen zu

$$D_p = \frac{27\,250}{1 - 0{,}02} = \text{rd. } 27\,800 \text{ kg}.$$

Von dem je kg Dampf zur Verfügung stehenden adiabatischen Wärmegefälle werden in der Dampfmaschine nach Gl 75 mit $\eta_{tw} = \eta_p$

$$i'_t = 65 \cdot 0{,}67 = \text{rd. } 43{,}5 \text{ kcal}$$

ausgenutzt. Nach der im Abschnitt XX d erklärten Konstruktion ergibt sich nach der JS-Tafel eine Temperatur des Abdampfes von etwa 179° C, so daß der Dampf mit 174° C in die Trockner tritt. Sein Wärmeinhalt beträgt dann 672 kcal/kg, ist also um 5 kcal/kg größer als der Wärmeinhalt des Abdampfes der Kraftzentralen-Turbine am Trocknereintritt (siehe Abschnitt XX d).

Je t Briketterzeugung beträgt die Abdampfmenge der Brikettpressen

$$\frac{27\,250 \cdot 24}{1500} = 436 \text{ kg}.$$

Rechnet man wieder mit einem Dampfverlust v'_d von 1,5 vH, so stehen davon am Trocknereintritt $(1 - 0{,}015) \cdot 436 = 429{,}5$ kg Dampf zur Verfügung.

h) Berechnung der Dampfmenge und des Kraftzentralen-Turbosatzes in den Antriebsfällen 1 und 2.

Nach Abschnitt XX e ist bei elektrischem Brikettpressenantrieb die von den Generatorklemmen der Kraftzentrale für die Herstellung 1 t Briketts abzugebende Energiemenge 25 kWh. Bei dampfangetriebenen Brikettpressen sind also im Antriebsfall 2 von dem Kraftzentralenturbosatz zur Deckung des Eigenenergiebedarfs des Brikettwerks $64 - 25 = 39$ kWh je t Briketts zu erzeugen (siehe Abschnitt XX d). Rechnet man wieder mit einem Dampfverbrauch von 20,7 kg je kWh, so ist die durch die Turbine gehende Dampfmenge $39 \cdot 20{,}7 = 807$ kg je t Briketterzeugung. Die Abdampfmenge der Brikettpressen beträgt 436 kg je t Briketterzeugung (siehe vorigen Abschnitt), so daß die gesamte Abdampfmenge 1243 kg beträgt. Da die erforderliche Trockendampfmenge etwa 1400 kg ist, muß also auch in diesem Antriebsfall Frischdampf zur Trockendampfleitung zugesetzt werden.

Wegen des geringeren Dampfdurchsatzes durch die Kraftzentralenturbine gegenüber den Antriebsfällen 3 und 4 soll v'_{dt} mit 2 vH eingesetzt werden (siehe auch Tabelle 8). Mit $v'_d = 1{,}5$ vH stehen dann am Trocknereintritt $(1 - 0{,}035) \cdot 807 = 779$ kg Dampf je t Briketterzeugung zur Verfügung. Ist wieder die Zusatzdampfmenge am Trocknereintritt x kg je t Briketts, so ist nach Gl 67 bzw. dem Schlußbeispiel des Abschnittes XX d

$$779\,(667-138{,}4)+429{,}5\,(672-138{,}4)+x\,(712{,}5-138{,}4)$$
$$=(1+0{,}0275)\cdot 708\,\frac{58-16}{100-58}\cdot 1000\,.$$

Hieraus ergibt sich x zu 151 kg je t Briketterzeugung.

Diese Dampfmenge ist nur im Antriebsfall 2 zuzusetzen, in dem die Kesselspeisepumpe mit Elektromotorenantrieb arbeitet. Ist im Antriebsfall 1 eine Turbopumpe in Betrieb, so verringert sich der errechnete Dampfzusatz nach Abschnitt XX f um 5,5 kg. Der Wärmeinhalt des Dampfes am Trocknereintritt kann nach dem erwähnten Abschnitt in den beiden Antriebsfällen 1 und 2 wieder als gleich angesehen werden.

Die im Kesselhaus je t Briketts zu erzeugende Dampfmenge ist mit $v_d = 4$ vH (siehe Tabelle 8) und unter Berücksichtigung, daß für die Dampfzusatzmenge ein Verlust durch Stopfbüchsen und Einlaßventile nicht in Betracht kommt

$$D=\frac{779+429{,}5}{1-0{,}04}+\frac{151}{1-0{,}04+0{,}02}=\text{rd. } 1413 \text{ kg}\,.$$

Die stündlich zu erzeugende Dampfmenge beträgt demnach bei einer täglichen Brikettherstellung von 1500 t

$$\frac{1500\cdot 1413}{24}=88\,310 \text{ kg}\,.$$

Die Größe des Turbosatzes ergibt sich zu

$$\frac{1500\cdot 39}{24}=\text{rd. } 2440 \text{ kW},$$

mit einem stündlichen Dampfdurchsatz von $2440\cdot 20{,}7 = 50\,500$ kg.

Gewählt werden 2 Turbosätze von je 2750 kW Leistung, die im normalen Betrieb wieder mit etwa 90 vH belastet arbeiten. Mit dieser Turbosatzgröße kann die Energieerzeugung bei Bedarf auch solange gesteigert werden, bis kein Frischdampfzusatz zum Trockendampf mehr erforderlich ist.

Im Antriebsfall 1 beträgt die Eigenenergieerzeugung rund 38 kWh je t Briketts, demnach der stündliche Dampfdurchsatz der Kraftzentralenturbine

$$\frac{1500\cdot 38}{24}\cdot 20{,}7=49\,150 \text{ kg}\,.$$

i) Berechnung des Rohbraunkohlenverbrauches.

Die Rohbraunkohlenmenge k in t, aus der nach ihrer Trocknung die Brikettmenge k_1 in t hergestellt werden kann, ist in sämtlichen

Antriebsfällen gleich. Nach Gl 3 ergibt sie sich mit $v_k = 2{,}75$ vH, $w = 58$ vH, $w_1 = 14$ vH, zu

$$k = \left(1 + 0{,}01 \cdot 2{,}75\right) \cdot \frac{100 - 14}{100 - 58} \cdot 1500 = \text{rd. } 3160 \text{ t}$$

je Arbeitstag oder zu

$$\frac{3160}{24} = \text{rd. } 131{,}7 \text{ t je Arbeitsstunde,}$$

oder zu 2,107 t je t Briketterzeugung.

Da in vorliegendem Beispiel die Frischdampfmenge für den Turbinen- und den Dampfmaschinenbetrieb mit gleicher Überhitzungstemperatur erzeugt wird, errechnet sich die Feuerkohlenmenge für die 4 Antriebsfälle nach Gl 82.

In den Kesseln ist Dampf von 14 ata und 290° C zu erzeugen (siehe Abschnitt XX e). Sein Wärmeinhalt i_t ist 722,5 kcal/kg. Das Kondenswasser hat beim Austritt aus den Trocknern nach Abschnitt XX d einen Wärmeinhalt von $i' = 138{,}4$ kcal/kg und beim Eintritt in die Kessel nach Gl 86 mit $v_{tw} = 1{,}5$ vH von i' (siehe Abschnitt XVII g), einen solchen von

$$i'_w = (1 - 0{,}015) \cdot 138{,}4 = 136{,}3 \text{ kcal/kg}.$$

In den Antriebsfällen 1 und 2 war $v_d = 4$ vH von D (siehe Abschnitt XX h), $v_{wk} = 0{,}2$ vH von D (siehe Tabelle 8). Weiter wird nach Tabelle 8 für den Wasserverlust $v_w = 0{,}5$ vH von D eingesetzt. Das für die Kesselspeisung zu reinigende Zusatzwasser soll mit durchschnittlich 10° C in den Wasserreiniger fließen. Der Wärmeinhalt des Kesselspeisewassers ist dann nach Gl 87

$$q = \frac{[100 - (4{,}0 + 0{,}5 - 0{,}2)] \cdot 136{,}3 + (4{,}0 + 0{,}5) \cdot 10}{100 + 0{,}2} = 130{,}7 \text{ kcal/kg}.$$

Der Betriebswirkungsgrad der Kesselanlage η_k soll nach Abschnitt XVII h mit 0,65, der untere Rohbraunkohlenheizwert H nach Tabelle 5 mit 2000 kcal/kg eingesetzt werden. Die in den Kesseln zu erzeugende Dampfmenge beträgt in den Antriebsfällen 1 und 2 nach Abschnitt XX h = 1413 kg/t Briketts. Damit wird die Feuerkohlenmenge bei 1500 t Brikettagesleistung nach Gl 82

$$k_f = \frac{1413 \cdot 1500\,(722{,}5 - 130{,}7)}{1000 \cdot 0{,}65 \cdot 2000} = 965 \text{ t je Arbeitstag}$$

oder

$$\frac{965}{24} = 40{,}2 \text{ t je Arbeitsstunde}$$

oder 0,643 t je t Briketterzeugung.

In den Antriebsfällen 3 und 4 war $v_d = 3{,}6$ vH von D (siehe Abschnitt XX d). Setzt man wieder $v_{wk} = 0{,}2$ vH von D und $v_w = 0{,}5$ vH von D ein, so wird

$$q = \frac{[100 - (3{,}6 + 0{,}5 - 0{,}2)] \cdot 136{,}3 + (3{,}6 + 0{,}5) \cdot 10}{100 + 0{,}2} = 131 \text{ kcal/kg}.$$

Nach Abschnitt XX d ist die in den Kesseln zu erzeugende Dampfmenge 1418 kg je t Briketts. Damit wird mit denselben Werten für η_k und H wie vor

$$k_f = \frac{1418 \cdot 1500 \cdot (722{,}5 - 131)}{1000 \cdot 0{,}65 \cdot 2000} = 967{,}8 \text{ t je Arbeitstag}$$

oder

$$\frac{967{,}8}{24} = 40{,}3 \text{ t je Arbeitsstunde}$$

oder 0,645 t je t Briketterzeugung.

Die Feuerkohlenmenge ist also bei den verschiedenen Antriebsfällen praktisch etwa gleich.

Die gesamte bei der Herstellung von 1500 t Briketts je Tag erforderliche Rohbraunkohlenmenge ist dann nach Gl 1

in den Antriebsfällen 1 und 2:
$K = 3160 + 965 = 4125$ t je Arbeitstag
oder 171,9 t je Arbeitstsunde,
„ 2,750 t je t Briketterzeugung;

in den Antriebsfällen 3 und 4:
$K = 3160 + 968 = 4128$ t je Arbeitstag
oder 172 t je Arbeitsstunde,
„ 2,752 t je t Briketterzeugung.

Wird ein Teil des Brikettgruses bzw. der Abfallbriketts mit einem unteren Heizwert $H_1 = 4750$ kcal/kg (siehe Tabelle 6) auf den Kesselfeuerungen verbrannt und setzt man nach Abschnitt XVII c für $v_{kb} = 0{,}3$ vH von k_1 ein, so verringert sich die tägliche Feuerkohlenmenge nach Gl 89 um

$$0{,}01 \cdot 0{,}3 \cdot 1500 \cdot \frac{4750}{2000} = \text{rd. } 10{,}7 \text{ t}.$$

k) Der wärmetechnische Wirkungsgrad der berechneten Brikettfabriken.

Der untere Heizwert H_1 der Briketts soll wie vor mit 4750 kcal/kg eingesetzt werden. Von der Brikettfabrik wird in den berechneten Fällen nur der Energiebedarf für Grube und Abraum abgegeben. Nach Abschnitt XVII g beträgt er 20—22 kWh je t Briketts. Gerechnet wird, wie unter Abschnitt XX d, mit dem höchsten Wert. Dann ist der wärmetechnische Wirkungsgrad nach Gl 92 bei einem mittleren Gesamtkohlenverbrauch der berechneten Brikettfabriken von 4127 t je Arbeitstag

$$\eta = \frac{(1000 \cdot 4750 + 860 \cdot 22) \cdot 1500}{1000 \cdot 4127 \cdot 2000} = 0{,}867\,.$$

Der wärmetechnische Wirkungsgrad von Braunkohlenbrikettfabriken ist also sehr hoch.

l) Zusammenfassung.

Die vorstehenden Berechnungen sind absichtlich sehr eingehend und genau durchgeführt worden, um die Anwendung der entwickelten Gleichungen zu zeigen. Bei der praktischen Durchrechnung wird man natürlich größere Abrundungen vornehmen. Auch die Verlustzahlen wird man nach den in jedem Fall etwas abweichenden Verhältnissen entsprechend einsetzen müssen. In vorstehender Berechnung sind die zur Zeit bestehenden Bestwerte eingesetzt.

Im folgenden soll nun noch eine kurze Zusammenstellung der berechneten Hauptwerte gegeben werden.

Für die in der Aufgabe angegebene Brikettfabrik von 1500 t Brikett-tagesleistung sind erforderlich:

10 Zwillingsbrikettpressen bei Herstellung von 7″ Vollsteinen,

12 oder 13 Röhrentrockner von 1190 m² Heizfläche,

8 Kessel von je 500 m² Heizfläche und 14 atü Kesselkonzessionsdruck ohne Speisewasservorwärmer und Lufterhitzer,

3 Kesselspeisepumpen von je 110 t Höchstleistung je Stunde, davon zwei zur Reserve.

Im Kesselhaus ist Dampf von 13 atü und 290° C Temperatur zu erzeugen. An den Eintrittsventilen der Kraftmaschinen steht Dampf von 12 atü und 280° C zur Verfügung. Der Gegendruck der Kraftzentralen- und der Kesselspeisepumpenantriebs-Turbinen beträgt 3,7 ata, derjenige der Brikettpressenantriebsdampfmaschinen 3,6 ata.

In den Antriebsfällen 1 und 2 (siehe Abschnitt II) sind in der Kraftzentrale zwei Turbosätze von je 2750 kW-Leistung, in den Antriebsfällen 3 und 4 zwei Turbosätze von je 4500 kW-Leistung aufzustellen. Ein Turbosatz steht in jedem Fall zur Reserve. Im normalen Betriebe ist der Betriebsturbosatz in jedem Antriebsfall mit etwa 90 vH belastet.

Die Dampfbelastung bei den verschiedenen Antriebsfällen gibt Tabelle 9. Die Dampfverluste v_d ergeben sich etwas kleiner als Tabelle 8 angibt, weil der Frischdampfzusatz keine Stopfbüchsendampfverluste hat.

Ist der Kraftzentralenturbosatz mit der ihm zur Verfügung stehenden Dampfmenge voll belastet, so ergibt sich nach früheren und zum Teil

Tabelle 9. Dampfverteilung der berechneten Brikettfabriken von 1500 t Brikettagesleistung bei Erzeugung des Eigenenergiebedarfs.

Antriebsfall	Im Kesselhaus zu erzeugende Dampfmenge D		Dampfmenge D_t für den Kraftzentralenturbosatz		Dampfmenge D_p für die Brikettpressen		Dampfmenge D_s für die Kesselspeisepumpen		Frischdampfzusatz am Trocknereintritt		Erforderliche Trockendampfmenge		Dampfverluste v_d		
	in kg/t Br.	in kg/h	in kg/t Br.	in kg/h	in kg/t Br.	in kg/h	in kg/t Br.	in kg/h	in kg/t Br.	in kg/h	in kg/t Br.	in kg/h	in kg/t Br.	in kg/h	in vH von D
1	1413	88 310	782,5	48 905	445	27 800	31,0	1940	145,5	9094	1359,5	84 970	53,5	3370	3,8
2	1413	88 310	807	50 500	445	27 800	—	—	151	9440	1359,5	84 970	53,5	3370	3,8
3	1418	88 620	1300	81 250	—	—	31,0	1940	81,5	5094	1368,5	85 530	49,5	3090	3,5
4	1418	88 620	1325	82 800	—	—	—	—	87	5440	1368,5	85 530	49,5	3090	3,5

Tabelle 10. Dampfverteilung der berechneten Brikettfabriken von 1500 t Brikettagesleistung bei vollständiger Dampfausnutzung in der Kraftzentralenturbine.

Antriebsfall	Im Kesselhaus zu erzeugende Dampfmenge D		Dampfmenge D_t für den Kraftzentralenturbosatz		Dampfmenge D_p für die Brikettpressen		Dampfmenge D_s für die Kesselspeisepumpen		Erforderliche Trockendampfmenge		Dampfverluste v_d		
	in kg/t Br.	in kg/h	in kg/t Br.	in kg/h	in kg/t Br.	in kg/h	in kg/t Br.	in kg/h	in kg/t Br.	in kg/h	in kg/t Br.	in kg/h	in vH von D
1	1428	89 250	945	59 060	445	27 800	31,2	1950	1371	85 690	57	3560	4,0
2	1428	89 250	976	61 000	445	27 800	—	—	1371	85 690	57	3560	4,0
3	1427	89 200	1392	87 000	—	—	31,2	1950	1376	86 000	51	3180	3,6
4	1427	89 200	1423	88 930	—	—	—	—	1376	86 000	51	3180	3,6

neuen Berechnungen, die nicht mehr angegeben sind, weil sie nichts Neues bieten, eine Dampfverteilung nach Tabelle 10.

Die von dem Kraftzentralenturbosatz mit der Dampfmenge D_t stündlich erzeugbare Energiemenge in kWh, die dann gleichbedeutend mit der Belastung des Turbosatzes in kW ist, erhält man, wenn man die Stundendampfmenge D_t durch den in Abschnitt XX d angegebenen Dampfverbrauch $d_t = 20{,}7$ kg/kWh dividiert. Diese Berechnung setzt den Wirkungsgrad des Turbosatzes von 0,65 beim Durchsatz der in den einzelnen Antriebsfällen zur Verfügung stehenden Dampfmenge D_t voraus. Tabelle 11 gibt eine Übersicht über diese

Tabelle 11. Erzeugbare und abzugebende elektrische Energiemengen der berechneten Brikettfabriken.

Antriebsfall	Stündlich erzeugbare Energiemenge in kWh	Stündlicher Eigenenergiebedarf der Brikettfabrik in kWh	Stündliche Energieabgabe der Brikettfabrik in kWh
	Brikettfabrik nach Tabelle 9.		
1	2360	990	1370
2	2440	1065	1375
3	3925	2550	1375
4	4000	2625	1375
	Brikettfabrik nach Tabelle 10.		
1	2850	990	1860
2	2950	1065	1885
3	4200	2550	1650
4	4300	2625	1675

Energiemengen. Zu dieser Aufstellung ist zu erwähnen, daß die Brikettfabriken nach Tabelle 9 nur den Energiebedarf für Grube und Abraum, der im vorliegenden Fall 22 kWh je t Briketts beträgt, abgeben, weil sie lediglich den Eigenenergiebedarf des ganzen Brikettwerkes erzeugen.

Tabelle 12 gibt schließlich noch eine Zusammenstellung der einzelnen Dampfverluste bezogen auf 1 t Brikettherstellung. Sie zeigt im Vergleich mit den Tabellen 9 und 10 die Richtigkeit der Tabelle 8 und der Gl 67, in die bei Berechnung der Gesamtdampfmenge D die Gesamtdampfverluste eingesetzt werden.

Die Zusatzwassermenge setzt sich aus den Dampfverlusten v_d der Tabelle 12 und den Kessel- und Kondenswasserverlusten v_w zusammen. Die letzteren werden mit 0,5 vH von der Dampfmenge D eingesetzt. Es ergeben sich damit die Zusatzwassermengen nach Tabelle 13, die also in einem Wasserreiniger zu enthärten sind.

Tabelle 12. Zusammenstellung der Gesamtdampfverluste in kg/t Briketts der berechneten Brikettfabriken.

	Brikettfabrik nach Tabelle 9, Antriebsfall				Brikettfabrik nach Tabelle 10, Antriebsfall			
	1	2	3	4	1	2	3	4
v_{dk} 0,2 vH von D	2,83	2,83	2,84	2,84	2,86	2,86	2,85	2,85
v_{dt} 0,1 „ „ D_t	0,78	0,81	1,30	1,33	0,95	0,98	1,40	1,42
v_{dp} 0,8 „ „ D_p	3,56	3,56	—	—	3,56	3,56	—	—
v_{ds} 0,1 „ „ D_s	0,03	—	0,03	—	0,03	—	0,03	—
v'_{dt} 2,0 „ „ D_t	15,65	16,14	—	—	18,90	19,52	—	—
v'_{dt} 1,8 „ „ D_t	—	—	23,40	23,85	—	—	25,06	25,61
v'_{dp} 2,0 „ „ D_p	8,90	8,90	—	—	8,90	8,90	—	—
v'_{ds} 1,5 „ „ D_s	0,46	—	0,46	—	0,47	—	0,47	—
Rohrleitungsverlust $v_{dr} = 0{,}1$ vH von der Zusatzdampfmenge.	0,15	0,15	0,08	0,09	—	—	—	—
v'_d 1,5 vH von D	21,20	21,20	21,27	21,27	21,42	21,42	21,41	21,41
Gesamt............	53,56	53,59	49,38	49,38	57,09	57,24	51,22	51,29

Der Rohbraunkohlenverbrauch der berechneten Brikettfabriken beträgt in der Brikettfabrik nach Tabelle 9

in den Antriebsfällen 1 und 2

4125 t je Arbeitstag oder 171,9 t je Arbeitsstunde oder 2,750 t je t Briketterzeugung,

in den Antriebsfällen 3 und 4

4128 t je Arbeitstag oder 172,0 t je Arbeitsstunde oder 2,752 t je t Briketterzeugung,

bei der Brikettfabrik nach Tabelle 10

in den Antriebsfällen 1 und 2

4135 t je Arbeitstag oder 172,3 t je Arbeitsstunde oder 2,757 t je t Briketterzeugung,

in den Antriebsfällen 3 und 4

4134 t je Arbeitstag oder 172,3 t je Arbeitsstunde oder 2,756 t je t Briketterzeugung.

Tabelle 13. Zusatzwassermengen der berechneten Brikettfabriken.

	Zusatzwassermenge		
	in vH von der Dampfmenge D	in kg je t Briketts	in kg je Stunde
a) Brikettfabrik nach Tabelle 9			
Antriebsfälle 1 u. 2.............	4,3	63	3800
„ 3 u. 4.............	4,0	57	3550
b) Brikettfabrik nach Tabelle 10			
Antriebsfälle 1 u. 2.............	4,5	64	4020
„ 3 u. 4.............	4,1	58,5	3660

Die Rohbraunkohlenmenge k, aus der nach ihrer Trocknung die Brikettmenge k_1 hergestellt werden kann, beträgt in sämtlichen vorstehend betrachteten Fällen

3160 t je Arbeitstag oder 131,7 t je Arbeitsstunde oder 2,107 t je t Brikett-erzeugung.

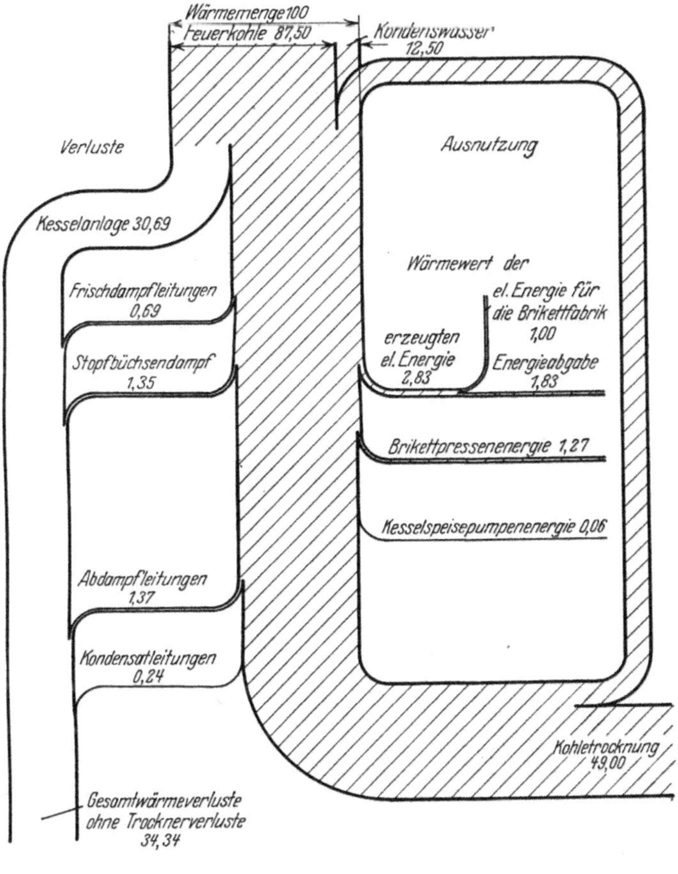

Abb. 48. Wärmeflußbild der Brikettfabrik nach Zahlentafel 10, Antriebsfall 1. Die Zahlen bedeuten den Anteil von der den Kesseln zugeführten Wärmemenge, die gleich 100 gesetzt ist.

Die Verluste an getrockneter Kohle sind bei den Berechnungen mit 2,75 vH von der zu erzeugenden Brikettmenge von $k_1 = 1500$ t je Arbeitstag eingesetzt. Sie verteilen sich wie folgt (siehe Abschnitt XVIIc):

Verluste durch die elektrische Entstaubung	$\left.\right\} v_{k_8}$	0,25 vH von k_1
Verluste durch die Trockenkohlenförderung		0,50 vH von k_1
		0,75 vH von k_1

Übertrag:	0,75 vH von k_1
Verluste durch Brikettgrus, Brikettbruch und Abfallbriketts v_{kb}	0,50 vH von k_1
Verluste durch Übergewicht $v_{kü}$	1,50 vH von k_1
Gesamtverluste v_k =	2,75 vH von k_1

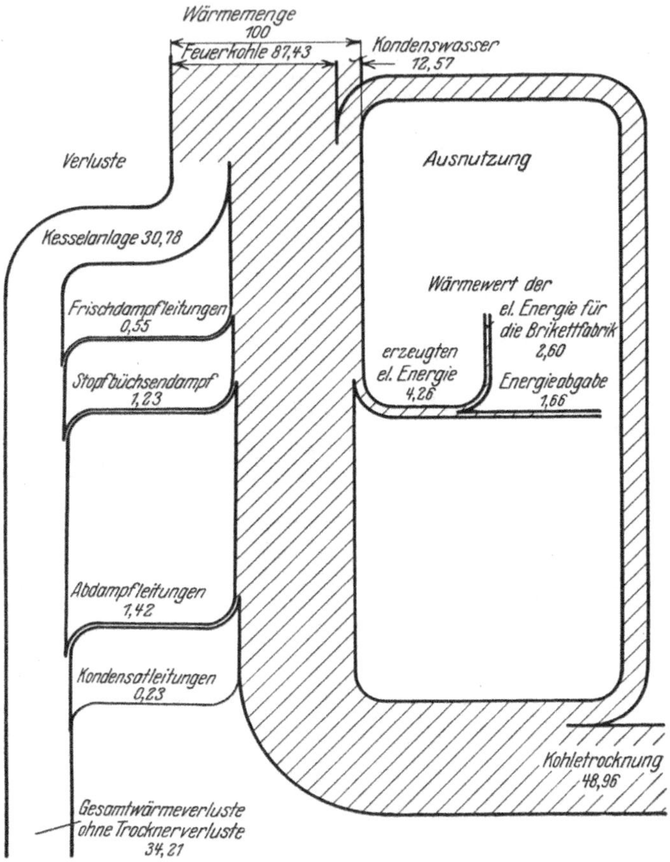

Abb. 49. Wärmeflußbild der Brikettfabrik nach Tabelle 10, Antriebsfall 4.
Die Zahlen bedeuten den Anteil von der den Kesseln zugeführten Wärmemenge, die gleich 100 gesetzt ist.

Schließlich ist noch in Tabelle 14 eine Zusammenstellung der Wärmeverluste v_v gegeben. Wie sich diese Tabelle errechnet, wird an einem Beispiel für den Antriebsfall 1 der Brikettfabrik nach Tabelle 9 gezeigt, das in Tabelle 15 enthalten ist. In dieser Tabelle ist gleichzeitig die Richtigkeit der Gl 59 nachgewiesen.

Mit Hilfe der Tabelle 14 sind für die Antriebsfälle 1 und 4 der Brikettfabriken nach Tabelle 10 Wärmeflußbilder gezeichnet, die die Abb. 48 und 49 zeigen.

Tabelle 14. Zusammenstellung der Wärmeverluste je t Brikettherstellung, ausschließlich derjenigen der Dampfkessel und Kohletrockner, in kcal.

Wärmeverluste durch	Brikettfabrik nach Tabelle 9 Antriebsfall				Brikettfabrik nach Tabelle 10 Antriebsfall			
	1	2	3	4	1	2	3	4
v_k	1 900	1 900	1 910	1 910	1 920	1 920	1 920	1 920
$v_{dt} + v_{dp} + v_{ds} + v_{dr}$	3 270	3 270	1 020	1 030	3 280	3 280	1 030	1 030
v'_{dt}	11 160	11 510	16 680	17 000	13 470	13 920	17 870	18 260
v'_{dp}	6 350	6 350	—	—	6 350	6 350	—	—
v'_{ds}	330	—	330	—	340	—	340	—
v'_d	14 280	14 280	14 250	14 250	14 330	14 330	14 280	14 280
Abkühlung der Dampfleitungen a) vom Kesselhaus bis zu den Kraftmaschinen	7 030	7 030	7 070	7 070	7 010	7 100	7 120	7 120
b) von den Kraftmaschinen bis zu den Trocknern	5 820	5 510	7 410	6 840	6 140	5 570	7 450	6 880
Kondenswasserverlust	590	590	590	590	590	590	590	590
Kesselwasserverlust	560	560	560	560	560	560	560	560
Abkühlungen der Kondenswasserleitungen	2 850	2 850	2 870	2 870	2 870	2 870	2 880	2 880
Gesamter Wärmeverlust v_v in kcal	54 140	53 850	52 690	52 120	56 860	56 490	54 040	53 520
Gesamte im Kesselhaus für die Herstellung 1 t Briketts herzustellende Wärmemenge J in kcal	836 200	836 000	838 750	838 750	845 100	845 100	844 100	844 100
v_v in vH von J	6,47	6,44	6,28	6,21	6,72	6,68	6,40	6,34

Tabelle 15. Wärmeverlustberechnung für die Brikettfabrik nach Tabelle 9, Antriebsfall 1.

Zustand des Dampfes beim Austritt aus den Kesseln, 14 ata, 290° C, Wärmeinhalt	722,5 kcal/kg
Zustand des Dampfes beim Eintritt in die Kraftmaschinen 13 ata, 280° C, Wärmeinhalt	717,5 „
Zustand des Dampfes hinter der Kraftzentralenturbine 3,7 ata, 175° C, Wärmeinhalt	672,0 „
Zustand des Abdampfes der Kraftzentralenturbine am Trocknereintritt 3,5 ata, 165° C, Wärmeinhalt	667,0 „
Zustand des Dampfes hinter den Brikettpressendampfmaschinen 3,6 ata, 179° C, Wärmeinhalt	674,0 „
Zustand des Brikettpressenabdampfes am Trocknereintritt 3,5 ata, 174° C, Wärmeinhalt	672,0 „
Zustand des Dampfes hinter der Pumpenturbine 3,7 ata, 212° C, Wärmeinhalt	691,0 „
Zustand des Abdampfes der Pumpenturbine am Trocknereintritt 3,5 ata, 165° C, Wärmeinhalt	667,0 „
Zustand des Zusatzdampfes am Trocknereintritt 3,5 ata, 256° C, Wärmeinhalt	712,5 „
Wärmeinhalt des gemischten Dampfes am Trocknereintritt . .	673,5 „
Wärmeinhalt des Kesselsattdampfes	667,0 „
Wärmeinhalt des Kesselwassers	197,4 „
Wärmeinhalt des Kondenswassers am Trockneraustritt	138,4 „
Wärmeinhalt des Trockner-Kondenswassers beim Eintritt in die Kessel	136,3 „
Wärmeinhalt des Kesselspeisewassers beim Eintritt in die Kessel	130,7 „

Wärmeverluste in kcal je t Briketts.

Werte nach Tabelle 12.

a) v_{dk} (angenommen aus 10 vH überhitztem und 90 vH gesättigtem Dampf)	1900 kcal
b) $v_{dt} + v_{dp} + v_{ds} + v_{dr} = (0{,}78 + 3{,}56 + 0{,}03 + 0{,}15) \cdot 722{,}5 =$	3270 „
c) $v'_{dt} = 15{,}65\,(0{,}9 \cdot 717{,}5 + 0{,}1 \cdot 672)$ . . . . $=$	11160 „
d) $v'_{dp} = 8{,}9\,(0{,}9 \cdot 717{,}5 + 0{,}1 \cdot 674)$ . . . . $=$	6350 „
e) $v'_{ds} = 0{,}46\,(0{,}9 \cdot 717{,}5 + 0{,}1 \cdot 691)$ . . . . $=$	330 „
f) v'_d (angenommen durch die Sicherheitsventile der Trockendampfleitung, also Wärmeinhalt 673,5 kcal/kg) $21{,}2 \cdot 673{,}5 =$ . . .	14280 „
g) Wärmeverluste durch die Dampfleitungen vom Kesselhaus bis zu den Kraftmaschinen (siehe Tabelle 9) $(782{,}5 + 445 + 31 + 1{,}015 \cdot 145{,}5) \cdot (722{,}5 - 717{,}5)$ . . . . $=$	7030 „
h) von den Kraftmaschinen bis zu den Trocknern $(1 - 0{,}035) \cdot 782{,}5 \cdot (672 - 667) + (1 - 0{,}035) \cdot 445 \cdot (674 - 672) + (1 - 0{,}03) \cdot 31 \cdot (691 - 667) + 145{,}5 \cdot (717{,}5 - 712{,}5)$ . . . . $=$	5820 „
i) Wärmeverlust durch Verlust an Kondenswasser $0{,}003 \cdot 1413 \cdot 138{,}4$ . . . . $=$	590 „
k) Wärmeverlust durch Verlust an Kesselwasser $0{,}002 \cdot 1413 \cdot 197 =$	560 „
l) Wärmeverlust durch Abkühlung der Kondenswasserleitungen $(1 - 0{,}003) \cdot 1359{,}5\,(138{,}4 - 136{,}3)$	2850 „
Gesamte Wärmeverluste v_v	54140 kcal

Gesamte aufzuwendende Wärmemenge J für die Herstellung 1 t Briketts, ohne Berücksichtigung des Kesselwirkungsgrades

$$1413\,(722{,}5 - 130{,}7) = \text{rund } 836\,200 \text{ kcal.}$$

Wärmeverluste v_v in vH der Wärmemenge J

$$v_v = \frac{54140 \cdot 100}{836\,200} = 6{,}47 \text{ vH}$$

Wärmemenge J nach Gl 59 für die Herstellung 1 t Briketts mit

$$N_s = \frac{(1 + 0{,}01 \cdot 0{,}2) \cdot 1413 \cdot 155}{3600 \cdot 102} = 0{,}60 \text{ kWh (nach Gl 76)},$$

$$J = \frac{1}{1 - 0{,}01 \cdot 6{,}47} \cdot \left[1000 \cdot \left(1 + 0{,}0275\right) \cdot \frac{58 - 16}{100 - 58} \cdot 708 \right.$$

$$\left. + 860 \cdot \left(\frac{37{,}8}{0{,}99 \cdot 0{,}94} + \frac{0{,}60}{0{,}98 \cdot 0{,}65}\right) + 632{,}3 \cdot 30\right] = 836\,200 \text{ kcal.}$$

E. Brikettfabriken mit Überschußenergieerzeugung bei Anwendung von Hochdruckdampf.

XXI. Einleitende Bemerkungen.

Im Abschnitt XX wurde die Brikettfabrik eingehend untersucht, die nur ihren Eigenenergiebedarf herstellt. Es wurden dafür die Dampfverhältnisse berechnet, mit denen gearbeitet werden muß. Ist nun die Möglichkeit der Abgabe von elektrischer Energie in beliebiger Höhe vorhanden, so gibt es folgende Möglichkeiten, das Höchstmaß der Energieerzeugung zu erreichen, die auch verbunden werden können,

1. man verbessert den Wirkungsgrad der vorhandenen Anlage,
2. man erhöht den Dampfdruck und die Dampftemperatur soweit es technisch und wirtschaftlich möglich ist,
3. man setzt den Trockendampfdruck herab.

Diese drei Möglichkeiten haben eine Grenze, die in den folgenden Abschnitten näher behandelt werden soll. In allen Fällen wird der Jahresgewinn bei der Erzeugung von Überschußenergie ausschlaggebend sein. Dabei darf der Preis der erzeugten Kilowattstunde nur so hoch sein, daß noch ein Absatz der mehrerzeugten elektrischen Energie gewährleistet werden kann.

Über die Vorteile der Anwendung von Hochdruckdampf in Braunkohlenbrikettfabriken ist schon früher geschrieben worden. Es wird hier auf die Aufsätze von Gleichmann (90) und Vigener (91) verwiesen, die aber durch die inzwischen eingetretene technische Entwicklung teilweise überholt sind. In neuerer Zeit hat Münzinger (92) die

Frage des wirtschaftlichsten Dampfdruckes für Elektrizitätswerke eingehend behandelt, während Ebel (93) dieselbe Frage bei Betrieben mit kleinem Dampfbedarf untersucht und Gilli (94) in einem Aufsatz den wirtschaftlichsten Dampfdruck für Kondensations-Kraftwerke und für Werke mit Gegendruckbetrieb festzustellen sucht.

Grundsätzlich sollte man bei Steigerung des Energiebedarfs in Braunkohlenbrikettfabriken, die vielfach durch die immer weiter fortschreitende Elektrifizierung der Anlagen bedingt ist, zunächst die Möglichkeit untersuchen, den Wirkungsgrad der vorhandenen Anlage zu verbessern, ehe man die beiden andern Möglichkeiten in Betracht zieht. Man ist heute oft geneigt, Hochdruckanlagen mit Vorschaltturbinen einzubauen und die alte Kraftanlage bestehen zu lassen, trotzdem sie mit schlechtem Wirkungsgrad arbeitet. Daß dieser Weg unrichtig ist, bedarf wohl keiner weiteren Erörterung.

Die Herabsetzung des Trockendampfdruckes ist ebenfalls eine Möglichkeit, die Energieerzeugung zu erhöhen. Da mit sinkendem Trockendruck die erforderliche Trockenheizfläche jedoch stark ansteigt (siehe Abb. 25) und die Trockenheizflächen teuer sind, liegt die Grenze für das Herabsetzen des Trockendruckes dort, wo bei gleicher Mehrenergieerzeugung die Kosten für die mehreinzubauende Trockenheizfläche gleich den Kosten für eine zu diesem Zweck einzubauende Hochdruckkesselanlage werden.

Bei der Behandlung der Aufgabe, mit einer Brikettfabrik das Höchstmaß oder eine bestimmte Mehrmenge an elektrischer Energie zu erzeugen, hat man zwei Fälle zu unterscheiden, und zwar

1. die Brikettfabrik ist bereits vorhanden,
2. die Brikettfabrik wird neu gebaut.

Im ersten Fall ist bereits das Kesselhaus mit einer Kraftzentrale in einer Größe vorhanden, die gestattet, die bisher erforderliche Energiemenge herzustellen. Baut man ein neues Kesselhaus mit der dazu gehörigen Kraftzentrale, so muß der Buchwert der vorhandenen Anlage auf die neue Anlage zugeschlagen werden, sofern die alte Anlage noch nicht abgeschrieben ist. Dann kann unter Umständen die Errichtung einer Hochdruckanlage unwirtschaftlich werden. Es kann aber auch der Fall eintreten, daß die vorhandene Kesselanlage und Kraftzentrale wegen Altersschwäche ersetzt werden muß. In diesem Fall ist unbedingt ein neues Kesselhaus mit einer Kraftzentrale zu bauen, die mindestens so zu bemessen sind, daß der Eigenenergiebedarf des Brikettwerkes erzeugt werden kann. Baut man dann eine Hochdruckanlage ein, so werden die über den Eigenenergiebedarf des Brikettwerkes mehr erzeugten Kilowattstunden nur mit der Abschreibung und Verzinsung der Mehranlagekosten der Hochdruckanlage gegenüber den Anlagekosten der Kraftanlage, die den Eigenenergiebedarf herstellt, belastet.

Im zweiten Fall muß mindestens ebenfalls eine Kraftanlage für den Eigenenergiebedarf des Brikettwerkes errichtet werden. Es gelten also für die Kostenbelastung der mehrerzeugten Kilowattstunden die vorherigen Ausführungen.

Die Ansichten über die Höhe des Dampfdruckes, mit dem man in Braunkohlenbrikettfabriken wirtschaftlich arbeiten kann, gehen noch sehr weit auseinander. Es ist selbstverständlich nicht möglich, für alle Brikettfabriken einen gleichen wirtschaftlich günstigsten Dampfdruck anzugeben. Seine Höhe hängt in erster Linie von der Stundendampfmenge ab, die zur Ausnutzung in den Kraftzentralenturbinen zur Verfügung steht. Es ist daher nicht angängig, wenn ausgerechnet wird, welche elektrische Energiemengen die deutsche Braunkohlenbrikettindustrie abgeben kann, wenn man den Dampfdruck bis auf 100 at und darüber steigert. Es gibt nur eine begrenzte Zahl von Brikettfabriken, die eine so große Stundendampfmenge zur Ausnutzung in Dampfturbinen zur Verfügung haben, daß sich nach dem heutigen Stande des Dampfturbinenbaues eine Erhöhung des Dampfdruckes auf 100 at und darüber noch lohnt. Es kann aber durch eine dampfseitige Verkupplung von nicht zu weit auseinanderliegenden Brikettfabriken die Möglichkeit für die Errichtung einer Hochdruckdampfanlage auch für kleine Brikettfabriken geschaffen werden. Bei kleinen Stundendampfmengen und hohem Dampfdruck könnten allerdings Gegendruckdampfmaschinen in der Kraftzentrale zur Aufstellung kommen, jedoch bestehen dann wieder die Schwierigkeiten der Abdampfentölung. Beim Hochdruckdampfbetrieb muß aber unbedingt angestrebt werden, die Kessel mit möglichst öl- und kesselsteinfreiem Wasser zu speisen, wenn man nicht unangenehme Erfahrungen machen will. Es wird hier noch einmal auf den Aufsatz von Anderson (87) verwiesen, der über Betriebserfahrungen in der 91-at-Kraftanlage in Lakeside berichtet. Vorhandene Brikettfabriken haben noch fast durchweg mit Dampfmaschinen angetriebene Brikettpressen, so daß beim Einbau einer Hochdruckanlage in der Kraftzentrale Anzapf-Gegendruckturbinen zur Aufstellung kommen müssen, wodurch der Betrieb etwas weniger einfach wird, als wenn die gesamte Dampfmenge durch eine reine Gegendruckturbine gehen kann. Außerdem besteht auch hier die Schwierigkeit einer einwandfreien Abdampfentölung.

Ein weiterer wichtiger Faktor ist die Frage der Betriebssicherheit von Hochdruckanlagen. In Deutschland liegen über den Betrieb mit Anlagen über 60 at noch wenig Erfahrungen vor. Nachdem aber inzwischen das Großkraftwerk Mannheim eine Anlage von 100 atü Betriebsdruck und 12000 kW installierter Leistung (95) und die Ilse Bergbau A.-G., Grube Ilse, N.-L., eine solche mit 120 atü Betriebsdruck und 24000 kW installierter Leistung (5) errichtet und im Betrieb haben, ist wohl damit zu rechnen, daß nach Überwindung der ersten unvermeidlichen Störungen, die technische Neuerungen stets mit sich bringen, die Verhältnisse gefunden werden, die einen einwandfreien Betrieb mit derartigen Hochdruckdampfanlagen gewährleisten. In Amerika sind bereits eine große Zahl von Hochdruckdampfanlagen über 80 atü im Betriebe, und die Erweiterung dieser sowie die Errichtung neuer Anlagen mit gleichen und vielfach noch höheren Dampfdrücken, kann man wohl als einen Beweis dafür ansehen, daß diese Anlagen heute zum mindesten etwa die gleiche Betriebssicherheit haben, wie solche mit wesentlich niedrigeren Dampfdrücken. An dieser Stelle soll noch auf einen Bericht von Moultrop in Electrical World verwiesen werden, der Erfahrungen mit Hochdruckdampf im Edgar-Kraftwerk gibt, von dem ein Auszug von Heuelmann (96) im Archiv für Wärmewirtschaft erschienen ist.

In den folgenden Abschnitten werden Untersuchungen über die Überschußenergiemengen und die Kosten für die erzeugte Kilowattstunde bei Anwendung von Hochdruckdampf bis zu 160 atü durchgeführt. Zugrunde gelegt wird dabei die im Abschnitt XX berechnete Niederlausitzer Brikettfabrik von 1500 t Brikettagesleistung. Für diese Brikettfabrik wird der wirtschaftlichste Dampfdruck ermittelt, doch sind die Untersuchungen so durchgeführt, daß sie ohne weiteres Schlußfolgerungen über den wirtschaftlichsten Dampfdruck in anderen Brikettfabriken mit ausreichend hoher Leistung zulassen.

XXII. Allgemeine Gesichtspunkte über den Bau von Hochdruckanlagen.

a) Brikettpressenantrieb.

Bei Neuanlagen wird man die Brikettpressen mit Elektromotorenantrieb vorsehen (siehe auch Abschnitt XIV). Man erhält dadurch ölfreien Abdampf und damit für die Hochdruckkessel ölfreies Speisewasser und vermeidet die große Dampfanzapfung der Kraftzentralenturbine. Bei vorhandenen Brikettfabriken, bei denen die Brikettpressen noch Dampfmaschinenantrieb besitzen, ist beim Einbau einer Hochdruckanlage der weitgehendsten Abdampfentölung besondere Beachtung zu schenken.

b) Kesselanlage.

Über die Wahl der zweckmäßigsten Hochdruckkesselbauart können keine Angaben gemacht werden, weil sich in Europa erst noch eine bestimmte Bauart durchsetzen muß. In Amerika werden Teilkammerkessel bevorzugt. Einige amerikanische Hochdruckanlagen besitzen auch Steilrohrkessel. In Europa bestehen Sonderbauarten, wie der Benson-, der Löffler-, der Schmidt- und der Atmoskessel. Über diese Kessel haben Gleichmann (97), Löffler (98), Hartmann (99) und

Josse (100) nähere Ausführungen gemacht. Im Großkraftwerk Mannheim und im 120-at-Kraftwerk der Ilse Bergbau A.-G. sind Steilrohrkessel aufgestellt.

Bis zu einem Betriebsdruck von 20 atü wird man noch genietete, für Betriebsdrücke zwischen 20 und 40 atü geschweißte und darüber hinaus geschmiedete Kesseltrommeln verwenden. Die angegebenen Grenzen sind natürlich nur angenähert. Der Preissprung von geschweißten zu geschmiedeten Kesseltrommeln kann einen bestimmten mittleren Kesseldruck unwirtschaftlich machen. Es ist dann meistens richtiger, auf einen höheren Druck zu gehen, weil sich dabei die Kosten für die geschmiedeten Kesseltrommeln nicht wesentlich höher stellen.

Bei Kesseln von sehr hohem Betriebsdruck verwendet man für die Kesseltrommeln, Wasser- und Überhitzerrohre meistens legierte Stähle, die den Preis entsprechend erhöhen. Besondere Abnahmebedingungen für die Kessel-, Überhitzer- und Vorwärmerohre erhöhen den Kesselpreis ebenfalls erheblich. Die Forderung, diese Rohre aus bearbeiteten Gußblöcken herzustellen, vor ihrer Abnahme zu beizen und dann wieder auszuglühen, erhöhen den gesamten Kesselpreis, ohne Einmauerung, um etwa 10 vH.

Über die Kesselbelastung sind bereits im Abschnitt XVId Angaben gemacht. Über die größtmöglichste Kesselbelastung gehen die Ansichten heute noch auseinander. Die vom Verfasser gemachten Angaben können wohl zur Zeit als normale Belastungen zugrunde gelegt werden. Geht man mit den Kesselbelastungen bei niedrigen Dampfdrücken wesentlich höher, so können auch die Kesselbelastungen für höhere Dampfdrücke entsprechend erhöht werden, wenn man annähernd gleiche Verdampfungsoberflächenbelastungen zugrunde legt, weil das Volumen des Dampfes mit steigendem Druck stark sinkt. Der angegebene Unterschied in den Kesselbelastungen bei verschiedenen Dampfdrücken wird also auch dann bestehen bleiben, nur verlegt man bei erhöhten Kesselbelastungen einen Teil der Heizfläche in die Vorwärmer. Wo dabei die wirtschaftlichste Grenze liegt, ist zweckmäßigerweise für jeden Fall besonders zu berechnen. Die Höchstgrenze der Kesselbelastung liegt bei gegebenen Abgastemperaturen jedenfalls dort, wo das Speisewasser im Vorwärmer bereits auf die Sattdampftemperatur des Kesseldruckes erwärmt wird. Da das Speisewasser in Braunkohlenbrikettfabriken, je nach dem Trockendampfdruck, bereits mit Temperaturen von etwa 125—140° C in die Vorwärmer gelangt, ist diese Höchstgrenze, besonders bei niedrigen Kesseldrücken, bald erreicht. Man kann die Kesselbelastung noch über diese Grenze etwas erhöhen, wenn außer Speisewasser- auch Luftvorwärmer eingebaut werden. Mit der Luftvorwärmung wird man bei Braunkohlenfeuerungen jedoch nicht über 200° C gehen.

Werden Speisewasser- und evtl. außerdem noch Luftvorwärmer eingebaut, so entsteht im Kesselsystem ein größerer Zugverlust als bei den heute in Brikettfabriken eingebauten Kesseln ohne diese Vorwärmer. Weiter ist dann mit höherem Zug über Rost zu arbeiten, um die erhöhten Kesselbelastungen zu erreichen. Für die Zugerzeugung muß deshalb ein ausreichend hoher Schornstein gebaut werden, wenn man sich nicht zum Einbau einer Saugzuganlage entschließt.

Bei der Wahl der Kesselzahl bzw. der Kesselgröße ist ein Kessel als Reserve einzurechnen. Damit ergeben sich dann die Mindestanlagekosten für eine bestimmte Kesselgröße.

Im Abschnitt XVIII wurde ausgeführt, daß der Kesselkonzessionsdruck etwa 5 vH über dem Kesselbetriebsdruck liegen soll. In Abb. 50 sind für Turbineneintrittsdampfdrücke von 12—140 atü die Kesselkonzessions- und Kesselbetriebsdrücke angegeben, wie sie sich nach Ermittlungen am zweckmäßigsten ergeben.

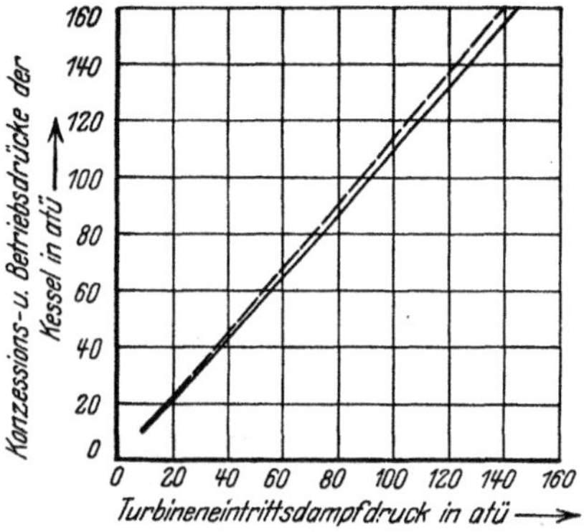

Abb. 50. Kesselkonzessions-, Kesselbetriebs- und Turbineneintrittsdampfdrücke.

— — — Kesselkonzessionsdruck.
——— Kesselbetriebsdruck.

c) Kesselspeisepumpenanlage.

Für die Kesselhäuser von Brikettfabriken wird man stets mit drei Kesselspeisepumpen auskommen, von denen jede die bei der größten Dampferzeugung der Anlage erforderliche Wassermenge fördern muß (Näheres darüber siehe im Abschnitt XXf). Werden zum Antrieb sämtlicher Kesselspeisepumpen Dampfturbinen gewählt, so wird man diese

1. aus Gründen der Betriebssicherheit,
2. wegen ihres schlechten Wirkungsgrades bei der geringen Dampfdurchsatzmenge

nicht mit Eintrittsdampfdrücken über etwa 35 atü arbeiten lassen. Es ist dann also bei höheren Betriebsdampfdrücken ebenfalls eine dauernde Anzapfung der Kraftzentralenturbine an einer geeigneten Druckstufe erforderlich.

Werden zum Antrieb der Kesselspeisepumpen Elektromotoren gewählt, so muß dennoch eine Pumpe mit Dampfturbinenantrieb aufgestellt werden (siehe Abschnitt XXf). Die Kraftzentralenturbine muß also auch in diesem Fall eine Anzapfstelle erhalten, aus der aber nur Dampf entnommen wird, wenn die Elektromotorenpumpen ausfallen.

Bei den großen Kesselbelastungen des Hochdruckbetriebes und den kleinen Trommeln der Hochdruckkessel muß beim Ausfall der Betriebskesselspeisepumpe eine Reservepumpe in sehr kurzer Zeit angelassen werden. Es ist deshalb zweckmäßig, eine Kesselspeisepumpe als sogenannte Notpumpe vorzusehen, die beim Ausfall der Betriebspumpe selbsttätig in sehr kurzer Zeit angelassen wird. Diese Pumpe wird man mit Dampfturbinenantrieb vorsehen und wegen der kurzen Anlaßzeit mit einer einstufigen Turbine kuppeln. Da sie nach Behebung der Störung an der Betriebspumpe oder bei Inbetriebsetzung der Reservepumpe wieder außer Betrieb gesetzt wird, so spielt ihr hoher Dampfverbrauch keine große Rolle, um so weniger, als sie ihren Abdampf in die Trockendampfleitung abgibt. Sind die Betriebspumpen mit Elektromotoren gekuppelt, die bei einer elektrischen Störung ausfallen, so spielt der Dampfverbrauch der Notpumpe während dieser Störungszeit erst recht keine Rolle, weil dann gewöhnlich auch der Turbosatz der Kraftzentrale unbelastet laufen wird, bis die Störung behoben ist. Verfasser hat die Anordnung mit einer selbsttätig einspringenden Notpumpe zum erstenmal in der 120-at-Anlage der Ilse Bergbau A.-G. vorgeschlagen und darüber an anderer Stelle berichtet (5). Die Zeit für das Anlassen der Notpumpe läßt sich mindestens verdoppeln, wenn die Pumpengröße so gewählt wird, daß stets zwei Pumpen arbeiten. Beim Ausfall der einen Pumpe

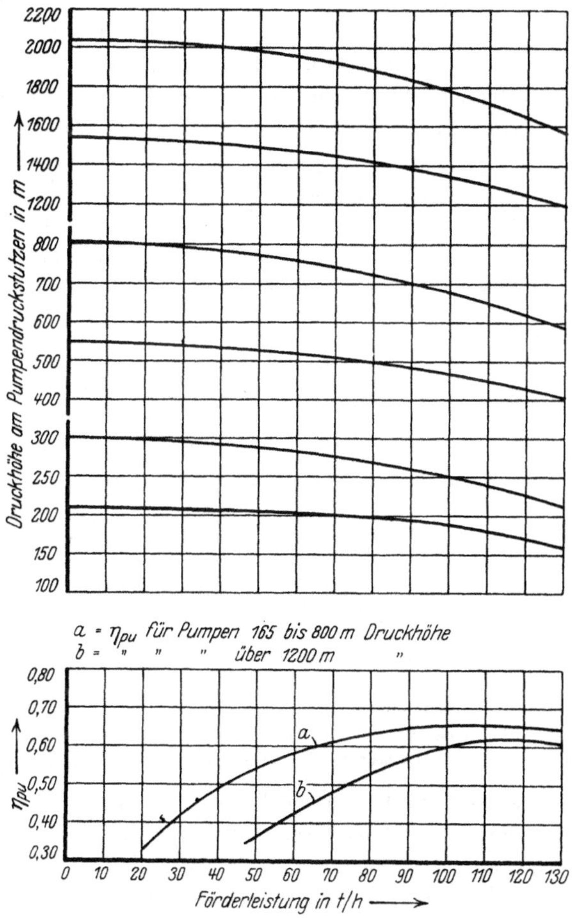

Abb. 51. Drucklinien und Wirkungsgrade von Kesselspeisepumpen für Kesseldrücke bis zu 160 atü.

fördert dann noch die zweite Wasser. Diese Anordnung ist aber sehr teuer und bietet beim Elektromotorenantrieb der Kesselspeisepumpen keine Vorteile, weil bei einer Störung in der Stromzufuhr beide Betriebspumpen ausfallen.

Eine weitere Antriebsmöglichkeit für die Kesselspeisepumpen besteht darin, daß man die eine mit einem Elektromotor, die zweite mit einer vielstufigen Dampfturbine und die dritte, also die Notpumpe, mit einer einstufigen Dampfturbine kuppelt. Auf diese Weise wird auch bei längeren Störungen im elektrischen Betriebe ein wirtschaftlicher Pumpenbetrieb durch die Kesselspeisepumpe mit der vielstufigen Antriebsturbine gewährleistet. Den Antriebsdampf erhält diese Pumpe ebenfalls von der Anzapfstelle der Kraftzentralenturbine.

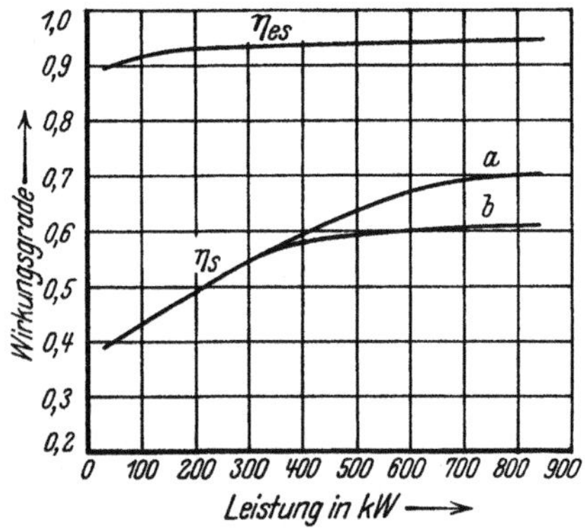

Abb. 52. Vollast-Wirkungsgrade von Turbinen und Elektromotoren zum Antrieb von Kesselspeisepumpen.

η_{es} = Wirkungsgrade der Elektromotoren.
η_s = thermodynamische Wirkungsgrade der Turbinen bezogen auf die Pumpenkupplung.

a) hochwertige Antriebsturbine.
b) Antriebsturbine für Notpumpe.

Die Hochdruckkesselspeisepumpen sind möglichst mit einer stabilen Charakteristik zu bauen, d. h. die Drucklinien sollen nach der Nullförderung zu einen stetig steigenden Verlauf nehmen, also keinen abfallenden Ast aufweisen. Auf diese Weise werden selbst bei kleinen Fördermengen Pendelungen in der Förderung und das Arbeiten der Pumpe im labilen Gebiet vermieden. Bei Pumpen mit anders verlaufenden Charakteristiken sucht man die erwähnten Nachteile dadurch zu vermeiden, daß ein Überströmventil in die Druckleitung eingebaut wird, das sich bei Unterschreitung einer bestimmten Pumpenfördermenge selbsttätig öffnet und einen Teil des Druckwassers in die Speisewasserbehälter zurücklaufen läßt. Diese Anordnung gibt selbst bei niedrigen Kesseldrücken zu öfteren Beanstandungen Veranlassung und ist bei hohen Kesseldrücken nur verwendbar, wenn das Überströmventil durch eine Regleranlage betätigt wird.

Abb. 51 zeigt Drucklinien und Wirkungsgrade von Kesselspeisepumpen für Fördermengen von etwa 60—120 t/h und Kesselbetriebsdrücke bis 160 atü, während aus Abb. 52 Vollastwirkungsgrade von Gegendruckturbinen und Elektromotoren zum Antrieb von Kesselspeisepumpen entnommen werden können.

d) Turbinenanlage.

Die Kraftzentralenturbinen werden für Brikettfabriken am zweckmäßigsten so gebaut, daß sie beim Durchsatz der normalen Dampfmenge mit 90 vH belastet sind. Bei dieser Belastung sollen sie ihren günstigsten Dampfverbrauch haben. Dann besteht die Möglichkeit, Spitzenbelastungen bis zu rund 10 vH aufzunehmen, bei denen allerdings die Turbine mit schlechterem Wirkungsgrad arbeitet. Es ist aber immer noch besser, bei vorübergehenden Spitzenbelastungen einen schlechteren Wirkungsgrad in Kauf zu nehmen, als den besten Wirkungsgrad bei Vollast zu legen und dann fast dauernd mit etwas schlechterem Wirkungsgrad zu arbeiten, wenn auf Höchstenergieerzeugung Wert gelegt werden muß. Abb. 53 zeigt Wirkungsgrade von Gegendruckturbinen bezogen auf die Turbinenkupplung. Diese Wirkungsgrade gelten unter der Voraussetzung einer ausreichend großen Dampfdurchsatzmenge (siehe Abschn. XXIII a) und beziehen sich, wie auch alle nun folgenden wärmetechnischen Berechnungen, auf die JS-Tafel von Stodola (101).

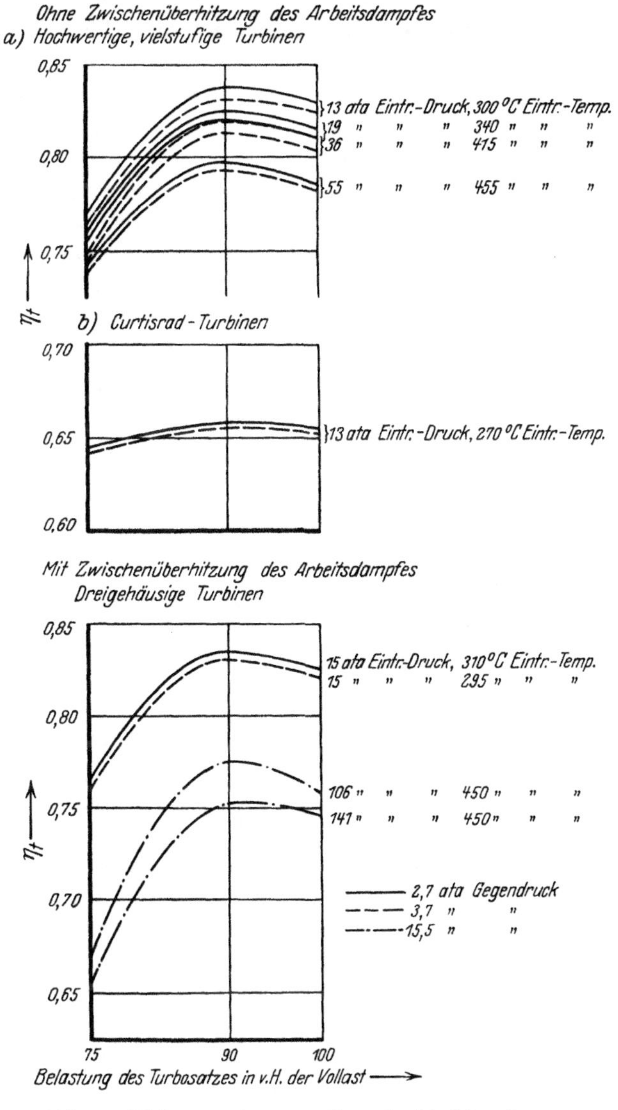

Abb. 53. Wirkungsgrade η_t von Gegendruckturbinen bezogen auf die Turbinenkupplung.

Im Abschnitt XVIa wurde bereits darauf hingewiesen, daß der Abdampf der Gegendruckmaschinen noch mindestens trocken gesättigt in die Kohletrockner treten soll. Das setzt eine Temperatur dieses Abdampfes hinter den Gegendruckmaschinen voraus, die mindestens 10 bis 20° C über der Sattdampftemperatur liegt. Bei gegebenem Turbinenwirkungsgrad ergibt sich damit für die verschiedenen Eintrittsdampfdrücke die Eintrittsdampftemperatur, mit der die Turbine mindestens arbeiten muß. Bei niedrigen Eintrittsdampfdrücken wird sich bei Erfüllung vorstehender Forderung die Eintrittsdampftemperatur sehr niedrig ergeben. Man wird diese dann höher wählen und demgemäß eine etwas höhere Turbinenleistung, aber auch eine höhere Abdampftemperatur erhalten, die allerdings bis zu einer bestimmten Höchstgrenze keine Nachteile, sondern sogar noch einen kleinen Vorteil bringt (siehe Abschnitt VI). Bei hohen Eintrittsdampfdrücken kommt man bei der Berechnung zu sehr hohen Eintrittsdampftemperaturen. Mit Temperaturen über 450° C wird man zur Zeit wohl kaum arbeiten und diese auch nur bei Eintrittsdampfdrücken von 50 atü aufwärts verwenden. Unter diesem Druckbereich ergeben sich bei der Berechnung, unter Berücksichtigung vorstehender Forderung, sowieso niedrigere Eintrittsdampftemperaturen. Bei Eintrittsdampfdrücken über 50 atü ist eine Zwischenüberhitzung des Turbinenarbeitsdampfes notwendig. Die Höhe derselben errechnet sich ebenfalls aus der Forderung, daß der Abdampf noch mindestens mit 10—20° C Überhitzung die Turbine verlassen soll.

Die Druckstufe, bei der Zwischenüberhitzung einzutreten hat, wird sich bei vorhandenen Brikettfabriken mit dampfangetriebenen Brikettpressen nach dem Eintrittsdruck, mit dem die Dampfmaschinen der Pressen arbeiten, richten. Liegt dieser Fall nicht vor, so wird man zweckmäßigerweise die Zwischendampfüberhitzung bei etwa 15 ata vornehmen, weil noch auf den Betrieb der Not-Turbokesselspeisepumpe Rücksicht zu nehmen ist.

Die Zwischenüberhitzung des Dampfes wird am besten mit Frischdampf vorgenommen, der im Zwischenüberhitzer kondensiert. Das Kondensat leitet man einer entsprechenden Druckstufe der Kesselspeisepumpe zu. Es ist dabei zu beachten, daß es beim Eintritt in die Pumpe nicht verdampft, es also etwas unterkühlt in die Pumpe gelangt.

Wenn der Dampfdruck so hoch gewählt wird, daß Zwischenüberhitzung notwendig ist, so ergibt sich bereits eine untere Grenze für den Kesseldruck, sofern die Zwischenüberhitzung mit kondensierendem Frischdampf erfolgt. Unter 100 at Kesseldruck wird man dann kaum gehen können.

Ist die Kraftzentralenturbine nicht so belastet, daß die gesamte Trockendampfmenge der Brikettfabrik durchgesetzt wird, so muß ein Teil des Frischdampfes gedrosselt und der Trockendampfleitung zugesetzt werden. Dafür wird am besten ein Dampfdruckregler eingebaut, der den Druck in der Trockendampfleitung konstant hält. Beim Arbeiten mit hohem Dampfdruck ergeben sich dabei aber starke Abnutzungen an den Drosselorganen. Da die Kraftzentralenturbine bei hohem Eintrittsdampfdruck mehrgehäusig wird, so wird sie zweckmäßig so gebaut, daß bei Entlastungen des Generators zunächst die Dampfzufuhr zum Niederdruckgehäuse soweit gedrosselt wird, bis nur noch Kühldampf hindurchströmt und erst bei noch weiterer Entlastung eine Drosselung der Dampfzufuhr zum Hochdruckgehäuse erfolgt. Das setzt allerdings das Einhalten eines konstanten Dampfdruckes vor dem Niederdruckgehäuse voraus, was sowieso notwendig wird, wenn der Dampf zwischenüberhitzt werden muß. In diesem Fall werden zwei Druckregler eingebaut, von denen der eine zwischen der Frischdampfleitung und der Dampfleitung zum Niederdruckgehäuse, der zweite zwischen der letztgenannten Leitung und der Trockendampfleitung eingeschaltet wird. Es hält also der erste Regler den Druck vor dem Niederdruckgehäuse, der zweite denjenigen in der Trockendampfleitung konstant. Der zweite Regler beginnt bei der Entlastung des Turbosatzes zuerst zu arbeiten, während der andere Regler einspringt, nachdem der Turbosatz soweit entlastet ist, daß durch das Niederdruckgehäuse nur noch Kühldampf strömt und die Dampfzufuhr zum Hochdruckgehäuse ebenfalls schon gedrosselt wird. Solange der Niederdruckteil der Turbine noch belastet ist, wird der Druck vor diesem durch einen mit dem Hoch-

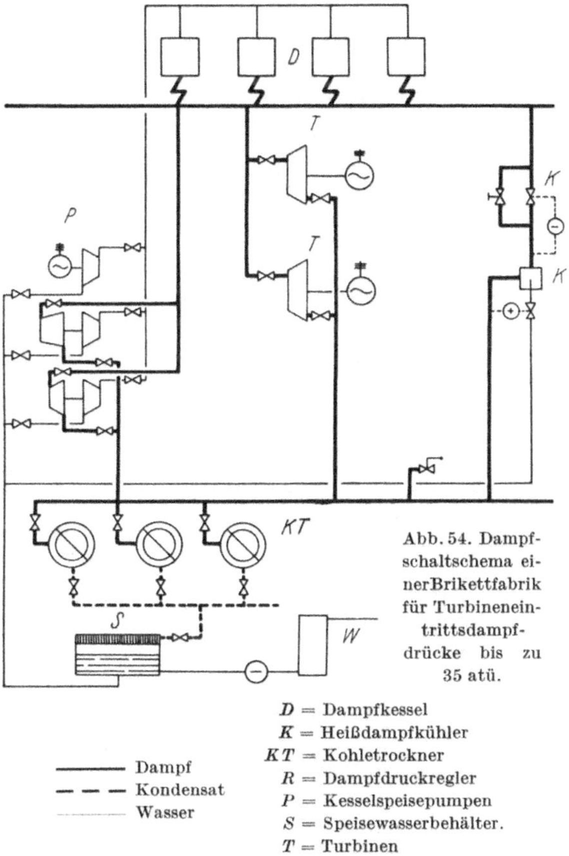

Abb. 54. Dampfschaltschema einer Brikettfabrik für Turbineneintrittsdampfdrücke bis zu 35 atü.

D = Dampfkessel
K = Heißdampfkühler
KT = Kohletrockner
R = Dampfdruckregler
P = Kesselspeisepumpen
S = Speisewasserbehälter.
T = Turbinen
W = Wasserreiniger

druckteil der Turbine verbundenen Druckregler konstant gehalten, der sich ausschaltet, wenn infolge weiterer elektrischen Entlastung eine Dampfdrosselung zum Hochdruckteil stattfindet. Bei dieser Anordnung, die zum erstenmal im 120-at-Kraftwerk der Ilse Bergbau A.-G. ausgeführt wurde und über die Verfasser bereits berichtet hat (5), wird das unmittelbare Zusetzen von Hochdruckdampf zu einer niedrigeren Druckstufe auf ein Mindestmaß beschränkt.

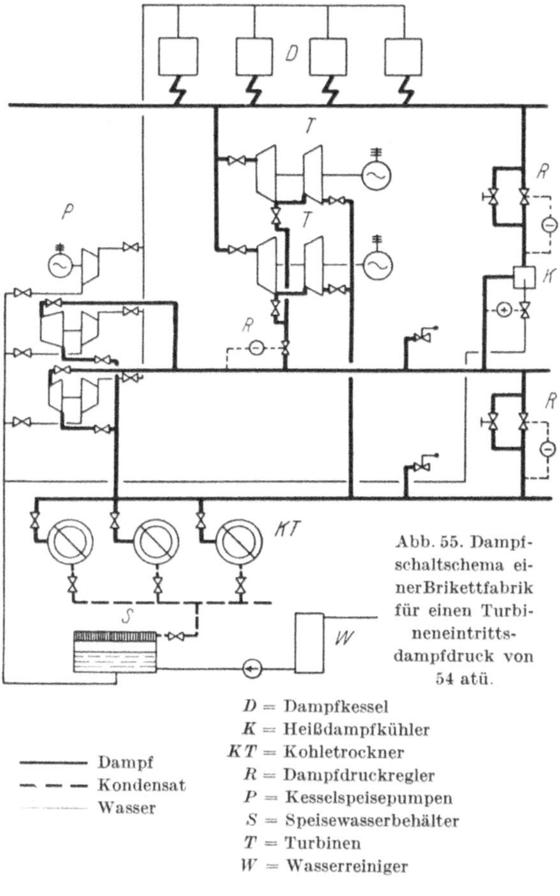

Abb. 55. Dampfschaltschema einer Brikettfabrik für einen Turbineneintrittsdampfdruck von 54 atü.

D = Dampfkessel
K = Heißdampfkühler
KT = Kohletrockner
R = Dampfdruckregler
P = Kesselspeisepumpen
S = Speisewasserbehälter
T = Turbinen
W = Wasserreiniger

Für drei charakteristische Turbineneintrittsdampfdrücke ist in den Abb. 54 bis 56 das Dampfschaltschema einer Brikettfabrik gezeichnet, und zwar zeigt

Abb. 54 das Schaltschema für Dampfdrücke bis zu etwa 35 atü,

Abb. 55 dasjenige für einen Dampfdruck von 54 atü, bei dem man noch ohne Dampfzwischenüberhitzung auskommt, die Kraftzentralenturbine aber bereits zweigehäusig ist,

Abb. 56 dasjenige für Dampfdrücke von 100 atü aufwärts, wo Dampfzwischenüberhitzung notwendig ist.

In diesen drei Fällen sind für den Antrieb der Brikettpressen und der einen Kesselspeisepumpe Elektromotoren vorgesehen, während die Reservepumpe mit einer vielstufigen, die Notpumpe mit einer einstufigen Dampfturbine gekuppelt ist. Die schematischen Zeichen sind wieder dem Buch von Stender (6) entnommen, soweit dies möglich war.

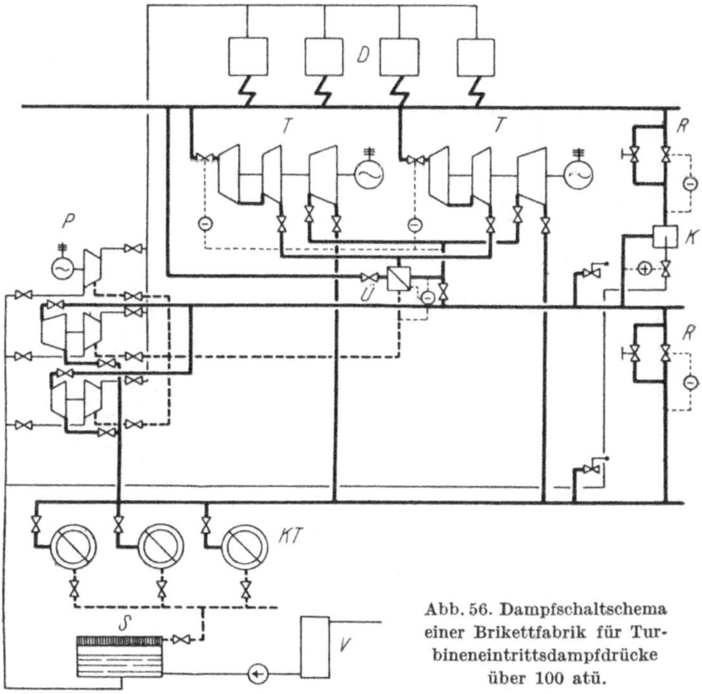

Abb. 56. Dampfschaltschema einer Brikettfabrik für Turbineneintrittsdampfdrücke über 100 atü.

—— Dampf
– – – Kondensat
········ Wasser

D = Dampfkessel
K = Heißdampfkühler
KT = Kohletrockner
R = Dampfdruckregler
P = Kesselspeisepumpen
S = Speisewasserbehälter
T = Turbinen
Ü = Zwischendampfüberhitzer
V = Verdampfer

XXIII. Untersuchungen über den wirtschaftlichsten Dampfdruck in Braunkohlen-Brikettfabriken.

a) Die Mindestdampfmenge für den wirtschaftlichen Betrieb von Hochdruckanlagen.

Wie bereits im Abschnitt XXI kurz ausgeführt wurde, hängt die wirtschaftliche Grenze des Dampfdruckes zunächst von der Stundendampfmenge ab, die zur Ausnutzung in der Kraftzentralenturbine zur Verfügung steht. Darüber haben Kraft (102) und Landsberg (103) eingehende Ausführungen gemacht, auf die hier besonders hingewiesen wird.

In Abb. 57 sind die stündlichen Mindestdampfmengen aufgetragen, die durch die Turbine gehen müssen, um noch mit gutem Wirkungsgrad zu arbeiten. Gleichzeitig sind die Brikettagesleistungen für Wassergehalte der Rohbraunkohle von 50—60 vH und für einen Wassergehalt der aus den Trocknern kommenden Kohle von 16 vH eingezeichnet, bei

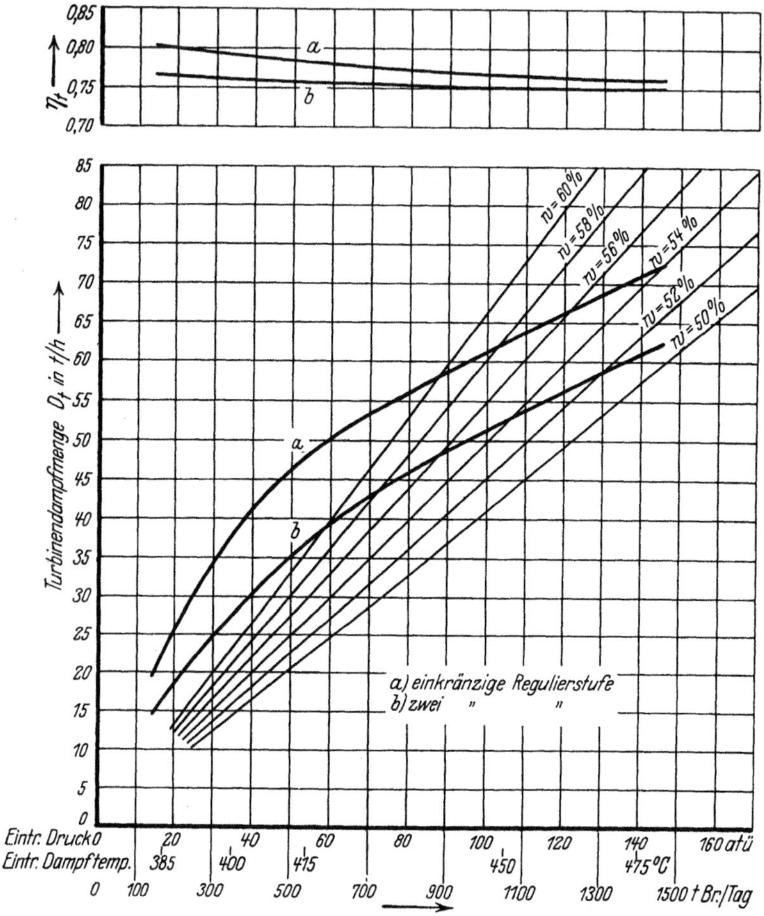

Abb. 57. Mindestdampfmengen und erforderliche Brikettagesleistungen zur Erreichung guter Wirkungsgrade mit Gegendruckturbinen.

Turbine $n = 3000$/Min., Gegendruck 3,2 ata.
Trockendruck 3,0 ata.
Unterdruck am Trocknerende 2,0 mm WS.
Wassergehalt der getrockneten Kohle $w'_1 = 16$ vH.

denen die verschiedenen Stundendampfmengen erzielt werden können. Zu dieser Abbildung werden noch folgende Erklärungen gegeben.

Die Berechnungen beziehen sich nur auf Turbinen mit 3000 minutlichen Umdrehungen, die mit einem Gegendruck von 3,2 ata arbeiten. Der Dampfdruck am Trocknereintritt kann also nach Abschnitt XX d mit 3 ata eingesetzt werden. Für die Eintrittsdampfdrücke von 18 bis zu ungefähr 50 atü ist eine Turbine mit einem Gehäuse, darüber hinaus bis zu etwa 100 atü eine solche mit zwei Gehäusen und über 100 atü eine Turbine mit drei Gehäusen vorgesehen. Die Wirkungsgrade η_t, die sich auf die Leistung an der Turbinenkupplung einschließlich der Stopfbüchsendampfverluste beziehen und in der Abbildung ebenfalls eingezeichnet sind, sind so berechnet, daß der Turbosatzpreis in den heute üblichen Grenzen bleibt.

Die Eintrittsdampftemperaturen sind zwischen den Eintrittsdampfdrücken von 18 und 140 atü zwischen 385° und 475° C abgestuft und in der Abbildung angegeben. Bei den Turbinen über 100 atü Eintrittsdampfdruck ist Zwischendampfüberhitzung vorgesehen (siehe darüber Abschnitt XXIId).

Die Mindestdampfmenge, mit der die Turbine unter vorstehenden Bedingungen wirtschaftlich arbeitet, ist eine Funktion

1. der Düsenhöhe in der ersten vollbeaufschlagten Stufe 2, deren Mindestmaß mit Rücksicht auf die Genauigkeit der Werkstattausführung und auf Undichtheitsverluste gewählt werden muß,
2. des Laufraddurchmessers,
3. des Stufengefälles, d. h. der Achsialgeschwindigkeit und des spezifischen Dampfvolumens vor dem zweiten Laufrad.

In den untersuchten Fällen sind die Stufendurchmesser bei 3000 minutlichen Umdrehungen nur so weit herabgesetzt, daß bei einem günstigen Verhältnis von c_0/u, also dem Verhältnis von der sich bei adiabatischer Ausdehnung unter dem Stufengefälle einstellenden Dampfgeschwindigkeit zu der Umfangsgeschwindigkeit, die Zahl der Gehäuse bei hohen Eintrittsdampfdrücken nicht größer als drei wird.

Bei einer weiteren Verkleinerung des Raddurchmessers in der zweiten Hochdruckstufe könnte man zwar die Mindestdampfmenge noch herabsetzen, jedoch wäre dadurch eine größere Gehäusezahl erforderlich. Dann würden die Stopfbüchsendampfverluste so stark steigen, daß sich der Wirkungsgrad vermindert.

Die Mindestdampfmengen und die Wirkungsgrade sind für ein- und zweikränzige Regulierstufen als erste Hochdruckstufe aufgetragen, um den Einfluß des Dampfvolumens vor dem zweiten Laufrad bei gleichem Durchmesser und kleinster Düsenhöhe zu zeigen. Bei Turbinen mit einer zweikränzigen Regulierstufe ist es zwar möglich, mit etwas geringeren Stundendampfmengen auszukommen, jedoch geht dies bereits auf Kosten des Turbinenwirkungsgrades (siehe Abb. 57). Bei gleicher Dampfmenge und hochtouriger Ausführung des ersten Turbinengehäuses, z. B. bei 6000 minutlichen Umdrehungen, würde bei hohen Eintrittsdampfdrücken und bei gleichem c_0/u, sowie gleichem Raddurchmesser, die Düsenhöhe kleiner werden müssen, wenn man nicht den Raddurchmesser so weit verkleinert, daß die Düsenhöhe gleich wird. Dann ergeben sich aber Raddurchmesser, die einer Trommelausführung nahe kommen. Diese Ausführung verbietet sich jedoch wegen der erhöhten Verluste in den Zwischenstopfbüchsen von selber. Es lassen sich also durch Erhöhung der Drehzahl in hohen Druckgebieten die angegebenen Mindestdampfmengen nicht weiter herabsetzen.

Für die Berechnung der für den Turbinenbetrieb der Kraftzentrale zur Verfügung stehenden Stundendampfmengen ist der Antriebsfall 4 zugrunde gelegt (siehe Abschnitt II). Sie erfolgte mit den Gl 67 und 70. Dabei ist mit gesättigtem Dampf am Trocknereintritt, einem Trockendruck von 3 ata und einem Unterdruck am Trocknerende von 2 mm WS gerechnet. Wie im Beispiel des Abschnittes XX ist für $v_k = 2{,}75$ vH von k_1, $v_d = 3{,}6$ vH von D, $v_{dt} = 0{,}1$ vH von D_t und $v_{dk} = 0{,}2$ vH von D eingesetzt. Im unteren Druckgebiet bis zu etwa 40 atü wird der Abdampf der Turbine noch mit Überhitzung in die Trockner treten, wodurch sich die Stundendampfmenge entsprechend vermindert, also die erforderliche Brikettagesleistung etwas höher wird als die Abb. 57 angibt.

b) Allgemeine Angaben für die Untersuchungen über den wirtschaftlichsten Dampfdruck.

Für die Untersuchungen soll der Neubau einer Brikettfabrik oder der Ersatz einer unbrauchbar gewordenen Kessel- und Maschinenanlage einer vorhandenen Brikettfabrik zugrunde gelegt werden. In jedem Fall muß dann die neu zu errichtende Kraftanlage wenigstens die Energiemenge des Brikettwerks liefern können. Damit errechnet sich der Dampfanfangszustand, mit dem zu arbeiten ist. Die Berechnungen dafür sind für eine Niederlausitzer Brikettfabrik von 1500 t Tagesleistung im Abschnitt XX eingehend durchgeführt. Diese Brikettfabrik wird auch für die weiteren Untersuchungen gewählt, weil ihre Stundendampfmenge ausreichend groß ist, um noch mit einem Eintrittsdampfdruck von 140 atü an der Turbine wirtschaftlich zu arbeiten.

Es soll nun nachgewiesen werden, welches für eine derartige Brikettfabrik der wirtschaftlichste Dampfdruck ist, wenn die Höchstmenge an elektrischer Energie, für die natürlich Absatz vorhanden sein muß, erzeugt werden soll. Zu diesem Zweck sind die Anlagekosten für die Kraftanlagen mit den verschiedenen Dampfdrücken und ihre Preisunterschiede gegenüber derjenigen Kraftanlage, die nur den Eigenenergiebedarf des Brikettwerks herstellt, zu ermitteln. Dabei kann eine Vereinfachung insofern eintreten, als die Anlagekosten für die elektrischen Schalt- und Verteilungsanlagen nicht berücksichtigt zu werden brauchen, da sie den hergestellten Energiemengen entsprechend ausgeführt werden müssen, also den Preis der erzeugten Kilowattstunde in gleicher Weise beeinflussen und mit der Dampfdrucksteigerung nichts zu tun haben. Wie schon im Abschnitt XXI ausgeführt wurde, werden die über den Eigenenergiebedarf des Brikettwerks mehr erzeugten Kilowattstunden nur mit der Abschreibung und Verzinsung der Mehranlagekosten der Hochdruckanlage gegenüber der Kraftanlage, die den Eigenenergiebedarf herstellt, belastet. Eine Vergrößerung des Bedienungspersonals ist bei Hochdruckkraftanlagen gegenüber Niederdruckkraftanlagen gleicher Dampfleistung nicht erforderlich. Die Feuerkohlenkosten werden berücksichtigt. Es werden weiter gleiche Unterhaltungskosten für sämtliche Anlagen angenommen. Diese Annahme dürfte zulässig sein, da mit steigendem Dampfdruck bei gleichen Stundendampfmengen die Anzahl der einzubauenden Kessel kleiner, die Dampfleitungsdurchmesser geringer und die Turbineneinheiten größer werden.

Die Preisunterlagen sind dem Verfasser von den Firmen AEG, Berlin, A. Borsig, Berlin-Tegel, Gebr. Sulzer, Ludwigshafen und Klein, Schanzlin und Becker, Frankenthal, zugängig gemacht. Da die beiden erstgenannten Firmen die Maschinen-, Kessel- und Rohrleitungslieferungen für die 120-at-Kraftanlage Renate der Ilse Bergbau A.-G. hatten, und diese Brikettfabrik etwa die gleiche Tagesleistung besitzt wie die hier zugrunde gelegte Brikettfabrik, so sind die Preisangaben sehr genau. Für die übrigen Lieferungen standen dem Verfasser die Anlagekosten der erwähnten Anlage zur Verfügung. Die Berechnungen können daher einen Anspruch auf Genauigkeit erheben, wie diese bisher noch bei keiner ähnlichen Untersuchung vorhanden war, weil dort stets nur mit Schätzungspreisen gerechnet werden konnte.

Berechnet werden Kraftwerke für die Niederlausitzer Brikettfabrik von 1500 t Tagesleistung mit 12, 18, 35, 54, 105 und 140 atü Turbineneintrittsdampfdruck, entsprechend einem Kesselkonzessionsdruck von 14, 20, 40, 60, 120 und 160 atü. Die Kosten für das Kraftwerk mit 12 atü Turbinen-Eintrittsdampfdruck sind sowohl für Erzeugung des Eigenenergiebedarfes als auch mit hochwertiger Turbinenanlage ermittelt. Die Gegendrücke am Turbinenaustrittsstutzen sind mit 2,7 und 3,7 ata eingesetzt, entsprechend einem Dampfdruck am Trocknereintritt von 2,5 und 3,5 ata. Die einzelnen durchgerechneten Projekte werden nach folgender Aufstellung bezeichnet.

Projekt		Turbinen-Eintrittsdruck	Gegendruck	Trockendruck
1a	Turbine mit Curtisrad	12 atü	2,7 ata	2,5 ata
1b	„ „ „	12 „	3,7 „	3,5 „
2a	vielstufige Turbine.....	12 „	2,7 „	2,5 „
2b	„ „	12 „	3,7 „	3,5 „
3a	„ „	18 „	2,7 „	2,5 „

Projekt		Turbinen-Eintrittsdruck	Gegendruck	Trocken-druck
3b	vielstufige Turbine.....	18 atü	3,7 ata	3,5 ata
4a	„ „	35 „	2,7 „	2,5 „
4b	„ „	35 „	3,7 „	3,5 „
5a	„ „	54 „	2,7 „	2,5 „
5b	„ „	54 „	3,7 „	3,5 „
6a	„ „	105 „	2,7 „	2,5 „
6b	„ „	105 „	3,7 „	3,5 „
7a	„ „	140 „	2,7 „	2,5 „
7b	„ „	140 „	3,7 „	3,5 „

Das Projekt 1b stellt den Grundfall dar, weil es die Kraftanlage ist, mit der der Eigenenergiebedarf des Brikettwerks erzeugt wird. Tabellen 16—19 geben eine Zusammenstellung der berechneten Hauptwerte für die Kraftanlagen der Projekte 1a bis 7b.

c) Berechnung der Kraftanlagen.

Es werden hier nur die Schlußwerte angegeben, da ein vollständiges Beispiel im Abschnitt XX eingehend durchgerechnet ist. Berechnungen, bzw. die dafür erforderlichen Unterlagen, die in den bisherigen Ausführungen noch nicht enthalten sind, werden kurz angegeben. Der Wassergehalt w der Rohbraunkohle ist mit 58 vH, derjenige w'_1 der aus den Trocknern kommenden Kohle mit 16 vH, entsprechend einem Wassergehalt w_1 der Briketts von etwa 14 vH, eingesetzt. Der Unterdruck am Trocknerende wird wieder mit 2 mm WS angenommen. Der Kohlenverlust v_k beträgt 2,75 vH von k_1, die übrigen Verluste sind aus Tabelle 8 entnommen. Bei hohen Turbineneintrittsdampfdrücken nehmen die Stopfbüchsenverluste zu. Ein Teil der Stopfbüchsendampfmenge kann dann aber in die Trockendampfleitung geführt werden, wie dies in den durchgerechneten Projekten vorgesehen ist. Der dann noch entstehende Dampfverlust v'_{dt} wird entsprechend berücksichtigt.

1. Stundendampfmengen. Die in den Kesseln zu erzeugenden Dampfmengen schwanken je nach dem Wärmeinhalt, mit dem der Turbinenabdampf in die Trockner tritt und ob Zwischendampfüberhitzung erforderlich ist oder nicht. Tabelle 16 enthält eine Zusammenstellung der berechneten Stundendampfmengen für die einzelnen untersuchten Fälle. Die angegebenen Stundendampfmengen sind wesentlich niedriger als in bestehenden Anlagen, weil Kessel- und Turbinenhaus zusammengebaut sind und die Kraftanlage in unmittelbarer Nähe des Pressenhauses zur Aufstellung kommen soll (siehe Abb. 61). Dadurch werden die Dampfverluste gering. Außerdem wird ein großer Teil des Stopfbüchsendampfes der Kraftzentralenturbine in die Abdampfleitung geführt (siehe Teil c 4 dieses Abschnittes).

2. Kesselanlage. Der Kesselkonzessions- und der Kesselbetriebsdruck für die verschiedenen Turbinen-Eintrittsdampfdrücke ist aus Abb. 50 zu entnehmen. Bei der Kraftanlage, die nur den Eigenenergiebedarf des Brikettwerks herstellt, sind die Kessel ebenfalls mit Speisewasser- und Luftvorwärmern ausgerüstet, um die gleichen Abgastemperaturen wie bei den anderen Kraftanlagen zu erhalten, da sich andernfalls bei den Vergleichsanlagekosten ein falsches Bild ergeben würde. In allen Fällen wird mit einer Abgastemperatur von 250° C gerechnet, entsprechend einem Betriebswirkungsgrad $\eta_k = 0{,}74$ (siehe Abschnitt XVIIh). Die Verbrennungsluft wird auf 180° C vorgewärmt. Zur Abführung der Abgase ist für die Anlagen bis 40 atü ein Schornstein von 115 m, für die Anlagen mit höherem Dampfdruck ein solcher von 130 m Höhe erforderlich. Die obere Lichtweite beträgt in allen Fällen 5 m. Mit künstlicher Zugerzeugung wird nicht gerechnet.

In jedem Fall wird ein Reservekessel aufgestellt. Dabei sind die Kesseleinheiten so gewählt, daß sie mit dem Reservekessel die günstigsten Anlagekosten ergeben.

Für 14 und 20 atü Konzessionsdruck sind Gruppenrohrkessel mit einer normal geschweißten Trommel und eingenieteten Böden, für 40 atü Konzessionsdruck sind ebenfalls Gruppenrohrkessel, jedoch mit einer patentgeschweißten Hochsicherheitstrommel und eingenieteten Böden vorgesehen. Die Kessel für 60, 120 und 160 atü Konzessionsdruck werden als Steilrohrkessel mit zwei geschmiedeten Trommeln und angekümpelten Böden ausgeführt. Sonderkesselbauarten für hohe Drücke sind nicht berücksichtigt, weil sie sich im Preise nach den zur Zeit vorliegenden Angeboten nicht günstiger stellen.

Tabelle 17 enthält eine Zusammenstellung der berechneten Hauptwerte für die Kesselanlagen.

3. Kesselspeisepumpenanlage. Aufgestellt werden

eine Kesselspeisepumpe mit Elektromotorenantrieb, die gewöhnlich arbeitet,

eine Kesselspeisepumpe mit Antrieb durch eine hochwertige Gegendruckdampfturbine,

eine Kesselspeisepumpe mit Antrieb durch eine Curtisrad-Gegendruckdampfturbine.

Die letzte Pumpe dient als Notpumpe. Sie ist für selbsttätiges Anspringen durch einen Regler in etwa $^1/_2$ Minute Zeit gebaut. Der Regler setzt diese Pumpe in Betrieb, wenn der Differenzdruck zwischen Kessel- und Speiseleitungsdruck eine bestimmte Mindestgrenze unterschreitet.

Die Berechnung der Pumpen erfolgte nach den Gl 77—79 (siehe auch Abschnitt XX f). Wirkungsgrade und Druckhöhen sind aus den Abb. 51 und 52 entnommen.

Tabelle 16. **Zusammenstellung der Dampfwerte und der Energieerzeugung für eine Niederlausitzer Brikettfabrik von 1500 t Tagesleistung.**

Projekt	Kessel			Turbine				Im Kesselhaus zu erzeugende Dampfmenge D ohne Heizdampf für Zwischenüberh. kg/h	Turbinen-Dampfmenge D_t in kg/h	Leistung der Turbine in kW	Erforderliche Leistung für das Brikettwerk in kW	Abzugebende Leistung in kW	Jährl. abzugebende Energiemenge bei 5000 Benutzungsstunden in kWh
	Konzessions-Druck atü	Betriebs-Druck atü	Dampftemp. °C	Eintr. Druck atü	Eintr. Dampftemp. °C	Gegendruck ata	Austr. Dampftemp. °C						
1 a	14	13	280	12	270	2,7	149	87 310	87 050	4 772	3946	826	4 130 000
1 b	14	13	280	12	270	3,7	171	88 250	87 990	3 946	3946	—	—
2 a	14	13	310	12	300	2,7	146,5	87 500	87 230	6 471	3946	2 525	12 625 000
2 b	14	13	310	12	300	3,7	174	88 060	87 790	5 330	3946	1 384	6 920 000
3 a	20	19	350	18	340	2,7	146,5	87 500	87 230	8 077	3972	4 105	20 525 000
3 b	20	19	350	18	34	3,7	174	88 060	87 790	7 001	3973	3 028	15 140 000
4 a	40	38	430	35	415	2,7	148,5	87 440	87 180	11 092	4064	7 028	35 140 000
4 b	40	38	430	35	415	3,7	175,5	87 870	87 610	10 070	4065	6 005	30 025 000
5 a	60	58	470	54	455	2,7	144,5	87 870	87 610	12 771	4149	8 622	43 110 000
5 b	60	58	470	54	455	3,7	170	88 440	88 170	11 725	4150	7 575	37 875 000
6 a	120	115	465	105	450	2,7	146	88 130	87 860	15 044	4467	10 577	52 885 000
6 b	120	115	465	105	450	3,7	158	89 630	89 340	14 005	4475	9 530	47 650 000
7 a	160	154	465	140	450	2,7	146	88 130	87 860	15 271	4640	10 631	53 155 000
7 b	160	154	465	140	450	3,7	158	89 630	89 340	14 235	4650	9 585	47 925 000

Tabelle 17. **Zusammenstellung der Hauptwerte für das Kraftwerk einer Niederlausitzer Brikettfabrik von 1500 t Tagesleistung.**

Projekt	Kessel						Schornstein, 5 m obere l. Weite, Höhe	Kesselspeisepumpen				Kraftzentralenturbinen $n=3000$/Min.			Zwischenüberhitzer
	Konzessions-Druck atü	Anzahl	Heizfläche m²	Speisewasser-Vorwärmer-Heizfl. m²	Luftvorwärmer-Heizfl. m²	Belastung bei 1500 t Brikett-tagesleistung (1 Reservekessel) kg/m · h	m	Anzahl	Druck in der Speiseltg. bei Maximalleistung atü	Druck in der Speiseltg. bei Normalleistg. el angetr. Pumpe atü	Energiebedarf der el. angetr. Pumpe ab Gener.-Klemmen kW	Anzahl	Gehäusezahl	Nennleistung d. Generators bei $\cos\varphi=0{,}7$	Anzahl
1a	14	4	800	250	800	36,4	115	3	180	195	71	2	1	5 100	—
1b	14	4	800	250	800	36,7	115	3	180	195	71,5	2	1	4 250	—
2a	14	4	800	250	800	36,5	115	3	180	195	71	2	1	7 900	—
2b	14	4	800	250	800	36,7	115	3	180	195	71,5	2	1	6 300	—
3a	20	4	700	460	1080	41,7	115	3	240	260	97	2	1	9 850	—
3b	20	4	700	460	1080	42,0	115	3	240	260	97,5	2	1	7 900	—
4a	40	4	600	980	880	48,6	115	3	450	490	188,5	2	2	12 600	—
4b	40	4	600	980	880	48,8	115	3	450	490	189,5	2	2	12 600	—
5a	60	3	800	980	1340	55,0	130	3	650	700	274	2	2	15 700	—
5b	60	3	800	980	1340	55,2	130	3	650	700	275	2	2	12 600	—
6a	120	3	500	2240	1370	98,9	130	3	1250	1340	592	2	3	15 700	1
6b	120	3	500	2240	1370	98,8	130	3	1250	1340	600	2	3	15 700	1
7a	160	3	500	2240	1370	104,0	130	3	1650	1750	765	2	3	15 700	1
7b	160	3	500	2240	1370	103,8	130	3	1650	1750	775	2	3	15 700	1

Tabelle 18. Zusammenstellung der Dampfwerte für die Dampfzwischenüberhitzung.

Projekt	Dampfaustritt aus der Turbine zum Zwischenüberhitzer			Zu überhitzender Dampf im Zwischenüberhitzer				Dampfeintritt in den N.D.-Teil der Turbine		Heizdampf, Eintritt Zwischenüberhitzer				Wärmeinhalt des Kondenswassers Austritt Zwischenüberh.	In den Kesseln zu erzeugende Heizdampfmenge
				Eintritt		Austritt									
	Druck ata	Temp. °C	Menge kg/h	Druck ata	Temp. °C	Druck ata	Temp. °C	Druck ata	Temp. °C	Druck atü	Temp. °C	Wärmeinhalt kcal/kg	Menge kg/h	kcal/kg	kg/h
6 a	15,5	221	86090	15,4	218	15,1	315	15,0	310	105	450	770	10760	329	10800
6 b	15,5	221	84610	15,4	218	15,1	300	15,0	295	105	450	770	9100	329	9130
7 a	15,5	$x=0{,}983$	86090	15,4	$x=0{,}98$	15,1	315	15,0	310	140	450	749	15900	329	15950
7 b	15,5	$x=0{,}983$	84610	15,4	$x=0{,}98$	15,1	300	15,0	295	140	450	749	14100	329	14150

Tabelle 19. Stopfbüchsendampfverluste v'_{dt} der Kraftzentralenturbinen.

	Projekt 1 a	1 b	2 a	2 b	3 a	3 b	4 a	4 b	5 a	5 b	6 a	6 b	7 a	7 b
Gesamte Stopfbüchsendampfmenge beim günstigsten Wirkungsgrad der Turbinen (90 vH Vollast) . . . kg/h	200	200	370	370	520	520	1500	1500	1500	1500	3600	3600	3600	3600
davon in die Abdampfleitung kg/h	—	—	170	170	320	320	1100	1100	1100	1100	3000	3000	3000	3000
davon ins Freie . . . . kg/h	200	200	200	200	200	200	400	400	400	400	600	600	600	600
Stopfbüchsendampfmenge des Hoch- und Mitteldruckteiles der Turbine . . . . kg/h	—	—	—	—	—	—	—	—	—	—	3250	3250	3250	3250

Bei den Anlagen mit Dampfzwischenüberhitzung (Projekte 6 und 7) wird das Kondensat einer entsprechenden Druckstufe der Kesselspeisepumpe zugeleitet. Die Berechnung des Energiebedarfs dieser Pumpe ab Generatorklemmen der Kraftzentralenturbine ist beispielsweise für das Projekt 6a mit den Werten der Tabellen 16 und 18, sowie mit den Gl 77 und 79 und den Abb. 51 und 52

$$N'_{sw} = \frac{(1 + 0{,}002) \cdot 88\,130 \cdot 1315 + (1 + 0{,}002) \cdot 10\,800 \cdot 315}{3600 \cdot 102 \cdot 0{,}60 \cdot 0{,}935 \cdot 0{,}98} = 592 \text{ kW}.$$

Die Druckhöhe ist aus Abb. 51 bei Förderung von 100 t/h entnommen. Davon sind 25 m Zulaufhöhe abgezogen. Der Zulaufdruck des Zwischenüberhitzerkondensats ist mit 100 atü eingesetzt.

Tabelle 17 enthält die berechneten Hauptwerte für die Kesselspeisepumpen.

4. Turbinenanlage. Über diese Anlage sind im Abschnitt XXIId Ausführungen gemacht, die für die vorliegenden Projekte ebenfalls gelten. Aufgestellt werden in jedem Fall zwei Turbosätze, von denen der eine als Reserve dient. Bei der Berechnung sind die Eintrittsdampftemperaturen so gewählt, daß die Temperatur des Abdampfes von 2,7 ata Gegendruck rund 20° C höher liegt als die zu diesem Druck gehörige Sattdampftemperatur. Die so berechnete Eintrittsdampftemperatur ist dann auch für die Turbinen, die mit 3,7 ata Gegendruck arbeiten, beibehalten worden. Dadurch ergeben sich für diese Fälle Abdampftemperaturen, die etwa 30° C über der Sattdampftemperatur liegen, doch ist der dadurch etwas höhere Wärmeinhalt des Trockendampfes und ebenso der veränderte Wärmeinhalt bei dem verschiedenen Trockendruck bei der Berechnung der Trockendampfmengen berücksichtigt. Der Druckabfall des Turbinenabdampfes bis zu den Kohletrocknern ist, wie früher, mit 0,2 at, sein Temperaturabfall mit 10° C eingesetzt.

Bei den Anlagen mit Zwischendampfüberhitzung ist die Zwischenüberhitzung so hoch gewählt, daß der Abdampf aus dem Niederdruckteil der Turbine bei beiden Gegendrücken ebenfalls rund 20° C höher ist als die zugehörige Sattdampftemperatur. Die Zusammenstellung der Dampfwerte für die Zwischenüberhitzung zeigt Tabelle 18. Von der in die Turbine gehenden Dampfmenge gelangt in den Zwischenüberhitzer eine um die Stopfbüchsendampfverluste des Hoch- und Mitteldruckteils verminderte Dampfmenge. Die Stopfbüchsendampfverluste der Turbinen sind in Tabelle 19 angegeben. Ein großer Teil dieser Dampfverluste wird in die Abdampfleitung geführt, also zur Kohletrocknung ausgenutzt.

Der Wirkungsgrad des Zwischenüberhitzers ist nach Angaben der Firma Szamatolski, Berlin-Reinickendorf-West, mit 0,98 eingesetzt. Wird die so berechnete Heizdampfmenge um die Verluste v_{dz} und v_{dk}

(siehe Abschnitt XVII g und Tabelle 8) erhöht, so erhält man die in den Kesseln für die Dampfzwischenüberhitzung zu erzeugende Frischdampfmenge.

Die Wirkungsgrade der mit den Kraftzentralenturbinen gekuppelten Generatoren zeigt Abb. 58. Die Wirkungsgrade von Generatoren für rund 5000 kW Leistung sind nur um 0,003 kleiner. Die Generatoren sind für einen Leistungsfaktor von 0,7 vorgesehen.

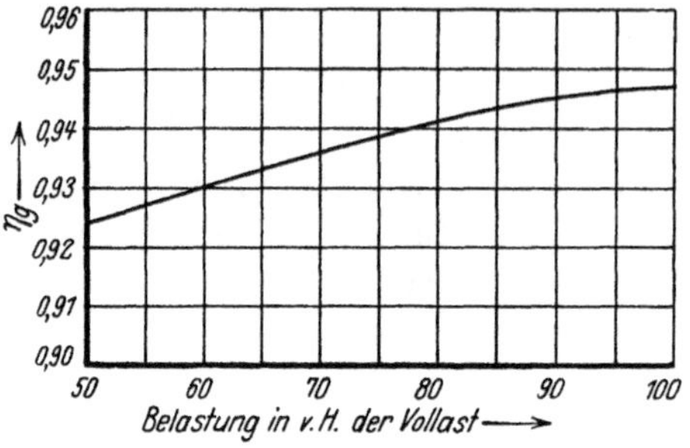

Abb. 58. Wirkungsgrade von Generatoren über 7000 kW Leistung.

Die Tabellen 16 und 17 enthalten im übrigen sämtliche berechneten Hauptwerte für die Turbosätze der Kraftzentralen sowie über die mit den zur Verfügung stehenden Dampfstundenmengen erzielbaren Leistungen. Für die abzugebenden Energiemengen ist eine jährliche Benutzungsstundenzahl von 5000 eingesetzt.

Der elektrische Eigenenergiebedarf des zugrunde gelegten Niederlausitzer Brikettwerks beträgt nach Abschnitt XVIIb

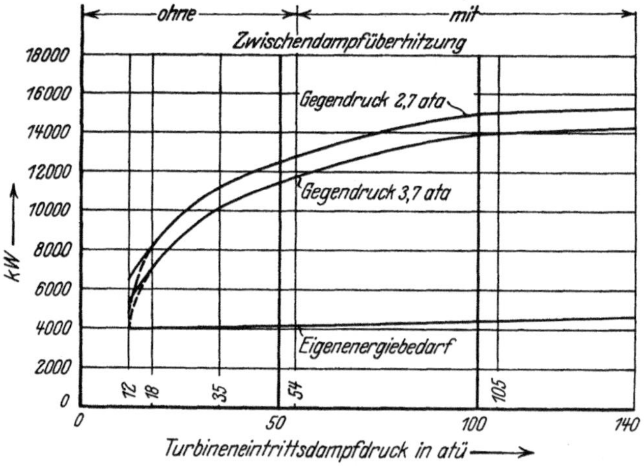

Abb. 59. Energieerzeugung und Eigenenergiebedarf für eine Niederlausitzer Brikettfabrik von 1500 t Tagesleistung bei elektrischem Brikettpressenantrieb.
— — — Turbine mit Curtisrad.

rund 62 kWh je t Briketts, entsprechend einer Belastung des Kraftzentralenturbosatzes von 3875 kW bei 1500 t Brikettagesleistung. Dazu kommt noch für jedes Projekt der Energiebedarf der Kesselspeisepumpen, der in Tabelle 17 angegeben ist. Beim Projekt 1 b wird vom

Turbosatz der Kraftzentrale der elektrische Eigenenergiebedarf des Brikettwerks gerade erzeugt (siehe Tabelle 16).

Die Energieerzeugung und der Eigenenergiebedarf des Niederlausitzer Brikettwerks von 1500 t Tagesleistung ist für die verschiedenen Projekte in Abb. 59 kurvenmäßig aufgetragen. Die Wärmemenge, die im Kesselhaus für eine im Gegendruckbetrieb erzeugte Kilowattstunde herzustellen ist,

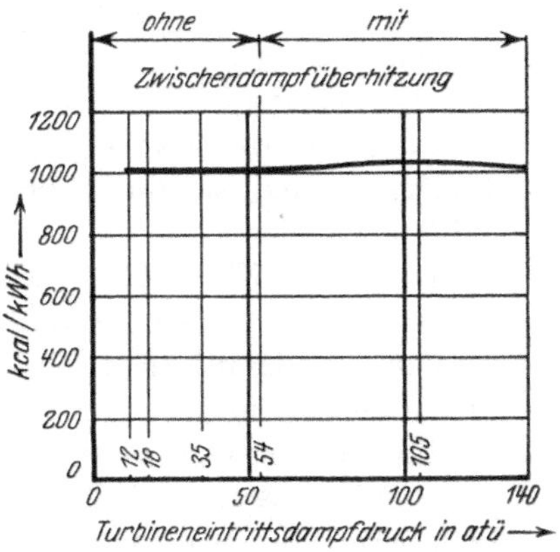

Abb. 60. Im Kesselhaus zu erzeugende Wärmemenge für eine Kilowattstunde bei Gegendruckbetrieb.

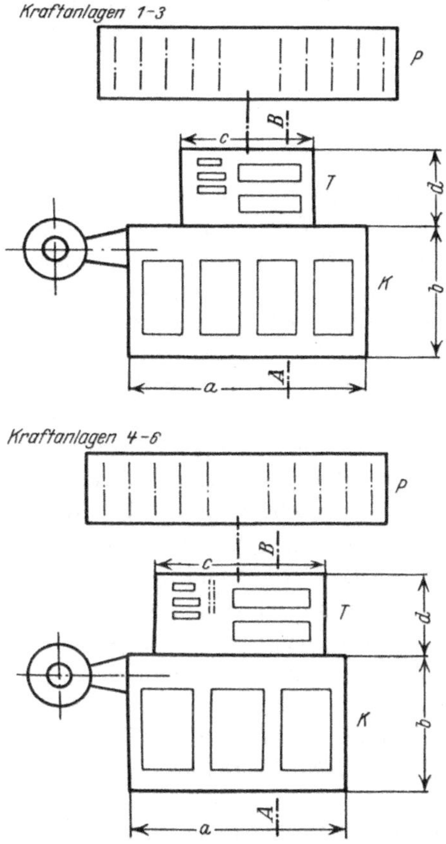

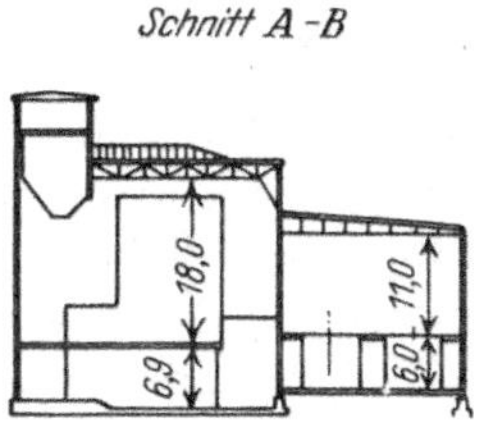

Abb. 61. Größenabmessungen der Kraftanlagen für Kesseldrücke von 14 bis 160 atü einer Niederlausitzer Brikettfabrik von 1500 t Tagesleistung.

P = Preßhaus
T = Turbinenhaus
K = Kesselhaus

1. Kraftanlage mit 4 Kesseln von 14 atü Konzessionsdruck		$a=52{,}0$	$b=29{,}0$	$c=25{,}5$	$d=16{,}4$ m
2. ,, ,, 4 ,, ,, 20 ,, ,,		$a=52{,}0$	$b=29{,}0$	$c=25{,}5$	$d=16{,}4$,,
3. ,, ,, 4 ,, ,, 40 ,, ,,		$a=52{,}0$	$b=29{,}0$	$c=28{,}9$	$d=16{,}8$,,
4. ,, ,, 3 ,, ,, 60 ,, ,,		$a=50{,}0$	$b=29{,}5$	$c=29{,}5$	$d=17{,}5$,,
5. ,, ,, 3 ,, ,, 120 ,, ,,		$a=47{,}0$	$b=30{,}3$	$c=36{,}5$	$d=17{,}5$,,
6. ,, ,, 3 ,, ,, 160 ,, ,,		$a=47{,}0$	$b=30{,}3$	$c=36{,}5$	$d=17{,}5$,,

zeigt Abb. 60. Diese Wärmemengen beziehen sich auf den in den Kesseln erzeugten Dampf einschließlich aller Dampfverluste bis zum Austritt des Dampfes aus der Turbine, enthalten also noch nicht den Wirkungsgrad der Kesselanlage. Um sie auf Feuerkohlenmengen umzurechnen, sind sie durch das Produkt aus Kesselwirkungsgrad η_k und Kohlenheizwert H zu dividieren. Wie aus der Abb. 60 zu ersehen ist, ist die je Kilowattstunde im Kessel zu erzeugende Wärmemenge bei den verschiedenen Dampfdrücken nahezu gleich. Bei einem Turbineneintrittsdampfdruck von etwa 100 atü steigt die Wärmemenge infolge der Verluste bei der Zwischendampfüberhitzung ganz wenig an und fällt mit weiter steigendem Dampfdruck dann wieder etwas.

5. Gesamtanlage. Die Anordnung der Gesamtanlage mit ihren Hauptabmessungen zeigt Abb. 61. Der Querschnitt mit seinen Höhenabmessungen ist für alle berechneten Anlagen gleich. Das Schaltschema für die verschiedenen Anlagen zeigen die Abb. 54—56. In jedem Fall wird eine neuzeitliche Kraftanlage zugrunde gelegt. Danach sind die Anlagekosten ermittelt.

d) Kostenberechnungen.

Diese Berechnungen erfolgten mit sehr großer Genauigkeit. Die Anlagekosten für die elektrischen Schalt- und Verteilungsanlagen sind nicht ermittelt (siehe Abschnitt XXIIIb). Die Mehranlagekosten der Kraftwerke, die Überschußenergie erzeugen, beziehen sich auf das Kraftwerk 1b, das nur den elektrischen Eigenenergiebedarf herstellt.

Zugrunde gelegt sind die Kraftanlagen für Brikettfabriken, die mit 3,5 ata Trockendampfdruck arbeiten, weil sich bei ihnen die Trockenheizflächen noch in wirtschaftlichen Grenzen bewegen. Für diese Brikettfabriken werden bei 1500 t Tagesleistung 10 Zwillingsbrikettpressen und 8 Röhrentrockner von 1820 m² Heizfläche gebraucht (siehe Berechnung im Abschnitt XX). Bei der Erniedrigung des Trockendrucks auf 2,5 ata sind 10 Röhrentrockner von 1820 m² Heizfläche notwendig (siehe Gl 38, 55 u. Abb. 22). Diese Trockendruckerniedrigung bringt bei jedem Kesseldruck einen durchschnittlichen Gewinn von 1050 kW, erfordert jedoch rund 500000 RM Kosten für die vergrößerte Trockenanlage, die auf das Konto der Energieerzeugung anzurechnen sind.

Für die Kraftanlagen der Brikettfabriken, die mit 2,5 ata Trockendruck, entsprechend 2,7 ata Gegendruck an der Turbine, arbeiten, sind die Mehranlagekosten gegenüber Projekt 1b ohne und mit den Anlagekosten für die Vergrößerung der Trockenheizfläche angegeben.

Die Anlagekosten für jedes über den Eigenenergiebedarf des Brikettwerks abgegebene Kilowatt sind in Abb. 62 aufgetragen. Diese Abbildung zeigt also nicht die Anlagekosten je installiertes Kilowatt, was zu beachten ist. Diese betragen nicht ganz die Hälfte der in der Abbildung angegebenen Anlagekosten.

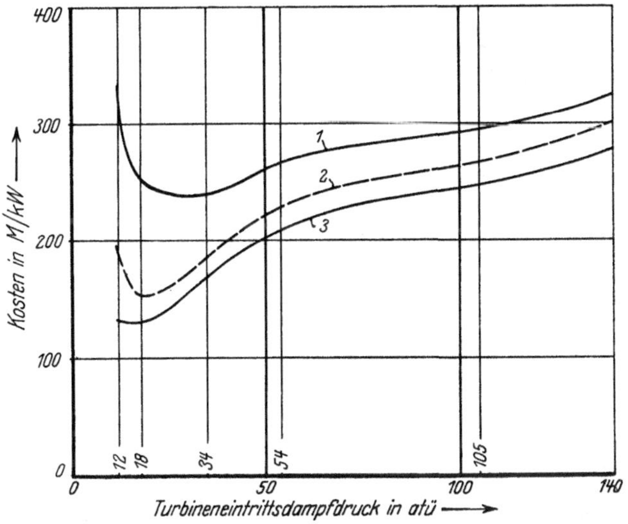

Abb. 62. Anlagekosten für jedes über den Eigenenergiebedarf eines Niederlausitzer Brikettwerkes von 1500 t Tagesleistung abgegebene Kilowatt. Anlagekosten für die elektrischen Schalt- und Verteilungsanlagen sind nicht enthalten.
1. Gegendruck 2,7 ata mit Anlagekosten für vergrößerte Trockenheizfläche.
2. „ 3,7 „
3. „ 2,7 „ ohne „ „ „ „

Die jährlichen Kosten für Abschreibung und Verzinsung sind nach Gl 45 berechnet. Es sind also diese Kosten über die Abschreibungsjahre gleichmäßig verteilt worden. Die Berechnung erfolgte für Abschreibung der Anlagekosten in 10 und in 15 Jahren. Die Verzinsung ist in jedem Fall mit 10 vH eingesetzt. Für jede über den Eigenenergiebedarf des Brikettwerks mehrerzeugte Kilowattstunde (siehe Tabelle 16) sind dann die anteiligen Kosten für Abschreibung und Verzinsung errechnet und in Abb. 63 eingetragen.

Die Kosten für die Feuerkohlenmenge zur Erzeugung einer Kilowattstunde im Gegendruckbetrieb sind ebenfalls in Abb. 63 eingezeichnet. Dabei ist mit einem Betriebswirkungsgrad der Kesselanlage von 0,74, einem unteren Heizwert der Rohbraunkohle von 2000 kcal/kg und einem Rohbraunkohlenpreis von 2,50 RM je t gerechnet worden. Die Kosten für Feuerkohle im Projekt 1b zur Erzeugung des Eigenenergiebedarfs sind in jedem Fall aufzuwenden. Deshalb dürfen die über den Eigenenergiebedarf erzeugten Kilowattstunden mit diesem Betrag nicht belastet werden. Er ist daher von den Feuerkohlekosten zur Erzeugung der Gesamtenergiemenge jedes Falles abgezogen worden.

Tabelle 20. Zusammenstellung der Kosten für das Kraftwerk einer Niederlausitzer Brikettfabrik von 1500 t Tagesleistung.

	Projekt 1 a	1 b	2 a	2 b	3 a	3 b	4 a	4 b	5 a	5 b	6 a	6 b	7 a	7 b
	(Preise in 1000 RM.)													
Kosten der Kraftanlage ausschließlich elektr. Schalt- und Verteilungsanlage	3403,6	3343,6	3675,6	3605,6	3876,1	3806,1	4524,9	4454,9	5158,0	5088,0	5961,1	5891,1	6299,1	6229,1
Mehrkosten gegenüber Projekt 1 b	60,0	—	332,0	262,0	532,5	462,5	1181,3	1111,3	1814,4	1744,4	2617,5	2547,5	2955,5	2885,5
Mehrkosten für Trockenheizflächenvergrößerung bei den Projekten a	500,0	—	500,0	—	500,0	—	500,0	—	500,0	—	500,0	—	500,0	—
Gesamte Mehrkosten gegenüber Projekt 1b	560,0	—	832,0	262,0	1032,5	462,5	1681,3	1111,3	2314,4	1744,4	3117,5	2547,5	3455,5	2885,5
Anlagekosten für jedes über den Eigenbedarf mehr abgegebene kW														
ohne Trockenheizflächenvergrößerung	72,63	—	131,41	189,30	129,71	152,74	168,08	185,06	210,43	230,28	247,47	267,31	278,00	301,04
mit Trockenheizflächenvergr.	678,00	—	329,50	189,30	251,52	152,74	239,22	185,06	268,40	230,28	294,74	267,31	325,03	301,04
Jährl. Kosten für Abschr. und Verzinsung														
ohne Trockenheizflächenvergröß.														
Abschr. in 10 Jahren und 10 vH Verz.	9,3	—	51,46	40,61	82,54	71,69	183,10	172,25	281,23	270,38	405,71	394,86	485,10	447,25
Abschr. in 15 Jahren u. 10 vH Verz.	7,2	—	39,84	31,44	63,90	55,50	141,76	133,36	217,73	209,33	314,10	305,70	354,66	346,26
mit Trockenheizflächenvergr.														
Abschr. in 10 Jahren u. 10 vH Verz.	86,8	—	128,96	40,61	160,04	71,69	260,60	172,25	358,73	270,38	483,21	394,86	535,60	447,25
Abschr. in 15 Jahren u. 10 vH Verz.	67,2	—	19,84	31,44	123,90	55,50	201,76	133,36	277,73	209,33	374,10	305,70	414,66	346,26

Jährl. Kohlekosten für die ges. el. Energieerzeugung bei 5000 jährl. Benutzungs-Std.														
1 t = RM 1,50	42,23	35,70	54,70	46,16	68,49	59,75	95,21	86,10	108,63	100,79	131,23	122,63	130,96	121,94
1 t = RM 2,50	25,34	21,42	32,82	27,70	41,09	35,85	57,13	51,66	65,18	60,47	78,74	73,58	78,58	73,16
	(Preise in Pf)													
Kosten für jede über den Eigenbedarf mehr erzeugte kWh ohne Trockenheizflächenvergrößerung														
Abschr. in 10 Jahren u. 10 vH Verz.	0,225	—	0,408	0,588	0,402	0,474	0,521	0,574	0,652	0,714	0,767	0,829	0,862	0,933
Abschr. in 15 Jahren u. 10 vH Verz.	0,174	—	0,316	0,454	0,311	0,367	0,403	0,444	0,505	0,553	0,594	0,642	0,667	0,723
mit Trockenheizflächenvergr.														
Abschr. in 10 Jahren u. 10 vH Verz.	2,100	—	1,020	0,588	0,780	0,474	0,742	0,574	0,832	0,714	0,914	0,829	1,007	0,933
Abschr. in 15 Jahren u. 10 vH Verz.	1,630	—	0,791	0,454	0,604	0,367	0,574	0,444	0,644	0,553	0,707	0,642	0,780	0,723
Kohlekosten für jede erzeugte kWh bei RM 2,50 je t	0,177	0,181	0,169	0,173	0,170	0,171	0,172	0,171	0,170	0,172	0,174	0,175	0,172	0,171
Kohlekosten für jede über den Eigenenergiebedarf mehrerzeugte kWh bei RM 2,50/t	0,158	—	0,150	0,151	0,160	0,159	0,169	0,168	0,169	0,172	0,181	0,182	0,179	0,180
Gesamtkosten für jede über den Eigenenergiebedarf mehrerzeugte kWh einschl. Trockenheizflächenvergrößerung u. RM 2,50/t Kohlekosten														
Abschr. in 10 Jahren u. 10 vH Verz.	2,258	—	1,170	0,739	0,940	0,633	0,911	0,742	1,001	0,886	1,095	1,011	1,186	1,103
Abschr. in 15 Jahren u. 10 vH Verz.	1,788	—	0,941	0,605	0,764	0,526	0,743	0,612	0,813	0,725	0,888	0,824	0,959	0,903

Die Gesamtkosten für jede über den Eigenenergiebedarf des Brikettwerks erzeugte Kilowattstunde sind in Abb. 64 aufgetragen.

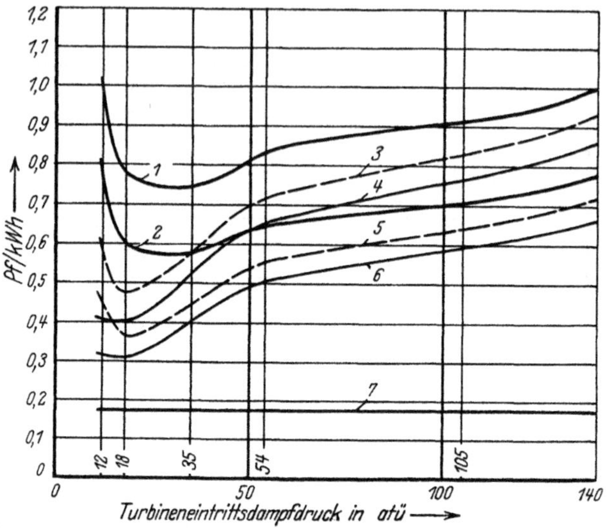

Abb. 63. Kosten für jede über den Eigenenergiebedarf eines Niederlausitzer Brikettwerkes von 1500 t Tagesleistung erzeugte Kilowattstunde bei 5000 jährlichen Benutzungsstunden.

a) Kosten für Abschreibung und Verzinsung einschl. Trockenheizflächenvergrößerung bei 2,5 ata Trockendruck.

Kurve 1. Kosten für Abschreibung in 10 Jahren und 10 vH Verzinsung bei 2,7 ata Gegendruck
,, 2. ,, ,, ,, ,, 15 ,, ,, 10 ,, ,, ,, 2,7 ,, ,,

b) Kosten für Abschreibung und Verzinsung der Kraftanlage ohne Trockenheizflächenvergrößerung.

Kurve 3. Kosten für Abschreibung in 10 Jahren und 10 vH Verzinsung bei 3,7 ata Gegendruck
,, 4. ,, ,, ,, ,, 10 ,, ,, 10 ,, ,, ,, 2,7 ,, ,,
,, 5. ,, ,, ,, ,, 15 ,, ,, 10 ,, ,, ,, 3,7 ,, ,,
,, 6. ,, ,, ,, ,, 15 ,, ,, 10 ,, ,, ,, 2,7 ,, ,

c) Kohlekosten für jede erzeugte Kilowattstunde.

Kurve 7. Kohlekosten bei $\eta_k = 0{,}74$, $H = 2000$ kcal/kg, 1 t Rohkohle = RM 2,50.

Tabelle 20 gibt schließlich noch eine Zusammenstellung der Anlage- und Feuerkohlenkosten und der Kosten für jede über den Eigenenergiebedarf des Brikettwerks erzeugte Kilowattstunde für die verschiedenen behandelten Projekte.

e) Der wirtschaftlichste Dampfdruck.

Nach Abb. 63 und 64 entstehen die niedrigsten Kosten für die abzugebende Kilowattstunde bei 18 atü Turbineneintrittsdampfdruck und 3,7 ata Gegendruck, entsprechend einem Trockendruck von 3,5 ata, während mit zunehmendem Druck diese Kosten ansteigen. Diese Abbildungen gestatten jedoch keine Schlußfolgerungen über die Höhe des wirtschaftlichsten Dampfdrucks, da mit zunehmendem Druck die Energiemengen steigen, also die Einnahmen wachsen. Sie zeigen aber den großen Einfluß der Vergrößerung der Trockenheizfläche auf den Preis der Kilowattstunde, wenn man den Trockendruck von 3,5 ata auf 2,5 ata herab-

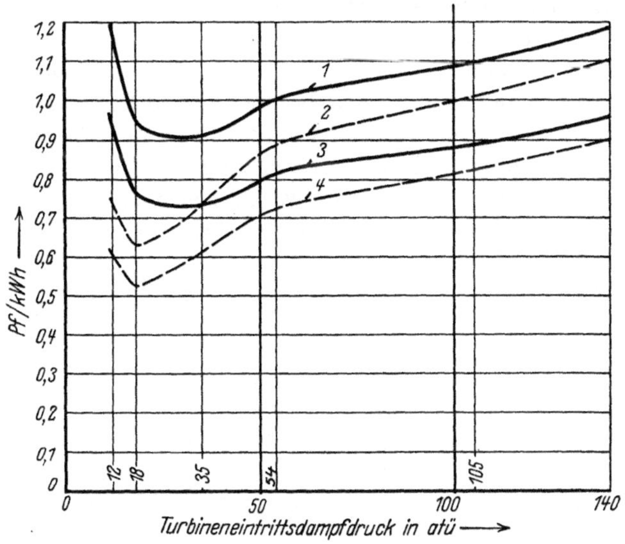

Abb. 64. Kosten für Abschreibung und Verzinsung und Kohle für jede über den Eigenenergiebedarf eines Niederlausitzer Brikettwerkes von 1500 t Tagesleistung erzeugte Kilowattstunde bei 5000 jährlichen Benutzungsstunden.

Kosten für Vergrößerung der Trockenheizfläche bei Kurven 1 und 3 eingeschlossen.

Kohlenpreis RM 2,50/t.

Kurve 1.	Abschreibung	in	10	Jahren	und	10	vH	Verzinsung	bei	2,7	ata	Gegendruck
„ 2.	„	„	10	„	„	10	„	„	„	3,7	„	„
„ 3.	„	„	15	„	„	10	„	„	„	2,7	„	„
„ 4.	„	„	15	„	„	10	„	„	„	3,7	„	„

setzt. Dieser Einfluß wird bei höheren Trockendrücken geringer, da beispielsweise für das Herabsetzen des Trockendrucks von 4,5 auf 3,5 ata noch nicht eine halb so große Zusatztrockenheizfläche erforderlich ist, als beim Herabsetzen dieses Druckes von 3,5 auf 2,5 ata (siehe Abb. 25). In den vorliegenden Fällen ist der Trockendruck von 3,5 ata als Basis angenommen worden. Bei bestehenden Anlagen, die mit einem höheren Trockendruck arbeiten, muß beim Einbau einer neuen Kraftanlage untersucht werden, wie sich die Anlagekosten beim Herabsetzen dieses Drucks ändern und wieviel elektrische Energie dabei gewonnen werden kann.

Um den wirtschaftlichsten Dampfdruck zu ermitteln, sind für die abgegebenen Energiemengen die Jahresüberschüsse bei einem Preis der

Kilowattstunde von 1, 1,5 und 2 Pf für die verschiedenen Fälle berechnet worden. Aus diesen Berechnungen kann nicht gefolgert werden, zu welchem Preise die im Gegendruckbetrieb erzeugte Kilowattstunde verkauft werden muß oder kann, sondern es soll nur festgestellt werden, bei welchem Turbineneintrittsdampfdruck sich das Höchstmaß der Wirtschaftlichkeit ergibt. Es ist dabei zu bedenken, daß die hier ermittelten Jahreskosten noch nicht die Abschreibung und Verzinsung der Kosten für die elektrische Schalt- und Verteilungsanlage enthalten. Da ihre Größe aber, wie bereits erwähnt wurde, der Energieerzeugung angepaßt werden muß und deshalb den Kilowattstundenpreis in sämtlichen Fällen in annähernd gleicher Weise belastet, so wird der Zweck der vorliegenden Untersuchung auch erreicht, wenn diese Kosten nicht

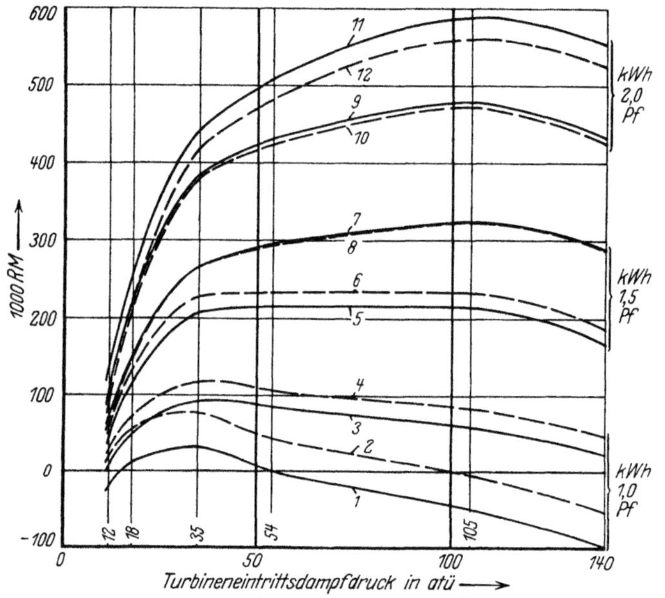

Abb. 65. Jahresüberschüsse bei Kilowattstundenpreisen von 1,0, 1,5 und 2,0 Pf und 5000 jährlichen Benutzungsstunden.

Feuerkohlenpreis = RM 2,50/t.

Kurven	1, 5	und	9.	Abschreibung	in	10 Jahren	und	10	vH	Verzinsung	bei	2,7 ata	Gegendruck
„	2, 6	„	10.	„	„	10 „	„	10	„	„	„	3,7 „	„
„	3, 7	„	11.	„	„	15 „	„	10	„	„	„	2,7 „	„
„	4, 8	„	12.	„	„	15 „	„	10	„	„	„	3,7 „	„

berücksichtigt werden. Außerdem sind keine Kosten für die Unterhaltung der Anlagen eingesetzt. Beide Ausgaben erhöhen zwar den Preis der Kilowattstunde, jedoch ergibt sich dasselbe Bild, wenn man den vorstehend eingesetzten Preis für die Kilowattstunde um diese Zusatzkosten erhöhen würde.

Die ermittelten Jahresüberschüsse bei den angegebenen Kilowattstundenpreisen sind in der Abb. 65 und 66 für die behandelten Fälle aufgetragen, und zwar in Abb. 65 für einen Feuerkohlenpreis von 2,50 RM/t und in Abb. 66 für einen solchen von 1,50 RM/t, um auch den Einfluß einer Kohlenpreisänderung zu zeigen. Die Erzeugungskosten der Kilowattstunde sind dabei bei einer Verzinsung von 10 vH

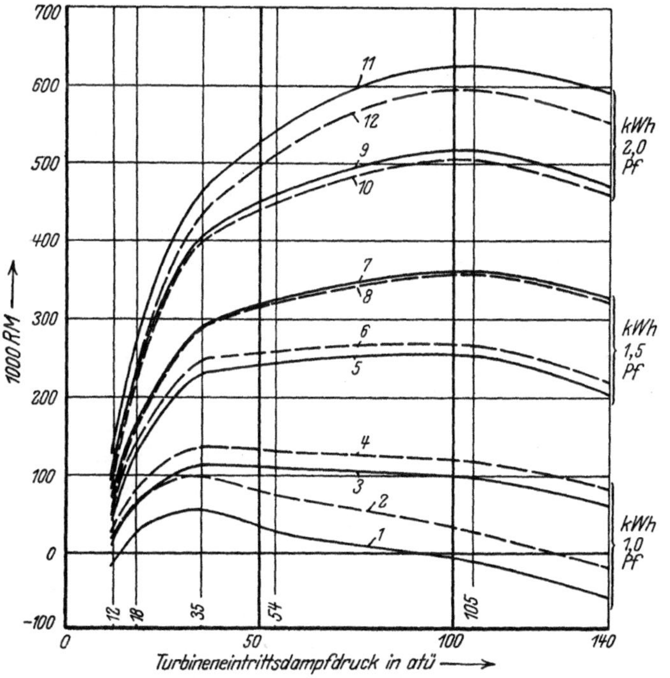

Abb. 66. Jahresüberschüsse bei Kilowattstundenpreisen von 1,0, 1,5 und 2,0 Pf und 5000 jährlichen Benutzungsstunden.
Feuerkohlenpreis = RM 1,50/t.

Kurven 1, 5 und 9.	Abschreibung in	10 Jahren und	10 vH	Verzinsung bei	2,7 ata Gegendruck
„ 2, 6 „ 10.	„ „	10 „ „	10 „	„ „	3,7 „ „
„ 3, 7 „ 11.	„ „	15 „ „	10 „	„ „	2,7 „ „
„ 4, 8 „ 12.	„ „	15 „ „	10 „	„ „	3,7 „ „

für eine Abschreibung in 10 und in 15 Jahren eingesetzt. Die Kurven beider Abbildungen zeigen die gleiche Tendenz.

Bei einem nur geringen Unterschied zwischen Verkaufs- und günstigstem Erzeugerpreis für die Kilowattstunde besteht bei einem Turbineneintrittsdampfdruck von etwa 35 atü ein Maximum (siehe Kurven 1—4). Dieser Preisunterschied ist aber so gering, daß er kaum einen Anreiz zum Bau einer Kraftanlage für eine Brikettfabrik zur Überschußenergieerzeugung geben würde. Bei der Abschreibung in 10 Jahren würde dabei bei einigen Dampfdrücken sogar noch ein Verlust entstehen (siehe Kurven 1 und 2). Dieser Verlust tritt nicht nur bei hohen Dampfdrücken, sondern sogar bei einem Turbineneintrittsdampfdruck von 12 atü ein, wenn der Trockendruck nur 2,5 ata beträgt. Aber selbst bei einem Trockendruck von 3,5 ata ist bei diesem Turbineneintrittsdampfdruck weder bei einer Abschreibung in 10 noch in 15 Jahren ein nennenswerter Jahresgewinn zu erzielen. Dieser Gewinn steigt auch nur wenig an, wenn der Preis für die Kilowattstunde günstiger wird, weil die über den Eigenenergiebedarf erzeugten Energiemengen in diesem Fall verhältnismäßig klein sind (siehe Abb. 59). Bei dem Umbau oder einem Neubau der Kraftanlage einer Brikettfabrik kommt also ein Turbineneintrittsdampfdruck unter 35 atü kaum in Betracht, wenn Überschußenergieerzeugung angestrebt wird.

Steigt der Preis der Kilowattstunde, so streben alle Kurven einem Maximum bei etwa 100 atü Turbineneintrittsdampfdruck zu, das in den vorliegenden Abbildungen bei dem Kilowattstundenpreis von 1,5 Pf bereits stark ausgeprägt ist und bei höheren Kilowattstundenpreisen noch stärker in Erscheinung tritt. Der wirtschaftlichste Dampfdruck ist also von dem erzielten Kilowattstundenpreis abhängig.

Legt man auf Höchstenergieerzeugung Wert, so wird man nach den vorstehenden Ermittlungen, bei ausreichend großen Stundendampfmengen (siehe Abschnitt XXIIIa), wohl rund 100 atü als wirtschaftlichsten Turbineneintrittsdampfdruck ansehen können. Zwischen 50 und 100 atü Dampfdruck hat man kaum eine Wahl, weil über rund 50 atü Turbineneintrittsdampfdruck Zwischenüberhitzung des Arbeitsdampfes eintreten muß, die heute wohl kaum anders als mit kondensierendem Frischdampf erfolgen wird. Dann aber muß man notgedrungen einen Dampfdruck von 100 atü wählen, wie bereits ausgeführt wurde. Auf einen noch höheren Dampfdruck zu gehen, hat nur Wert, wenn die Kosten für Sonderkesselbauarten wesentlich geringer werden als heute, da die Zunahme der Energieerzeugung außerordentlich gering wird, wie Abb. 59 zeigt, und die Jahresüberschüsse unter den heutigen Anlagekosten bei jedem Kilowattstundenpreis abfallen (siehe Abb. 65 und 66).

Bei vorliegenden Berechnungen ist eine Verzinsung des Anlagekapitals von 10 vH vorgesehen. Dieses Kapital ist also immerhin günstig angelegt. Die Jahresüberschüsse müssen mindestens noch die Kosten für die Abschreibung und Verzinsung der elektrischen Schalt- und Verteilungsanlagen und für die Unterhaltung der Anlagen erbringen. Nachdem das Anlagekapital abgeschrieben ist, wird die Kilowattstunde nur noch durch Betriebskosten belastet. Abb. 67 zeigt dann die Jahresüberschüsse bei einem Preis der Kilowattstunde von 1, 1,5 und 2 Pf. Als Erzeugungskosten sind hier nur die Feuerkohlenkosten eingesetzt, weil zusätzliche Bedienungskosten nicht entstehen. Für die Unterhaltung der Anlagen wurde kein Betrag eingesetzt, weil dessen Ermittlung zu unsicher ist. Diese Kosten, die bei allen Projekten annähernd gleich sein werden und die noch von den Jahresüberschüssen der Abb. 67 abgesetzt werden müssen, hängen auch in großem Maße von der Güte des Bedienungspersonals ab. Die Abb. 67 zeigt auch wieder den Vorteil des Arbeitens mit Dampfdrücken von rund 100 atü, natürlich stets unter der Voraussetzung ausreichend großer Stundendampfmengen.

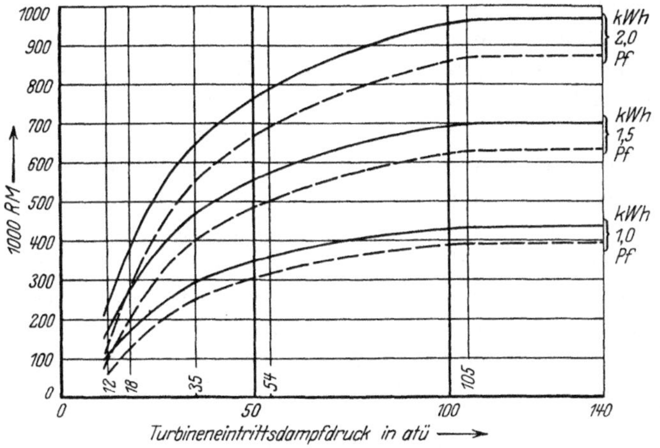

Abb. 67. Jahresüberschüsse nach Beendigung der Abschreibung des Anlagekapitals.

——— 2,7 ata Gegendruck — — — 3,7 ata Gegendruck

Es ist weiter damit zu rechnen, daß sich Hochdruckanlagen von 100 atü in absehbarer Zeit wesentlich billiger stellen werden als heute. Man kann bei den jetzt in Betrieb befindlichen Anlagen bereits erkennen, an welchen Stellen noch zu sparen ist. Zur Zeit sind verschiedene Konstruktionselemente, besonders Armaturen, noch nicht so gut durchgebildet wie bei den Anlagen mit niedrigem Dampfdruck, so daß sie zu teuer werden. In den vorstehenden Kostenberechnungen sind bei den Kesseln und Rohrleitungen für Dampfdrücke von 120 atü zum Teil noch etwas höhere Preise eingesetzt, als sie in der bestehenden 120-at-Anlage der Ilse Bergbau A.-G. betragen haben, weil die neuen Kalkulationen der Firmen diese höheren Preise ergeben haben. Es sind aber in der letzten Zeit Hochdruckarmaturen auf den Markt gekommen, die bereits billiger sind als die bisher verwendeten. Auch in der Kesselkonstruktion sind, auf den bereits bestehenden Erfahrungen fußend, Fortschritte gemacht worden. Ob sich bestimmte Sonderbauarten für hohe Drücke durchsetzen werden, kann noch nicht gesagt werden; vermutlich werden sie aber wohl neben den bisher üblichen Kesselbauarten bestehen bleiben. Wird der Preis für eine bestimmte Sonderkesselbauart wesentlich billiger als derjenige der üblichen Bauarten, so wird man sie bei gleicher Betriebssicherheit sicher bevorzugen und dann mit dem Turbineneintrittsdampfdruck evtl. auch noch über 100 atü gehen können.

Ob man den Trockendampfdruck von 3,5 ata auf 2,5 ata herabsetzen soll, ist ebenfalls vom Preis der verkauften Kilowattstunde abhängig. Der dadurch erzielte Leistungsgewinn von etwa 1050 kW bei allen Dampfdrücken ist mit ziemlich hohen Anlagekosten verbunden. Man erreicht beispielsweise denselben Leistungsgewinn billiger, wenn man den Turbineneintrittsdampfdruck von 18 auf 22 atü erhöht (siehe Abb. 59). Geht man mit dem Turbineneintrittsdampfdruck von 54 auf 105 atü, so erzielt man bei einer Erhöhung der Anlagekosten von rund 800000 RM eine Leistungssteigerung von etwa 2350 kW, während die Leistungssteigerung von 1050 kW durch die erwähnte Trockendruckerniedrigung 500000 RM Anlagekosten erfordert. Man wird also bei niedrigen Kilowattstundenpreisen von dieser Trockendruckerniedrigung absehen und einen Trockendruck von 3,5 ata als unterste wirtschaftlichste Grenze ansehen können. Erst bei höheren Kilowattstundenpreisen wird die Senkung des Trockendrucks von 3,5 auf 2,5 ata wirtschaftlich, so daß sie in Erwägung zu ziehen ist.

f) Zusammenfassung und Schluß.

Die Höhe des wirtschaftlichsten Dampfdrucks am Turbineneintritt hängt in erster Linie von der zur Verfügung stehenden Stundendampfmenge ab. Ist diese ausreichend groß und wird auf Höchstenergieerzeugung Wert gelegt, so kann man rund 100 atü als wirtschaftlichsten Turbineneintrittsdampfdruck für Kraftanlagen von Braunkohlenbrikettfabriken ansehen. Dabei ist natürlich Voraussetzung, daß die Betriebssicherheit der 100-at-Anlagen gleich derjenigen von Anlagen mit niedrigeren Dampfdrücken ist. Es ist wohl damit zu rechnen, daß dies in absehbarer Zeit der Fall sein wird. Ist die Stundendampfmenge für den angegebenen Druck nach Abb. 57 nicht ausreichend, so kann der wirtschaftlichste Dampfdruck aus dieser Abbildung entnommen werden oder er ist erneut zu berechnen. Die Anleitungen und Unterlagen für derartige Berechnungen sind in diesem Buch enthalten.

Bei einem sehr geringen Unterschied zwischen Verkaufs- und Erzeugerpreis kann ein niedrigerer Dampfdruck wirtschaftlicher sein. Dabei ist aber stets an die damit verbundene kleinere Energieerzeugung zu denken, die zuweilen nicht ausreichend sein wird. In jedem Fall werden, selbst bei Anwendung sehr hoher Dampfdrücke für die Kraftanlagen von Braunkohlenbrikettfabriken, die Kosten für jede über den Eigenbedarf mehrerzeugte Kilowattstunde niedriger sein, als sie ein Elektrizitätswerk im Kondensationsbetrieb heute zu erzeugen imstande ist. Diesen Punkt sollte man besonders bedenken, wenn ein neues Kraftwerk für eine Brikettfabrik errichtet wird. Es wäre schade, wenn die Braunkohlenbrikettindustrie nicht von den Möglichkeiten der Höchstenergieerzeugung Gebrauch macht, falls Abnahme dieser Energie vorhanden ist und ausreichend große Stundendampfmengen zur Verfügung stehen. Durch Errichtung eines Kraftwerkes mit einem zu niedrigen Dampfdruck wird auf mindestens ein Jahrzehnt der Weg für die bessere Ausnutzung der Dampfmengen dieser Brikettfabrik versperrt.

Als wirtschaftlich niedrigsten Trockendruck für Braunkohlenbrikettfabriken kann man 3,5 ata einsetzen. Eine weitere Trockendrucksenkung ist nur wirtschaftlich, wenn der erzielte Kilowattstundenpreis günstig ist.

Das Streben, durch Einbau von Kraftanlagen für hohe Dampfdrücke die Wirtschaftlichkeit zu heben, ist unbedingt zu unterstützen. Firmen, die heute den Mut haben, bahnbrechend voranzugehen, leisten eine Pionierarbeit, die im Interesse der deutschen Wirtschaft nicht hoch genug veranschlagt werden kann. Der Einbau von Hochdruckdampfe anlagen bedeutet sicherlich einen Fortschritt, und die Geschichte der Technik hat stets gelehrt, daß sich technische Fortschritte zwar verzögern, aber niemals aufhalten lassen.

Literaturzusammenstellung.

1. Schöne: Die Wirtschaftlichkeit der Briketterzeugung. Braunkohle Bd 19, 1921, S. 632—638, 651—654.

2. Treptow: Grundzüge der Bergbaukunde, Bd 2, 6. Aufl., S. 260—261. Wien 1925.

3. Kögler: Taschenbuch für Berg- und Hüttenleute, 1. Aufl., S. 586—589. Berlin 1924.

4. Deutscher Reichsanzeiger und Preußischer Staatsanzeiger Nr 20, vom 24. 1. 1929.

5. Schöne: Gesichtspunkte bei der Projektierung und beim Bau der 120-at-Anlage auf Grube Renate der Ilse Bergbau A.-G., im Sonderheft der Vereinigung der Elektrizitätswerke, das den Bericht über die 4. Mitgliederversammlung der Studienkommission für Hochdruckanlagen enthält, und

Schöne: Das Großkraftwerk für 120 at Kesseldruck der Ilse Bergbau A.-G. Wärme Bd 52, 1929, S. 328 u. f..

6. Stender: Schaltbilder im Wärmekraftbetrieb, 1. Aufl., Berlin 1928.

7. Siehe unter 1, S. 633.

8. Kögler: Taschenbuch für Berg- und Hüttenleute, 2. Aufl., S. 451. Berlin 1929.

9. Siehe unter 2, S. 268.

10. Schmitt: Die Trocknung der Braunkohle in Röhrentrocknern. Braunkohle Bd 27, 1928, S. 1010—1013.

11. d'Huart: Die spezifische Wärme von Braunkohlen und Grudekoks. Braunkohle Bd 26, 1927, S. 341—345.

12. Burckhardt und Fritzsche: Die Bestimmung der spezifischen Wärme von Braunkohlen. Braunkohlenarchiv Jahrg. 1927, Heft 17, S. 20—33.

13. Siehe unter 10, S. 1006.

14. Franke: Neuere Fortschritte und Betriebsergebnisse bei der elektrischen Entstaubung von Braunkohlenbrikettfabriken. Braunkohle Bd 25, 1926, S. 251.

15. Cammerer: Der Wärme- und Kälteschutz in der Industrie, 1. Aufl. Berlin 1928.

16. Wrede: Die Wärmeersparniszahl und der Wärmeverlust nichtisolierter Anlagen. Mitteilungen aus dem Forschungsheim für Wärmeschutz (E. V.) München. Heft 6, Tafel 1 (1925).

17. Siehe unter 1, S. 636.

18. Richtlinien für die Festsetzung der Leistungsfähigkeit von Braunkohlen-Brikettfabriken. Aufgestellt vom Mitteldeutschen Braunkohlensyndikat G.m.b.H., Leipzig, 1929. S. 14, Punkt 3.

19. Foos: Die Wärmewirtschaft in der Brikettfabrik. Braunkohle Bd 22, 1923, S. 329, Tabelle 10 und 8.

20. Richter-Horn: Die mechanischeAufbereitung der Braunkohle. 2. Aufl., S. 90. Halle 1926.

21. Voigt: Wärmewirtschaft der Grube Werminghoff. Braunkohle Bd 25, 1926, S. 496.

22. Siehe unter 18, S. 11.

23. Siehe unter 8, S. 450.

24. Frerichs: Beziehungen des Kohlenverbrauchs und der Leistung einer Braunkohlenbrikettfabrik zu dem Wassergehalt der Rohkohle und dem Rest-

wassergehalt der Briketts in Zahlentafeln und Schaulinien dargestellt. Braunkohle Bd 23, 1924, S. 41, Zahlentafel 13 und S. 44.

25. Eckhardt: Das Trocknen der Braunkohle und seine Wirtschaftlichkeit. 1. Aufl. Halle 1913.

26. Siehe unter 10, S. 1035.

27. Siehe unter 24, S. 44.

28. Kegel: Die graphische Ermittlung der erforderlichen Heizflächen von Röhren- und Tellertrocknern, sowie der Leistungsverhältnisse der einzelnen Apparate. Braunkohle Bd 23, 1924, S. 575.

29. Siehe unter 10, S. 1005.

30. Siehe unter 19, S. 329.

31. Siehe unter 18, S. 4.

32. Siehe unter 10. S. 1034.

33. Siehe unter 8, S. 446.

34. Stender: Der Wärmeübergang bei kondensierendem Heißdampf. Wärme Bd 48, 1925, S. 485—487 und Z. V. d. I. Bd 69, 1925, S. 905—909.

35. Jakob-Erk: Der Wärmeübergang beim Kondensieren von Heiß- und Sattdampf. Z. V. d. I. Bd 73, 1929, S. 761—762.

36. Jakob, Erk u. Eck: Der Wärmeübergang in einem waagerechten Rohr beim Kondensieren von Satt- und Heißdampf. Z. V. d. I. Bd 73, 1929, S. 1517 bis 1520.

37. Kaiser: Heiß- und Sattdampf für Heizungsanlagen? Z. d. Bayrischen Revisions-Vereins Bd 33, 1929, Heft 11—18.

38. Siehe unter 37, Heft 12, S. 183/84.

39. Siehe unter 20, S. 103.

40. Gebhardt: Die Aufbereitung und Trocknung der Brikettierkohle. Braunkohle Bd 28, 1929, S. 288/89.

41. Siehe unter 10, S. 1005—1013 und 1030—1037.

42. Gensecke: Über die Verwendung der Abwärme in Brikettfabriken. Braunkohle Bd 22, 1923, S. 602—604.

43. Siehe unter 14, S. 251.

44. Fischer: Elektrische Reinigung von Brüden in Braunkohlenbrikettfabriken Z. V. d. I. Bd 70, 1926, S. 256.

45. Siehe unter 10, S. 1030.

46. Siehe unter 40, S. 284/85.

47. Siehe unter 10, S. 1011—1013.

48. Siehe unter 40, S. 291.

49. Wolf: Ein neues Verfahren zum Reinigen von Braunkohlentrockenapparaten. Braunkohle Bd 28, 1929, S. 1073—1078.

50. Siehe unter 44, S. 257.

51. Grunwald und Liesegang: Wärmetechnische Betriebsüberwachung von Trommeltrocknern für feste Brennstoffe. Braunkohle Bd 27, 1928, S. 885—890 und Braunkohle Bd 28, 1929, S. 400/01 (Zuschrift).

52. Siehe unter 40, S. 298.

53. Knoblauch-Hencky: Anleitung zu genauen technischen Temperaturmessungen. 2. Aufl., S. 72—75. München und Berlin 1926.

54. Siehe unter 1, S. 652.

55. Siehe unter 19, S. 330.

56. Linke: Richtlinien zur Steigerung der Wirtschaftlichkeit in der Braunkohlenbrikettfabrikation. 2. Aufl., S. 63. Halle 1921.

57. Vigener: Die Braunkohlenbriketterzeugung Mitteldeutschlands und die öffentliche Elektrizitätswirtschaft. Braunkohle Bd 23, 1925, S. 909.

58. Siehe unter 21, S. 500.

59. Vigener: Betrachtungen über die wirtschaftlichen Grenzen des Dampfdrucks für die deutsche Braunkohlenbrikettindustrie. Braunkohle Bd 25, 1926, S. 472.

60. Kreuzer: Statische und dynamische Untersuchungen von Mündungs-Dampfmengenmessern unter besonderer Berücksichtigung der Messung pulsierender Gas-, Dampf- und Flüssigkeitsströme. Forschungsarbeiten auf dem Gebiete des Ingenieurwesens, Heft 297. Berlin 1928.

61. Siehe unter 18, S. 3.

62. Frerichs: Die Entwicklung der Brikettpressen unter besonderer Berücksichtigung der neueren Bauarten. Braunkohle Bd 28, 1929, S. 581.

63. Schade: Der elektrische Antrieb von Braunkohlenbrikettpressen. Siemens-Z., Sonderheft: Braunkohlenindustrie, Mai 1924, S. 32—40.

64. Philippi: Der elektrische Antrieb auf Braunkohlengruben in Beziehung zur allgemeinen Wärmewirtschaft mit besonderer Berücksichtigung der Brikettpressenantriebe. Elektriz. i. Bergbau Bd 1, 1926, S. 134—137.

65. Mollier: Neue Tabellen und Diagramme für Wasserdampf. 5. Aufl. Berlin 1927.

66. Siehe Aufsatz Voigt unter 21.

67. Siehe unter 63, S. 33.

68. Siehe unter 1, S. 635.

69. Siehe unter 19, S. 329.

70. Siehe unter 2, S. 261.

71. Siehe unter 20, S. 92.

72. Siehe unter 18, S. 12.

73. Siehe unter 24, S. 32.

74. Siehe unter 8, S. 477.

75. Siehe unter 56, S. 19.

76. Siehe unter 44, S. 259.

77. Siehe unter 56, S. 41.

78. Siehe unter 19, S. 329, Tabelle 11.

79. Siehe unter 24, S. 34.

80. Steinert: Kritische Betrachtungen über die Trocknung der Rohbraunkohle. Braunkohle Bd 23, 1924, S. 152.

81. Siehe unter 8, S. 477.

82. Siehe unter 18, S. 14, Absatz 3.

83. Siehe unter 21, S. 497/98.

84. Siehe unter 19, S. 330, Tabelle 14.

85. Siehe unter 40, S. 290.

86. Siehe unter 10, S. 1033/34.

87. Anderson: Milwaukee USA., Betriebserfahrungen in der 91-at-Kraftanlage in Lakeside. Übersetzung in Mitteilungen Nr 16 der Vereinigung der Großkesselbesitzer, S. 39—56.

88. Siehe unter 42, S. 604—607 und 616—621.

89. Jaeger-Ulrichs: Bestimmungen über Anlegung und Betrieb der Dampfkessel. 5. Aufl., S. 81, Berlin 1926 und Nachtrag zur fünften Auflage. S 120. Berlin 1929.

90. Gleichmann: Der Hochdruckdampf in der Braunkohlen-Brikettindustrie. Die Wärme Bd 48, 1925, S. 104—109.

91. Vigener: Betrachtungen über die wirtschaftlichen Grenzen des Dampfdrucks für die deutsche Braunkohlenindustrie. Braunkohle Bd 25, 1926, S. 471 bis 495.

Vigener: Die Bedeutung der Braunkohle für die deutsche Wirtschaft, ein Weg zur weiteren Steigerung ihres Einflusses. Die Wärme Bd 49, 1926, S. 783—787 und S. 802—806.

92. Münzinger: Der wirtschaftlichste Dampfdruck für Elektrizitätswerke unter Berücksichtigung des Löfflerkessels. Bericht über die vierte Mitgliederversammlung der Studienkommission für Hochdruckanlagen der Vereinigung der Elektrizitätswerke am 22. u. 23. Februar 1929 in Mannheim, S. 17—39.

93. Ebel: Wirtschaftlichster Dampfdruck und Leistungssteigerung. Arch. Wärmewirtsch. Bd 10, 1929, S. 285—287.

94. Gilli: Der wirtschaftlichste Dampfdruck. Arch. Wärmewirtsch. Bd 11, 1930, S. 39—45.

95. Marguerre: Die 100-at-Anlage des Großkraftwerks Mannheim. Z. V. d. I. Bd 73, 1929, S. 913—920 und 993—998.

96. Erfahrungen mit Hochdruckdampf im Edgar-Kraftwerk nach einem Bericht von Moultrop in Electrical World 93, 1929, S. 527. Auszug von Heuelmann im Arch. Wärmewirtsch. Bd 10, 1929, S. 417—419.

97. Gleichmann: Das Benson-Verfahren zur Erzeugung von Hochdruckdampf. Die Wärme Bd 51, 1928, S. 55—57. — Das Benson-Verfahren zur Erzeugung höchstgespannten Dampfes. Z. V. d. I. Bd 72, 1928, S. 1037—46.

98. Löffler: Hochdruckdampferzeugung durch überhitzten Dampf. Die Wärme Bd 51, 1928, S. 52—54. — Das Zeitalter des Hochdruckdampfes. Z. V. d. I. Bd 72, 1928, S. 1353—1360, 1503—1509 und 1638—1644.

99. Hartmann: Der Schmidt-Hochdruck-Sicherheitskessel mit mittelbarer Beheizung und seine besondere Eignung für Industriezwecke. Die Wärme Bd 51, 1928, S. 58—63.

100. Josse: Untersuchungen am Bensonkessel. Z. V. d. I. Bd 73, 1929, S. 1815 bis 1819. — Der neue Atmoskessel. Arch. Wärmewirtsch. Bd 11, 1930, S. 5—9.

101. Stodola: JS-Tafel für Wasserdampf. Neudruck 1926 aus Dampfturbinen. 6. Aufl. Berlin 1924.

102. Kraft: Die neuzeitliche Dampfturbine. 1. Aufl. Berlin 1926, S. 22—62. — Die Gegendruck- und Anzapfturbine in der neuzeitlichen Kraftwirtschaft. Die Wärme Bd 51, 1928, S. 223—229.

103. Landsberg: Anwendungsgrenzen der Dampfturbine. Zbl. Hütten- u. Walzwerke Bd 32, 1928, S. 434—441.

GPSR Compliance

The European Union's (EU) General Product Safety Regulation (GPSR) is a set of rules that requires consumer products to be safe and our obligations to ensure this.

If you have any concerns about our products, you can contact us on ProductSafety@springernature.com

In case Publisher is established outside the EU, the EU authorized representative is:

Springer Nature Customer Service Center GmbH
Europaplatz 3
69115 Heidelberg, Germany

Batch number: 10844655

Printed by Printforce, the Netherlands